复旦大学新闻学院教授学术丛书

总主编 米博华

出版业的核心与边缘

张大伟 著

复旦大学出版社

丛书编委会

主任 米博华

委员 米博华 张涛甫 周晔 孙玮 李双龙 杨鹏
　　　周葆华 朱佳 洪兵 张殿元

总　序

米博华

今年是复旦大学新闻学院（系）创建九十周年，老师们商量策划出版一套教授学术丛书，为这个特殊的日子送上一份特殊礼物，表达对学院的崇敬和热爱。

九十年，新闻学院人才济济，俊杰辈出。教学与科研传承有序，底蕴深厚，著述丰赡，成就卓越。这套丛书选取的是目前在任的十五位老师的作品。老师们以对职业的敬畏与尊重，反复甄选书稿，精心修订文字，意在以一种质朴而庄重的方式，向九十年的新闻学院致敬。

作为学院一员，回顾历史，与有荣焉。我们这个被誉为"记者摇篮"的复旦大学新闻学院崇尚新知，治学严谨，站立时代潮头，引领风气之先，创造了诸多第一：老系主任陈望道首译《共产党宣言》全本，创办了中国第一座高校"新闻馆"；新闻学系第一个引入了公共关系学科，发表了第一篇传播学研究论文，出版了第一本传播学专著，主编了第一套完整的新闻学教材，创建了国内第一家新闻学院，在国内第一家开设传播学全套课程，建立了国内首个新闻传播学博士后流动站，第一家实现部校共建院系……在各个历史时期，新闻学院为中国新闻传播学科的发展，为中国新闻事业的进步，不断贡献非凡力量。

九十年是历史长河一瞬，但对新闻传播学科来说，其变化之巨是任何一个时代都不能比拟的。从铅铸火炼报纸印刷，到无像无形空中电波；从五彩缤纷电视屏幕，到无处不在互联网络；从无远弗届移动终端，到不可思议 5G 传奇。科技进步驱动新闻传播学科迭代更新、飞跃发展,令人目不暇接。这套丛书力图从一个侧面展示新时代新闻传播学研究的进展,探讨未来新闻传播学科发展趋势和走向,回答新闻传播学理论和实践的紧迫课题。

大家知道,长期以来有"新闻无学"的说法,这种说法并不科学。与其他人文社会学科如哲学、历史、文学等相比,新闻传播学是近现代产物。实践探索、学术积累、研究成果都不够丰富、厚实。从某种意义上说,新闻传播学术大厦的构建还在进行之中,已经完成的工程也还在完善之中。但不能否认,新闻传播学是当代新兴文科发展最快、影响最大、应用最广、前景最为明亮的重要学科,没有之一。如信息产业方兴未艾一样,新闻传播学很可能成为这个世纪独步一时的最前沿学科。

我们看到的这部教授学术丛书,规模不算很大,涵盖的方面也是有限的。但我们从中看到了复旦大学新闻学院教授们不计功利的良好学风和独立思考的学术追求。特别是,老师们以海纳百川的胸怀与视野,从不同方面努力回答了基础和应用、理论和实践、传承和创新等诸多与时代切近的问题,令人读后启示颇多。

首先,新闻传播学具有高度应用价值,但不意味着这个学科发展可以离开牢固基础。不能把新闻传播学教育看成是一种简单的劳动技能或专业培训,其背后是政治、经济、文化、社会等诸多学科交叉的庞大学术体系。这也决定了只有把新闻传播学的基础夯实,才能不断增强其应用价值和效能。缺少体系性就没有专业性。其次,理论来自实践,而实践在理论指导下才能得到提升。未经过梳理的实践,有时可能就是一团没有头绪的随想,或者是一堆杂乱无章的感觉。只有通过系统、科学的理论研究,才能对事物规律性有更加深刻的认识。从这个意义上讲,新闻传播学是一门科学,是有学问的。再次,新闻传播学一以贯之的守正之路,就是要促进人类社会的和平友好、文明和谐、向善进步,新闻传播事业担当的使命不能变,也不会变。同样地,新闻传播学又是一门崭新的学科,必须回应互联网时代的云计算、大数据、人工智能等新课题,这是一个应该构建新闻传播学新高峰的大时代。

掩卷沉思,眺望未来:从大地重光的拨乱反正,到实现民族复兴的新时代,由业界到学界,由采写编评到教书育人,经历了我国新闻事业蓬勃发展的四十年,更感到"虽有嘉肴,弗食,不知其旨也;虽有至道,弗学,不知其善也。是故学然后知不足,教然后知困"。回望复旦大学新闻传播学教育光荣历史,阅读老师们呕心沥血的学术新作,自问:一个人一生能够做多少事?很有限。无非是培上几锹土,添上几块砖。个人作用远没有自己想象的那么大,但一代一代复旦大学新闻学院师生累积起来的知识和力量,可以为后人留下一份丰厚的精神财富。我们将继续努力!

是所望焉,谨序。

2019 年 6 月 16 日

目录 | Contents

第一辑　出版与公益

中国出版"公益不足"的制度障碍及市场机制效用研究 ………… 3
试论出版公益性改革"整体性"思路 ……………………………… 10
民族类出版社数字转型的理念、人才与技术因素分析
　　——基于对 15 家民族类出版社的深度访谈 ………………… 18
民族出版单位的人才结构：与新媒体人才结构比较视角 ……… 29
中国民族出版业编辑的工作满意度与人口学特征 ……………… 38
中国民族出版业编辑离职倾向和离职原因的调查研究 ………… 49
中国民族出版业编辑生活满意度调查研究 ……………………… 60
我国民族文字教材出版中的意识形态问题 ……………………… 65

第二辑　出版与运营

中国报纸进出口的现状、原因与对策 …………………………… 71
中国期刊进出口贸易的现状、问题与对策 ……………………… 77
中国图书进出口的现状、问题与对策 …………………………… 84
在行政资源与读者接受之间
　　——对 1981—2004 年发行量排前十名期刊的历史考察 …… 93

第三辑　出版与制度

战争年代生活书店内部管理制度之完善(1938—1939) …………… 103
中国教育出版的租型制度与现代出版精神 …………………………… 113
技术进步与制度惯性
　　——对中国数字出版产业发展的一种思考 ………………………… 127
信息技术挑战下的欧盟版权一体化 …………………………………… 136

第四辑　出版与技术

数字版权
　　——互联网精神和版权管理制度 …………………………………… 147
大数据时代下的利益均衡 ……………………………………………… 154
数字时代中国出版业"生存战略"的双重误区 ………………………… 156
"谷歌侵权案"判决中的"合理使用"：新技术、新市场与利益再平衡
　　…………………………………………………………………………… 163

第五辑　出版与阅读

国际全民阅读相关立法的具体措施及其启示 ………………………… 179
全民阅读立法的价值理性与工具理性 ………………………………… 193

第六辑　出版与文化

民国教育状况与"左联"文学读者分析 ………………………………… 203
"左联"组织结构的构成、缺陷与解体
　　——"左联"的组织传播研究 ……………………………………… 220
论左翼文艺作品的商业价值 …………………………………………… 233

特定时空里的文本与受众:对《非诚勿扰》节目的解读 …………… 246
文本与快乐
　　——受众理论视野中的女性阅读 ………………………… 257
高科技文化产品竞争优势及发展模式 ……………………………… 264

第七辑　出版案例研究

《读者》办刊宗旨、方针与历程
　　——《读者》首任主编胡亚权访谈 ……………………… 273
发行量与人文关怀
　　——《读者》的发行策略 ………………………………… 278
集团化与市场主体的确立
　　——读者集团改革思路 …………………………………… 285
美国《读者文摘》:从保守的创新到创新的保守 ………………… 291

第一辑

出版与公益

中国出版"公益不足"的制度障碍及市场机制效用研究[*]

出版业公益性改革的核心是建立公益出版单位管理体制,解决出版单位的"公益不足"问题。因为组织目标不同,公益出版单位管理体制不可能完全等同于企业管理体制;因为要提高组织效率,公益出版单位管理体制也不应等同于原有的事业管理体制。因此,如何界定政府和市场在公益出版资源配置中的角色和权力边界,是公益性改革的核心命题。对此,国内的研究形成了完全不同的三种观点:公益性出版单位由政府投资,"国家财政应该供养公益出版"[①];"出版的基本属性与管理方式不能混为一谈,要通过市场取得经济效益"[②];公益性出版单位改制的目标模式应该为非营利组织模式[③]。在笔者看来,破解中国出版"公益不足"的难题,不仅需要深刻透析造成中国公益出版"公益不足"的体制原因,也需要相关公益组织管理理论的智力支持。仅从主观经验进行公益出版制度设计,而对公益组织管理理论视而不见,将陷入"头痛医头,脚痛医脚"的误区。

一、中国公益出版"公益不足"的制度困境

1. 从内部机制来看,公益使命的外在性造成公益出版内在动力不

---

[*] 原文载《出版发行研究》2013年第2期,合作者为黄强。
① 汪晓军:《转来转去的念头》,载《出版广角》2005年第2期。
② 宋木文:《出版社转制问题的观察与思考》,载《出版科学》2005年第4期。
③ 尹章池:《论公益性出版单位的外部治理结构设计》,载《中国出版》2010年第8期。

足。中国出版的公益性改革是由政府主导的,优点在于改革力度大,缺点在于对各出版单位内在的复杂性缺乏具体分析;管理规模和管理框架的宏观改革,不能同步促进内部管理理念、组织文化的根本性转化。改革都存在组织内部目标认同问题,对公益性出版单位来说,需要把政府主管部门的改革目标内化为组织自身的发展目标,其中首要的是公益出版单位的领导要认可并积极实践公益使命,这是改革的难点所在。在调研中我们发现,与被动地进行企业化改制不同,出版单位对公益性改革表现出了巨大的热情,两者反差意味深长。令人担忧的是,公益性出版仍然被出版单位认为是"稳定的、收入有保障、国家要加大支持的领域",这种认识和期待是改革目标没有内在化的体现。公益使命外在性的直接结果是:公益性出版单位很重视与政府之间保持密切的关系,以此获得政策和资金扶持,而对出版物和服务质量却重视不足,因此导致公益出版单位的"公益不足"。

比较中外公益出版单位的管理体制不难发现,中国公益出版单位与上级主管部门之间的关系更为复杂。首先,国外的公益出版组织从民间自发产生,在发展到一定阶段之后,政府才进行相关的规范化管理(包括信息透明度法案),两者关系相对比较疏远,表现在:政府依靠相关基金进行宏观调控,公益出版组织的独立性较强,除了争取各种基金外,还要依靠良好的社会声誉争取社会捐赠。中国公益性出版单位是从事业单位改制而来,与政府的关系是多维度的,既有管理的层级关系,也有财税、人事的勾连,是典型的政府主导型公益出版管理模式,其与国外公益出版组织管理模式(所谓非营利组织)之间具有很大的差异。其次,中国公益出版单位在保证"民众的基本文化权益"以外,还必须完成党的意识形态宣传任务。无论是意识形态宣传还是"民众的基本文化权益",都是"外在使命",也是公益出版单位呼吁政府给予其更多支持的重要理由。从相关文件精神来看,"增加投入"是对公益性出版单位的一种许诺,出版社争取成为公益出版单位,目标也是获得政府支持,主要是资金支持。问题在于:制度设计必须有效规避公益出版单位"公益不足"的现状。

2. 从外部体制来看,政府和市场角色不明造成公益出版资源配置不合理。政府和市场的角色在企业的资源配置中是很容易确定的,但在公益出版资源的配置中,如果仅由市场来进行资源配置,很可能因追求利润而导致"公益不足";如果仅由政府进行资源配置,将可能因为缺乏竞争以及代理人的渎职造成组织低效,同样产生"公益不足"。合理有效的公益性出版单位制度设计,应该解决原有事业单位效率低下的问题,也要有效规避纯粹为了利润而对公益的漠视,在资源配置中既注意公益目标的实现,又引入竞争机制是必须考虑的。

一是考虑在制度设计上是否需要对公益出版单位进行政策性保护。目前,公益出版资源主要包括政府拨款、项目支持、政府采购以及政府补贴等。其中,项目支持和政府采购已经形成了公益性出版单位与出版企业相互竞争的格局。相比出版企业,目前确立的公益出版单位效率较低、规模较小,因此加强公益出版政策保护的呼声一直很高。问题是政策保护后的公益出版单位是否会提高效率,是否能完成"公益使命"的内化。如果不能提高效率和实现使命内化,或者正是因为政策保护而无法实现效率提升和使命内化,那么,这种结果与改革的初衷是背道而驰的。

二是是否需要市场发挥资源配置的作用。公益性出版的主要服务对象是弱势群体(比如残疾人)、低文化层次、低收入人群(比如农民等);另外,使用本民族语言的少数群体(比如少数民族)等也是公益性出版的服务对象。一方面,这些群体对出版品有自己独特的要求,对价格十分敏感;而另一方面,生产符合其品位的出版物成本相对较高,有些出版物对编辑也有特殊的要求(如盲文、少数民族语言等)。针对这些群体的出版物要质优价廉,吸引更多的人阅读。因此,公益出版单位的市场化手段不能等同于出版企业的市场化,公益出版单位的市场化一方面体现在政府对公益出版单位的监管上,政府应该把更多的资金给予那些能够提供多(数量)且好(质量)的公益出版物、受众满意度高的出版单位;另一方面,公益出版单位也需要运用市场化的手段进行内部管理,这包括严格的成本核算、公平的内部人才激励机制、健全的发行网络等。下面我们对"公益不足"的现状进行理论分析。

二、对"公益不足"的理论分析

1. 在理论上,公益性出版改革的重点在于界定政府与市场的边界。政府和市场的边界一直是公益性出版单位管理模式的核心,公益出版单位的最优所有权安排更是一个复杂的理论和政策问题,同时也具有争议性。全世界存在不同的社会模式,对于公益产品的提供同样形成了各种具有代表性的制度安排,如美国模式、德国模式以及北欧模式等。不同模式的存在也许正是缺乏共识的具体体现。参考国际经济学界有关公共服务部门所有权安排的最新研究成果,并不存在完全依靠公有制或私有制之一种就可解决公共服务部门所有问题的方案,"公益不足"的解决需要公有制和私有制共存并各取其长,最终实现一定的效率目标和社会目标。

关于此问题,王永钦和许海波认为,公益产品具有的公共品、经验品的特征以及公共合约的不完备性和利益相关者的多重复杂性共同决定了在公益产品的提供上,单纯的私有化并不能促进有效的竞争。相反,多种所有制并存才能促进实质性的竞争。如果消费者具有异质性,多种所有制并存允许消费者"用脚投票",从而可以满足不同的消费者偏好,提高配置效率,这时多元资本和生产力结构占优。如果消费者是同质的,多种所有制并存可以互为基准从而促进竞争,降低道德风险并提高生产效率。无论消费者是异质性的还是同质性的,两种效应均表明在公益产品的提供方面,多种所有制并存要优于单一的所有制。① 与竞争性私人品领域中私人企业越多越能促进竞争的情况不同,对于公益产品的提供而言,政府、企业和非营利组织等多种所有权形式的并存才能促进实质性的竞争。

市场在公益出版资源配置中发挥作用,要求多元资本的进入。在发展路径的选择上,"政治性公益出版单位"和"公益性公益出版单位"的分类管理是中国公益出版单位发展的第一步,下一步应该是公益出版的多元有序发展,打破只有公益出版单位才从事公益出版的思维定势。公益

---

① 王永钦、许海波:《社会异质性、公私互动与公共品提供的最优所有权安排》,载《世界经济》2010年第4期。

性应该是一种目标和效果,而不仅仅只是某种机构的产物。在条件成熟的情况下,应该鼓励多元资本进入公益性出版领域,规范进入路径及出版行为,只有在竞争的境况下做公益,公益才可能最大程度地满足大众基本的文化生活需求。

2. 理论上,使命外在性与监督成本过高存在必然联系。公益使命外在性一方面可能造成内在动力的不足;另一方面,很可能造成政府部门监管成本过高。长期以来,事业单位是国有产权,在管理模式上形成了委托-代理关系。所有权与决策权和经营权是分离的,对决策权和经营权的合理监督就成了产权结构中必须重视的一环,这也导致了监督成本过高的结果。

监督成本过高的原因在于代理人(单位负责人)在事前就了解和掌握一些上级主管部门(出资人、产权所有人)无法获知的信息,客观上造成了单位负责人和上级主管部门之间的信息不对称,信息不对称极易造成道德风险,即单位负责人在经营活动中最大限度地增进其自身效用时做出与上级主管部门意志不同甚至相反的行为,其主要是由以下原因造成的:

(1) 作为"经济人",单位负责人和上级主管部门意志的差异是客观存在的。

(2) 由于道德风险和逆向选择的存在,单位负责人可能通过职务怠慢、超标准在职消费等行为损害和侵蚀主管部门和民众的利益。

(3) 组织所处环境的多变性,使上级主管部门既难以判断单位负责人的工作努力与否,也难以判断其主观故意和客观能力。

为解决单位负责人的道德风险问题,一方面,主管部门必须设计一套有效的制衡机制规范和约束代理人的行为,降低委托风险和代理成本,确保主管部门和被服务者的利益。对于公益性出版单位的监督问题,主要可以从内部监督和外部监督两个方面着手。内部监督主要是改革董事会,赋予其监督职责;外部监督主要是要求非营利组织加强信息管理工作。美国最高法院的大法官路易斯·布兰代斯(Louis Brandies)于1913年指出:"公开是解决社会和经济问题的良药。正像人们常说的那样,阳光是最佳的防腐剂。"公益性出版单位作为事业单位,应该定期公开发布反映工作效果(如服务对象满意度)、财务、经营业绩的信息,提高公益出版单位的透明度要求。可参考透明度方案(简称 DADS 法)进行相关设计。它包括四个环节:信息披露、信息分析、信息公布和违规惩罚措施(E.赫茨琳杰,1996)①,要保证信息披露及时且高质量,并且容易为公众所理解。

另一方面,选择合适的公益性出版单位负责人至关重要。公益性出版单位的负责人应该有较强的业务素质,对公益事业有深刻的认识,并且乐于做公益,乐于了解自己独特的受众,对受众需要有切身的体会,这样才有可能较快地完成公益出版单位内部公益目标的内化难题。

市场的合理配置作用来自于信息的透明。公益性出版单位使命内在化的核心在于领导使命的内在化。公益性出版单位要使其组织行为符合单位的公益使命,一是要根据实际情况建立具有较强监督功能的董事会,负责对出版项目实施监控;二是要善于提拔那些具有公益热情、政治素质过硬、业务素质够强的人承担组织的行政主管;三是要加强信息管理工作,要保证信息披露及时且高质量,并且容易为公众所理解。通过信息透明,不仅公开公益性出版单位的资金使用情况,也公开项目取得的效果和受惠群体,以便媒体和公众监督。通过有效的监督,一方面让公益性出版单位的组织行为尽量不偏离其目标使命,另一方面使组织不断提高其公益服务能力和服务效率。

三、价格机制:市场发挥资源配置作用的必然选择

政府补贴只能是公益出版收益来源的补充形式。一方面,公益出版受众对于公益性出版物的价格水平非常敏感,提高价格会对来自市场的公益出版受众需求产生较大的负面影响,而公益出版受众数量的减少意味着无法获取公益性出版所蕴含的巨大的正的外部性,社会福利会出现净损失。另一方面,如果在维持较低价格水平的同时继续提供公益性出版服务,又会使得公益性出版单位负重前行,发展缓慢且动力不足,公益

---

① [美]赫茨琳杰:《非营利组织管理》,陈江、王岚译,中国人民大学出版社 2000 年版,第 31 页。

性出版的稳定性和充足性均难以确保,这种社会选择也不是最优的。为了获取公益性出版的外部性所带来的正反馈,建立政府等第三方补偿机制对于促进公益性出版单位发展具有重要意义。政府对于公益性出版单位的支持与公益性出版单位的经营收入共同构成公益性出版单位的收益来源,但是二者之间可以是互补的关系,也可能出现替代的关系。在一些情况下,政府补贴反而可能产生低效率的问题。

价格是公益资源配置中十分有效的市场手段。市场主要通过价格的杠杆作用来对公益出版资源发挥配置作用。可以按照国外公益出版社通行的做法:公益性出版物的发行价格仅为商业性出版物的 1/3 到 1/4(甚至远远低于成本价),目的就是让更多的人群能够买得起、读得到公益性出版物,对于因定价偏低造成的出版社损失,可以经考核之后由出版基金和政策相关款项进行补偿,发行越多,补偿越多。降低价格的办法可以让市场在公益性出版基金的分配中重新发挥作用。那些提供优质的公益出版物的出版单位可以获得更多的政府补贴,这在一定程度上可以调动公益性出版单位的工作积极性。

四、结语

综合以上的分析,笔者认为,造成公益出版单位"公益不足"的制度障碍,从体制来看是政府和市场在公益出版资源配置中的角色不明;从机制来看是政府"强加的"公益出版使命难以成为企业自身的目标追求。要有效解决公益性出版单位的"公益不足"现状,应该充分发挥市场对公益性出版资源的配置作用。市场发挥公益出版资源配置的作用主要体现在三个方面:市场的合理配置作用来自于信息的透明;市场在公益出版资源配置中发挥作用,要求多元资本的进入;市场主要通过价格的杠杆作用来对公益出版资源发挥配置作用。

试论出版公益性改革"整体性"思路 *

　　高效而便捷的公共文化服务体系,是一个社会文明程度和发达程度的重要标志,而"出版公共服务体系是公共文化服务体系的重要组成部分"。①"十二五"时期公共新闻出版服务体系的发展有喜有忧。"喜"在于:截至 2012 年 7 月底,全国建成农家书屋 60 多万个,覆盖了全国有基本条件的行政村,提前完成了农家书屋建设任务;建成 4 万多个城乡阅报栏(屏),不仅增强了党报党刊等主流媒体传播力,也丰富了新闻出版公共服务网点;②各类出版基金持续增加,评审程序日趋透明和公平;一些出版工程获得了较好的社会效益;民族文字出版和盲文出版持续发展。"忧"在于:需要破解农家书屋的可持续发展难题,即图书更新和有效服务难题;需要破解"公益出版单位"的发展难题,即政府如何扶持和如何建立灵活创新的内部机制;民族文字出版从排版制作到内容发布的数字化工作仍需加强;"东风工程"如何平衡各民族的利益诉求,需要建立平衡、公正和规范的支持方式。幅员辽阔、基础薄弱、民族众多的国情决定了我们不可能在短时间内完成发达国家几十年走过的道路,因此,在"十三五"时期,如何完善中国公共出版服务的"顶层设计",探寻符合国情的公益出版发展模式和可持续发展路径是管理者和研究者的首要问题。

　　探讨中国公益出版的发展模式和可持续发展问题,就需要改变中国

---

* 原文载《中国出版》2016 年第 4 期,合作者为刘秧。
① 新闻出版总署:《关于进一步推进新闻出版体制改革的指导意见》,2009 年。
② 魏玉山:《新闻出版公共服务体系逐渐形成》,载《光明日报》2012 年 9 月 24 日。

出版公益性改革的"部门分割"现状以及中国公益出版研究的"碎片化",以"整体性"思维破解出版公益性改革的"碎片化"状况。针对改革发展中的一些问题,需要具体问题具体分析;但对改革的未来走向和公益出版的可持续发展,则需要"整体性"思维。换言之,多年来中国出版公益性改革的"零敲碎打"为整体性地思考"顶层设计"奠定了一定的基础。

一、出版公益性改革的"碎片化":改革呼唤"顶层设计"

相比较出版的企业化改革,中国出版的公益性改革更显复杂,社会存在着文化资源公平性的普遍需求,但如何有效率地供给确是难以破解的难题。由于传统上事业单位体制的遗留、中国公益出版服务的复杂性及基础薄弱,中国出版的公益性改革在起步阶段更多是关注"公平性"问题,如农家书屋、社区文化中心的网络构建等,而"效率"成了下一步继续解决的问题。如何让公益出版有效率,就需要破解公益出版改革的"碎片化"现状,其主要表现在如下几方面。

1. 发展模式的选择暧昧不明。目前,世界主要发达国家经过几十年的发展构建了比较成熟的公共出版服务体系,可概括为三种模式:日本、法国的"政府主导"或"中央集权"的模式;美国、加拿大的"市场分散"或"民间主导"模式;以英国、澳大利亚等的民间与政府共建的"分权化"模式。① 中国到底应该选择何种模式,研究者形成了截然不同的观点:公益性出版单位由政府投资,"国家财政应该供养公益出版"②;出版的基本属性与管理方式不能混为一谈,要通过市场取得经济效益③;应该以非营利组织管理为模式,在政府(出资人)和管理者(出版社)分离的情况下,要建立好的外部约束机制④。如果发展模式不明,就无法确定政府和市场在公益出版资源配置中的作用,也无力调整原有事业单位的种种弊端,更不可能解决公益出版的可持续发展问题。

---

① 谢晋洋等:《浅谈新闻出版公共文化服务体系》,载《重庆社会科学》2009年第1期。
② 汪晓军:《转来转去的念头》,载《出版广角》2005年第2期。
③ 宋木文:《出版社转制问题的观察与思考》,载《出版科学》2007年第5期。
④ 尹章池:《论公益性出版单位的外部治理结构设计》,载《中国出版》2010年第15期。

2. 民族文字出版资源需要统筹协调。在出版的公益性改革中,民族文字出版需要解决三方面的矛盾和三个共性难题。所谓三方面的矛盾是:(1)各民族文字出版的协调发展和对等支持;(2)中央级民族出版社和地方民族出版社的资源配置,这表现在选题重复、基金申报扎堆等;(3)民族出版社内民族文字出版和汉文出版的"本末倒置",有些民族出版社的汉文书出版比例明显高于民族文字出版,引发到底如何界定民族出版的问题。所谓三个共性问题是:(1)民族文字出版的数字出版系统研发问题。因为民族文字的数字出版系统必然需要新的软件,各民族出版社的人力和财力完成研发任务,能力明显不足。(2)民族文字编辑的培养和职称评定问题。因为目前的职称评定考试以汉文为形式,汉文图书的销售量又普遍好于民族文字图书。如果以考评汉文编辑的方式考评民族文字编辑,民族文字编辑的职称评定和职业发展将面临较大困境。(3)民族文字出版物之间的相互翻译,能否纳入国家文化传播战略。事实上,民族文字出版物之间的相互翻译,促进了民族之间的了解,有利于维护社会的稳定。要解决好民族文字出版的三重矛盾和三个共性难题,公益性出版改革必须坚持"整体性"思维,从宏观上构建合理的管理规则。

3. 农家书屋、社区文化中心、图书馆之间的协调和联系。农村书屋、社区文化中心、图书馆事实上都是公益出版服务体系的神经与细胞,但因为三者隶属于不同的管理部门,三者之间资源的流动性较差。其产生的必然结果是大部分农家书屋的藏书有限,管理不专业,可持续发展是一个巨大的挑战。许多疆域辽阔的国家会采用流动图书馆的方式,如加拿大、俄罗斯、印度等,来满足边远地区、人居分散地区人的阅读需求。中国农家书屋网的建成兼顾到了"公平",但同样耗资巨大,如果要见到预想的成效,必须数量和管理跟得上,考虑到中国农村之广袤,这简直是一个"无底洞"。任何公平的实现,都必须重视效率,没有效率的公平是不可持续的,因此"流动图书馆"可能是有效率地保证公平的一种可借鉴手段。

4. 外部制度设计和内部机制需要协调统一。内部机制不明晰是改革目标模式模糊的直接体现。"事业型内部机制"论者认为,公益出版单位应该充分地与商业性出版机构分开,不必参与市场竞争①;"企业型内部机制"论者认为,不仅不能削弱经营,而且还必须善于经营②,通过引入市场机制使资源配置优化③。把内部机制简单化为企业化管理或者事业化管理的问题,显然并不利于公益性出版单位的机制设计。公益性出版单位的内部机制设计,要在内部管理的企业化(用企业管理的手段调动单位内部员工积极性)和外在目标的公益化(把盈利主要用于公益性出版资源开发和服务水平的提升)之间找到平衡。扶持方式是政府管理方式的敏感环节。目前公益性出版单位的扶持方式有政府采购、政府补贴、项目支持及政策支持等。这些扶持形式存在的主要问题有:扶持标准和评审程序有待清晰和透明;扶持方式有待常态化。只有扶持具有连续性,公益性出版单位才能确定明晰的发展战略和目标。扶持应该把前置审批和效果评估结合起来,这样才能让市场在资源配置中起到重要作用。

二、研究的碎片化:如何为公益出版改革提供智力支持

近年来,公益出版服务体系相关研究成果日益增长,成为不折不扣的学术热点。公益出版服务体系的研究有进步亦有不足,这主要表现在四个方面。

1. 深入基层的问卷调查多,如何破解"公益不足"难题的理论创新少。在问卷调查方面,张蕊、朱立芸、朱川连等人对甘肃、黑龙江、湖北、江苏等省的农家书屋发展现状及存在的问题的研究,杨庆国等人对公益出版服务体系的研究,都积累了可贵的第一手资料,为后续研究打下了坚实的基础。但在理论创新方面,却乏善可陈,具有一定启示意义的有:尹章池等人认为,中国的公益出版单位改革的目标是建立非营利组织管理模式,并从外部制度设计、内部机制管理和绩效评估角度进行制度建构;张大伟、黄强等人分析了中国出版公益不足的制度障碍及引入市场机制的

---

① 汪晓军:《转来转去的念头》,载《出版广角》2005年第2期。
② 金明善:《关于公益性出版单位的改革发展思考》,载《中华读书报》2004年8月25日。
③ 张志:《深化民族出版改革:面临的问题及解决途径》,载《大学出版》2007年第1期。

效用问题①；谢晋洋等人提出了中国公共出版服务体系的可借鉴模式②；李治堂提出了适度引入市场竞争，提高公共财政使用效率问题③。

2. 注重评价指标体系构建，忽略评价指标体系的可适用性。构建公共出版服务体系的绩效评价指标是世界性难题，中国也不例外。尹章池、赵旖等人都提出公共出版服务体系和公益出版单位绩效评估的指标体系，初步为公共出版服务体系绩效评估的研究做了尝试，但因为中国公益出版服务的特点，决定了这些略显复杂的指标体系只能存在于研究者的案头，而很少能运用于实践。

3. 研究内容集中度较高，部分重要问题被忽视。本课题组统计发现，自2009年以来，有关公共出版服务体系的研究内容绝大多数集中在农家书屋和公益性出版单位，而对民族文字出版、盲文出版、出版工程既缺乏深入调研，也缺乏理论探讨。此外，研究的集中度与国家相关部门课题发布之间形成正相关。也就是说，不仅中国公共出版服务体系建设是由政府驱动的，相关的课题研究也是由政府驱动的。课题招标的盲点事实上也就是研究的盲点。

4. 重视美国公共服务体系的研究与实践，轻视其他发达国家的相关研究与实践。相比主要发达国家公共出版服务体系实践，中国的公共出版服务刚刚起步。借鉴其他国家的相关研究和实践，可以使我们少走弯路。从中国公益出版发展的历史，以及政府在公益出版资源配置中的决定性作用来看，中国无疑应该借鉴日本、法国的"政府主导"或"中央集权"的模式或者英国、澳大利亚等的民间与政府共建的"分权化"模式，但我们目前的研究和改革的目标，都不约而同地瞄准了"美国"模式。过分地关注美国模式，可能会让我们脱离中国公益出版的具体语境，而忽略了在不同的社会语境中，解决公平和效率的方式存在着很大的差异。"言必称美国"，使得我们的理论和实践借鉴发生偏颇。

---

① 张大伟、黄强：《中国出版"公益不足"的制度障碍及市场机制效用研究》，载《出版发行研究》2013年第4期。
② 谢晋洋等：《浅谈新闻出版公共文化服务体系》，载《重庆社会科学》2009年第1期。
③ 李治堂：《公共财政视角下新闻出版公共服务体系建设》，载《中国出版》2013年第11期。

综上所述,不难得出以下结论:在公共出版服务体系初步建立之后,如何保障公共出版服务体系可持续发展;如何在坚持政府主导的情况下,调动市场和社会力量;如何以出版工程合理配置公共出版资源,将成为出版公益性改革面临的主要问题,这既需要"顶层设计",也需要具体的"实施路径"。而目前公共出版服务体系研究还不能为此提供有效的智力支持。

三、公益出版改革"整体性"思路的维度

探讨中国公益出版体系的可持续发展,既要清醒认识到中国公益出版服务的巨大缺口,也要避免对公益出版服务的无序投入。对公益的投入如果是低效的、不可持续的,结果可能是对资源的又一次浪费。目前,中国出版"公益不足"的现状普遍存在,但也不能因此而让投入"随意化",我们更应该稳扎稳打,让投入见到实效,实现公益出版体系的可持续发展。公益出版服务体系的可持续发展必须要以制度为保障,而制度的构建需要"整体性"的思维。在笔者看来,鉴于中国公益出版改革的"碎片化"现状和研究的"碎片化"现状,构建中国出版公益性改革的"整体性"思路应该从以下几个维度展开。

1. 明晰公益出版发展模式。中国出版的公益性改革,一方面要改变中国公益出版体系的内在不足,另一方面则要通过制度变革建构有效率、可持续的公益出版服务体系。这也说明,原有的政府各部委分别主导的、事业单位性质的公益出版服务的效率,不足以满足现代中国公益出版服务需求。中国公益出版服务发展的现状要求我们必须对中国公益出版的发展模式做出选择:要么继续延续原有的事业管理体制;要么借鉴国外的"政府主导"模式、政府和民间共建的"分权模式"或者美国的"市场化模式";要么在充分考量原有事业单位、国外各种不同管理模式的基础上,提出符合中国现代公益出版可持续发展的管理模式。只有在制度设计上明晰政府、市场、社会的权力边界,中国公益出版的内部机制革新才有可能,否则,以效率为目标的出版公益性改革将会无疾而终。发展模式明晰了,我们就可以对中国公益出版的"公益"做出合理的界定,明确其内涵与外

延,也明确中国公益出版的利益攸关方和参与主体。

2. 在效率与公平之间找到平衡点。如果说中国公益出版的第一轮改革是"公平性"改革,即实现了中国出版公共服务体系的从无到有。这一轮的改革是各部委利用自身资源和自身影响力分领域实现的,那么新一轮的改革必须在效率和公平之间找到平衡点。"公平"是目标,"效率"是达到目标的合理而有效的手段,效率是制度设计的重点,"公平"目标要分阶段实现,这才是中国公共出版服务体系发展的理性的、可持续发展的思维。公益出版服务能到农村、能进社区固然重要,但更重要的是这些服务的利用效率如何,产生了什么效果。我们是否还能以更低成本提供更好的公益出版服务,比如说流动图书馆是否会让图书数量更丰富、管理更专业,相对成本较低、可持续性较强。此外,在兼顾"公平"的情况下,我们是否应该考虑对重点人群,比如说儿童、老人以及其他阅读障碍者给予重点关照。一个在自己幼年时期无法享受到良好的公共出版服务的人,在其成年后往往会拒绝任何公共出版服务,这是公共出版服务的特殊性所在。因为每个人接受公共出版服务的心理完全不同,从欢迎到拒斥不一而足,"撒胡椒面"式的公平可能对一些重点人群来说是最大的不公平。

3. 明晰部委合作协调机制。各部委根据自己所掌握的资源,提供公益出版服务本身是社会进步的一种表现,但如果这些资源能够集中和有计划地使用,可能会更有效率。从一定意义上讲,每个部委构建自己的一套公共服务体系,本身就是一种资源的浪费。依靠部委之间的合作机制,促进资源的整合和高效利用,这对解决中国目前普遍存在的"公益不足"意义重大。此外,应该明晰各部委和分管出版单位之间的关系,论证由多家出版社出版政府出版物和政府出版物的归口管理之间优劣何在。考虑出台政府出版物管理规定,政府出版物既需要权威性,也需要效率。政府出版物的归口管理,应该是兼顾权威性和效率的一种选择。

4. 民族文字出版的会商机制。民族文字出版是公益出版服务的重要组成部分,也是落实民族政策、促进民族理解、民族和谐的重要文化交流形式。鉴于民族文字出版对于保留文化多样性和民族文化繁荣的重要性,应该鼓励民族文字之间的相互翻译,重视民族文字编辑的业务考核和职务晋升,并对民族文字编辑的职称考核、业务考核、职务晋升做出合情合理的安排。对各民族文字出版的扶持应该秉持"公平、公正、公开"的原则。对民族文字出版选题和基金申报要有会商机制和交流平台,注意中央级民族出版社和地方民族出版社的利益平衡,避免资源的重复浪费。

四、结语

中国出版的公益性改革体现出了追求"公平性"的特点,但因为参与部门较多、资源较为分散,各部门的利益格局难以打破,导致中国公益出版服务存在"效率不足"的问题。我们需要用"整体性"的思维破解目前"碎片化"和"效率不足"的现状,用现有资源和制度建设保障中国公益出版服务的可持续发展。中国出版公益性改革的整体性思维,以提高效率为目标,在兼顾"公平"和"效率"的基础上,完成出版公益性改革的"顶层设计"。

民族类出版社数字转型的理念、人才与技术因素分析
——基于对 15 家民族类出版社的深度访谈 *

在中国出版语境中,"民族出版"隶属于民族文化产业,是一项以中国少数民族政治、经济、历史、语言、文化、艺术、教育、科技、医药等知识信息为主要出版内容的出版行为。① 作为侧重社会公益的文化事业,民族出版具有传播党与政府的方针政策、促进各民族间的文化交流、传承保护少数族裔语言与文化的平台性及工具性职能,其炽盛将惠泽少数民族的文化更新,维护国家安全与文化主权,在社会与文化层面上具有不可忽视的重要意义。

近年来,伴随信息技术的不断升级与新兴出版模式的不断涌现,数字出版早已成为中国出版界的热门话题,被管理者和业界普遍认为是出版产业发展的新方向,"数字出版"遂成为"热词"。这种态势一方面促使传统出版社,尤其是领导层加紧谋划本社的数字出版发展战略,唯恐落后;另一方面也带来了中国"数字出版研究热",但有关"数字出版"和"出版数字化"的话题只是不断被研讨的"热词",并没有成为一个有明晰内涵和外延的学术概念,这也造成了实践的丰富性和盲目性。② 在数字出版研究热潮中,亦有多份文献对民族类出版社的数字出版予以论述。文献普遍

---

* 原文载《编辑之友》2018 年第 2 期。
① 满福玺:《民族出版业发展导论》,中央民族大学出版社 2007 年版,第 31 页。
② 张大伟:《数字出版即全媒体出版——对于数字出版概念生成语境的分析》,载《新闻大学》2010 年第 1 期。

认为我国民族类出版数字化水平欠发达,其中论及民族出版数字化转型机遇的观点主要基于民族出版物的特殊属性——印刷数量少、按需出版要求高、个性化特征强等,这些特点不仅使民族出版适宜数字化按需出版,且可能借助数字出版进一步丰富少数民族文化产品形态;①而文献对民族出版面临的数字化挑战的解读则多是基于民族出版受众有限、少数民族聚集区经济与文化水平落后于内地的宽泛前提,总结的制约因素与解决对策大多落在观念、技术、人才与国家政策的宏观框架内,即民族出版从业者在观念上尚未充分认识数字出版的重要性,欠缺发展数字出版的必要技术条件与高端人力资源,解决方案属于公益性机制保障、观念解放以及国家层面的财务支持与政策倾斜。②③④ 已有文献均关注了民族出版的独特性,但其分析的问题症状,实际是包括民族出版在内的整个出版行业面临的共同问题。进一步的研究需要结合中国民族出版的数字出版实践存在的具体问题,剖析其原因,并提出更为切实的发展理念。本研究深入民族出版一线,力图通过对第一手资料的分析,发现民族出版数字化实践中的特有问题。为此,2013年至2017年,笔者深入15家民族类出版社,对27位民族类出版社的社长、书记、总编辑、副总编辑及资深编辑进行了深度访谈。⑤ 笔者试图在对民族出版的整体性关注中,尽可能凸显处于不同体制、不同数字化发展水平的民族类出版社存在的共性问题。

一、民族类出版社的数字化转型问题及困境

（一）理念偏差:"内容数字化"的陷阱

尽管自2004年以来,"数字出版"一直是出版研究的"热词",但国内

---

① 邓秋菊:《改革开放以来我国少数民族文字图书出版概览与走向》,西南交通大学出版社2014年版,第91页。
② 廖健太:《中国当代民族出版研究》,兰州大学,2008年,第204—208页。
③ 吴柏强:《地方民族类出版社数字化转型升级之困境及对策》,载《出版广角》2017年第2期。
④ 马国林:《基于新媒体背景的民族出版数字化分析》,载《企业改革与管理》2015年第11期。
⑤ 调研与访谈的出版单位有:藏学出版社、新疆人民出版社、新疆教育出版社、新疆少儿出版社、云南民族出版社、甘肃民族出版社、广西民族出版社、青海人民出版社、青海民族出版社、四川民族出版社、民族出版社、内蒙古教育出版社、内蒙古人民出版社、延边人民出版社、延边教育出版社。

研究对数字出版的理解基本上从两个价值维度展开:一是认为"数字出版"是已有出版内容(如图书、期刊)的数字化。因这种观点很容易被传统出版社理解,因而曾大行其道。二是认为数字出版是一种新兴产业形态,是一种新的知识传播生态,①数字知识服务是最具增长潜力的数字出版形态。从调研情况看,对数字出版的理解直接影响了产业形态的选择。四川民族出版社和甘肃民族出版社十分重视藏文图书的数字化建设,现已建成前端网站和一个后台数据库,电子图书已做成 XML、PDF、Word 格式,且均把目标定位于可以交易和传播的藏文图书馆。与此同时,民族类出版社也重视与社外企业的合作,如延边教育出版社与技术企业合作网上朝鲜文教育衍生服务。总体来看,民族类出版社在数字化实践中,多从以下三种产品形态入手:一是民族语言文本数据库,但对数据库的有效利用和商业开发还需进一步的拓展;二是某一经典民族语言文本(或双语文本)的音频、视频、APP 应用;三是极少数的民族类出版社开始重视由文本而产生的衍生数字服务。目前看,重点开展的是前两种产品形态。

  与技术理念紧密相关的是,受宏观环境影响,民族类出版社普遍认为,数字出版十分重要,但在数字出版领域的发展动力主要来自国家投资,且很多出版社负责人毫不讳言地表示,基金扶持的数字出版物并不受市场欢迎。用原民族类出版社社长禹彬熙的话讲,就是"很少有人看,看起来好像很棒,但实际上效果很差"。藏学出版社社长周华认为:"数字出版砸了很多钱,但很多钱都是乱砸,没有任何效果。"数字出版基金是推动民族类出版社数字化的主要动力,表面看是国家的宏观调控政策起到了重要作用,但其结果是数字出版裹足不前。通过访谈可以发现,如果没有基金扶持,民族类出版社与技术企业合作的意愿并不强。除延边教育出版社外,民族类出版社目前没有与技术企业展开合作的有益尝试。

  从被访者对其所在出版社数字出版概况的讲述和分析看,我国民族类出版社领导层对数字出版的认识并非如刻板印象所言的"不够重视",而是"十分重视"却不知该"如何重视"。被访者均肯定了数字出版的重要

---

① 张大伟:《果壳网:如何在 Web2.0 界定数字出版的边界》,载《编辑学刊》2016 年第 2 期。

性,表示数字出版是未来出版社必然要考虑的转型之路,但也指出,民族类出版社数字出版业务的展开主要依靠国家资金支持,做出的尝试限制在本社既有的出版物数字化、构建数据库等少数几个领域,有些出版社甚至不具备数字出版办公系统。

(二)技术不足:民文信息处理软件尚不完善

被访者普遍认为,民文信息处理是民族类出版数字化与否的最根本要素。尽管民文出版是民族类出版社相较于综合性出版社最具特色之处,但民文信息数字化面临的技术性问题远未解决。其一是缺乏能够兼容少数民族语言的文字输入软件;其二是国家尚未出台权威、全面的民族文字标准规范。这不仅造成民族类出版社编辑工作的混乱,也阻碍了其出版流程数字化的顺利实现。

新疆人民出版社社长买买提江·马合木提指出,兼容汉文信息的软件特别多,但兼容少数民族语言的软件却很少,希望国家扶持民文软件技术的开发,对包括制版、排版、印刷等的民文相关信息处理技术给予支持。云南民族出版社副总编辑普毅对此有更加深刻的体验,他指出云南地区少数民族众多,国家下发的民族文字出版资金虽多,但平均到每个语种上就少了。他特别提及,因缺少能够涵盖所有苗语谱系的中国官方苗文词典,部分出版社直接引用国外相关著作,带来意识形态安全方面的隐患。民文信息处理的不规范、不完善在民文软件方面体现得尤为明显,且相对于参考国外工具书的编校行为,出版机构或出于省事,或出于无奈而使用国外民文软件的负面影响更大。云南民族出版社傣族老编辑坦言:现在,傣族软件开发还是跟不上,排版、印刷都面临实实在在的困难。云南的傣族生活于边境,对面就是缅甸。国内几乎没有人关心傣族编辑软件,西双版纳在软件开发上投入得比较大,但还是没有缅甸那边开发的好用,字体倒是好看,但使用当中还有很多问题……做民族文字数据库平台工作量大,国家提供的经费有限,出版社也需要考虑经济效益。出版社现在也在跟相关企业谈,希望解决编辑软件问题,但这些企业认为开发民文软件付出与收入不成正比。出版社没有技术实力开发这些软件,只能到处争取相关经费支持。目前来看,这仍是一个大问题。

在内蒙古教育出版社的访谈中也显示了同样的问题,总编辑巴音·巴特尔认为,国家云出版平台没有充分考虑少数民族文字的独特性,虽然有蒙文软件,但软件间互不兼容,国家尚未设立统一标准也使格式混乱,"形成数据库后没法利用"。他表示:这本是国家任务,蒙文信息处理必须发展,中国这么大,这个问题必须解决,应该用国家力量去解决它,把市场卡住,让其开发,这是国家需要管理的问题。

新疆人民出版社的副总编刘锡国承认国家新闻出版广电总局对新疆出版社的扶持力度"比内地任何出版社都要大",他们目前最需要的是民族文字信息技术的提升。显然,民族类出版社虽有各不相同的语言出版任务,面向受众有多寡之分,但大部分民文出版困扰于语言信息处理层面诸多基础性的技术空白或薄弱之处。受客观条件制约,民族类出版社不可能通过产业化手段自主改进,民族语言的规范制订也超出地方出版社的职能权责,这使得他们极其依赖国家层面的力量介入,希望国家重视少数民族信息可达性问题,从软件开发、标准制订、资金投入等方面切实完善作为数字化转型基础的民族语言信息处理体系。

(三)人才结构:技术类与民族语言类双重缺口

人力资源是出版业作为文化产业运转良好的重要保障,几乎所有受访者都表示目前民族出版的编辑梯队缺乏年轻的、具有数字出版知识储备与民族语言能力的复合性编辑人才。作为事业单位的中国藏学出版社,因收入有保障、压力小以及福利高,社内人才引进没有很大问题,但数字出版方面仍"人手不够"。新疆人民出版社副总编辑刘锡国介绍社内"技术投入钱多,研发人员少","主要需要信息技术开发人才"。广西民族出版社社长、总编辑朱俊杰认为:"民族出版最大的挑战是人才的挑战,因为我们缺人","感觉力不从心,有些项目做不出来,因为没人做,不只是我们出版社,估计其他出版社也面临着人才的竞争"。

除数字出版人才不足外,少数民族语言人才也存在缺口。云南民族出版社副总编辑普毅表示,社里的进人指标一直重点考虑少数民族编辑,该社有22个文种的民文出版任务,与需求不相称的是少数民族编辑"基本招不到人,现在社会上少数民族语言专业的人才实在不多"。制约少数民族编辑发展的原因主要是现行职称评定制度不合理,即对少数民族编辑的考核以汉文为主,但少数民族编辑普遍不具备良好的汉语水平,无法顺利通过职称考核,这导致许多编辑没有职称,每月收入在社内低水平徘徊,降低了编辑的工作积极性,进而导致人才流失。少数民族文字编辑的欠缺则实际上造成了包括数字出版在内的整个出版资源的枯竭。解决此种问题需要高等院校专业设置、行业考核规则变更、民族政策制订等各方面的通力合作。人力资源的双重缺口实际是民族类出版社整体"品牌效应"不足和出版业整体性衰落的集中体现。

二、民族类出版社的数字化转型困境的原因分析

综合上述访谈中析出的要点,不难发现民族类出版社的数字出版实践多是国家政策导向下的产物,主动出击探索数字化出路的单位很少。绝大多数领导者的思路可纳入申请专项资金——比照内地经验复制案例——在实践中出现不足继续寻求帮助的"外援式"模式。基于这一思考模式的种种发展诉求必然呈现为对国家新闻出版广电总局、国家民委、地方自治政府等多重上级管辖部门与权力方的持续的"呼吁"与"希望"。诉求集中体现为减少项目审批的不确定因素、更迅速地下放款项资金,但其内部的人才、运营结构却难以发生根本性的、符合数字出版要求的变化。

是什么造成了民族类出版社数字化转型的外援模式?理念落后、人才缺乏、技术不足都是原因。民族类出版社领导层的技术理念基本停留在"原有出版内容数字化"的阶段,主要有三方面的原因:一是国内研究没有为数字出版产业的发展提供足够的智力支持;二是由于民族类出版社的领导层绝大多数在50岁以上,学科背景以文学、历史、哲学、民族学为主,对新技术不够敏感;三是如夏德元在《中国出版数字化转型中的文化冲突》一文中研究所表明的,民族类出版社内部原有的企业文化、氛围并不适宜新技术的迅速采纳和传播。[①] 所谓人才问题是指民族类出版社(包括中国绝大多数非民族类出版社)内部技术人才较少,有些出版社只

---

① 夏德元:《中国出版数字化转型中的文化冲突》,载《学术月刊》2010年第4期。

有一个至两个数字技术员工,技术人才与编辑人才结构不适合数字出版发展的整体趋势。所谓技术问题,主要是指与民族类出版社合作的技术企业,本身对出版业有隔膜。由于资本的逐利本性,一般也不愿意与出版社建立长期的合作模式与利益分配模式,往往是项目制合作。更有如北大方正、清华同方等大公司尽管长期致力于传统出版社编辑系统及平台开发服务领域,但其开发过程缺少与传统出版业,尤其是民族类出版社的沟通协调,也没有建立双方认可、民族类出版社欢迎的利益分配机制,因而国家耗费上亿的出版编辑系统仍然处于调试阶段。

民族类出版社绝大多数是公益性出版单位,一定意义上讲是原有事业单位的延续和改良。现有体制设计既考虑到我国民族出版的独特性及其在保存民族文化、提高民族素质中的重要作用,也考虑到民族类出版社普遍"品牌效应"较低,抵抗外部风险的能力较弱这一现实,但也造成市场机制较难在民族数字出版资源配置中发挥决定性作用,管理部门信息不对等等情况,造成资源的错置与浪费。如,一方面,国家管理部门十分重视民族类出版社的数字化工作,国家新闻出版广电总局和国家民族委员会都有专项基金可供申请,可这些"数字出版工程"只是看上去很美,其产生的社会效益和经济效益并不高;另一方面,民族类出版社确实面临许多亟需数字化的问题,如民族语言处理软件,各语种的交易、信息分享平台建设等少有作为。一个健康的文化机构的发展离不开良好的外部环境与运行有序的内部运营机制,但仅就数字出版来看,民族类出版社存在过于依赖外部环境,而几乎不提及内部运营能够有何作为的被动情况,折射的不仅是民族聚集区文化经济欠发达的特殊困境,其自身能动性的匮乏也明晰地反映出我国现行公益性出版机制中欠缺与数字出版相关的、行之有效的激励制度与创新服务平台。

三、民族出版数字化转型的可行性对策

需要深思的是:如何改变民族类出版社在数字化过程中过分依赖"外援"的现状?这个问题的难点在于民族类出版社内部机制创新的可能性极小,作为"委托-代理"体制,创新的动力也不足。这就造成改变外援模

式,需依靠外部制度和外部力量的现状。具体对策建议从外部制度创新、技术攻关和公共服务三个层面提出。

（一）在合理范围内引入市场竞争机制

如上述所言,"管理部门政策扶持——出版单位跟随政策"未能让民族类出版社普遍完成数字化转型,其数字出版产业市场效应整体较差。如何使民族类出版社把政府主管部门的转型目标内化为单位自己的发展目标,则需要回归制度设计原点。在明确数字出版是行业发展所趋、政府政策导向的前提下,重新询问数字出版究竟能为我国的民族出版带来何种效益？根据相关研究,数字出版能够扭转民族出版印数少、个性化强而不适用于大规模产业化的运营劣势,极大地节约出版成本。以蒙文出版为例,传统出版的蒙文排版支出占全书成本的1/3至1/2左右,数字技术则能够使排版费用在成本中的比重下降到1/4左右。[①] 多样化呈现形态的数字出版物,还能为高等教育不够普及的少数民族聚居区带来更多雅俗共赏的出版物,同时顺应数字时代读者的新阅读趋势,实现出版物社会效益最大化。可见,民族出版数字化转型是符合出版物市场价值规律的、能够推进中国公益出版影响的文化事业,在合理的范围内引入市场竞争机制并不会破坏其公益性目,反而能够充分调动民族类出版社投入数字出版的积极性,提高数字出版的效率。具体而言,在民族出版的数字出版领域引入市场竞争体制可从三个方面进行理解,分别是运用市场手段高效配置公益出版资源、为多元资本入驻提供框架支持以及市场辅助出版单位优化数字出版方向。

1. 运用市场手段高效配置公益出版资源不是否认民族出版的公益性,民族出版的首要目标是完成党和国家意识形态传播的使命,保障少数民族的"基本文化权益",为达到这一目标,政府需要加强对民族类出版社的监管。正如访谈中民族出版从业者谈及的,"数字出版从国家层面来说还是支持的,但在下层执行的时候还是有点偏"（甘肃民族出版社社长、总编辑刘新田语）,借助市场化的手段,政府能够以更为明晰的赏罚标准,将

---

① 廖健太：《中国当代民族出版研究》,兰州大学（博士论文）,2008年,第208页。

更多的资金给予那些数字出版物水平高、数量多、能够最好地服务少数民族及相关读者的出版单位。

2. 为多元资本入驻提供框架支持是访谈中被访者普遍提到的,民族类出版社在与社外企业合作项目时,经常因缺少资金或利益回报率低而遭到拒绝。企业的逐利特性是市场基本运行规律,若单纯从道德责任层面呼吁企业为民族出版提供服务,无疑是不现实的。实际上目前出版单位与社外企业发生关系主要有两种情况,其一是将技术性工作外包给企业,如委托科技公司研发相关软件、付费购买网站等;其二是寻求企业资本对出版项目的支持,如藏学出版社与深圳民间资本合作开发有声读物,青海人民出版社总编辑认为数字出版"主要还得借助一些社会力量"。前者是一种正常的经济交易,而后者则可充分将民族类出版社在民族特色文化资源方面的垄断性优势转化为经济效益,补贴民族出版的巨大亏空,减轻国家财政负担。

3. 市场辅助出版单位优化数字出版方向主要针对民族类出版社的数字出版物"没人买,也没人要"的症状。改革、转型都是为了文化事业更好地发展,而不是为了数字化而数字化。民族类出版社客观上不具备营利性出版企业的市场敏感度,经常性地在选题策划上忽视市场,由此难以在大众阅读需求和出版人工作理想间点燃互动激情,也无法实现出版成本的回笼。借助市场化手段进行充分的市场调研,使民族出版的数字化行动有的放矢,应是出版单位与读者大众的利益双赢。政府与市场的边界一直是公益性出版的重要主题之一,民族类出版社的管理中最优权力结构的安排更牵涉理论、政策与文化安全的考量。尽管如此,在坚持民族出版基本发展路线的基础上,合理范围内市场机制的引入仍是具有多重积极意义的可行方案。

(二)优先解决少数民族语言信息处理的基础问题

民文软件开发是少数民族语言文字现代化的重要组成部分,它涵盖软件研究开发和推广应用,建议成立专门机构,设立专项基金,执行从基础研究到技术攻关、从技术标准研究到技术规范制订、从专题研究开发到推广应用、从技术推广到产品开发等系统全面的规划。研发民族文字处理软件,目前技术之外的主要制约在于部分谱系的少数民族语言文字尚未制订信息处理标准,需由自治区政府或国家有关部委组织少数民族语言文字专家、计算机专家依据三项国家标准、ISO-IEC10646 国际标准编码起草具有普遍性应用价值的标准。该标准需在调研与比照国内外通用惯例的基础上,建立起一系列准确、统一的少数民族语言字符集编码、字母区键盘布局、字模数据集,以及输入法、字库字形等标准,如此才能顺利导向民族文字处理软件的开发,完成民族文字与汉字及其他语言的兼容性处理。在研发民族文字处理软件的过程中,应重视少数民族语言文字对周边文化的辐射力,不应满足于最低限度的编辑功能。同时,还需考虑民族文字处理软件在出版应用过程中转换是否顺畅、能否与流行的系统软件兼容。招募、吸引尽可能多的民间字体设计团队来丰富民族文字处理软件的字体、美化其字形,使民文软件摆脱"边缘""落后"形象,与时代审美相符。唯有运行流畅、稳定耐用、美观新颖的民族文字处理软件,才是具有文化竞争力与吸引力的文化产品,才能持续服务本土用户,并在与国外民族文字处理软件的话语争夺战中取得胜利,占领舆论宣传的高地。民文软件的推广过程中,考虑到越来越多的用户习惯在电脑、手机终端打字,民族文字处理软件势必要突破 DOS 环境而进入新媒体场景中,政府管理部门应出台政策,要求搜狗输入法、百度输入法、讯飞影音等文字输入、转换软件中加入民文输入,以国家标准的形式确保少数民族语言不再沉默。

(三)建设具有公共服务功能的民族数字出版平台

民族数字出版平台应建设为一个国家级的、公益性质的数字公共服务平台,为薄弱的民族出版提供数字化公共服务,改善民族类出版社的经营环境,减轻出版单位数字化运营的成本投入。数字公共服务平台面向民族类出版社公开,具有信息共享的功能。为更好地助力出版单位数字化,平台应具备如下几个功能:

1. 出版信息共享与智库服务。出版信息包括选题资源与专业出版知识,可分别构建选题资源数据库与专业知识检索库。民族类出版社在选题上难免有交叉,不同出版单位也可能有相同的语种出版需求,为规避重复出版,选题资源数据库必不可少。选题资源数据库可为兄弟出版单位在选题时提供共享、比较和筛选的参照蓝本。平台可集合高校、研究机构等优势民族研究或跨专业专家,担当选题资源数据库的顾问,以学界优质研究成果和集体智慧指导、补充出版选题。作为信息共享的一环,平台亦可提供整理过的民族理论、民族政策、民族宗教、民族文化、民族习俗和禁忌等知识,帮助民族类出版社汉族编辑、民族编辑快速学习和掌握民族学科知识,提升职业素养。

2. 版权交易服务。中国少数民族众多、历史悠久、文化资源丰富,许多民族文化拥有超越国界的影响力,如蒙古文化、藏文化、彝文化、西域文化、古纳西文化等均是全球范围内文化研究的"显学"。其中,有关民族医药、民族文化和民族风俗类的出版物具备在国外市场进行版权交易的内容影响力。利用我国出版物"走出去"战略及其配套政策,为民族出版物提供一个整合品牌、面向国际的版权交易窗口。一些拥有与中国少数民族同族的国家,如蒙古、韩国、朝鲜、缅甸等周边国家均是潜在的市场,可发挥民族出版的特色优势,打造与中国经济地位相符的文化输出实力。

3. 对接"互联网+"的新媒体宣传与营销服务。网络书店、配送服务已深刻改变了中国读者购买、阅读的生活方式与消费习惯,民族数字出版平台应顺应这一趋势为民族出版物开辟交易、支付的中转空间与适应于大众传播的传播渠道。以便捷的搜索技术、多样化的品种选择扩大民族出版物的受众面,并可充分发挥长尾效应,为小众的民族出版物寻觅更多的传播可能。

民族出版单位的人才结构：
与新媒体人才结构比较视角

一、问题的提出

　　我国是一个统一的多民族国家,多语言、多文种的民族出版工作是我国出版工作的重要组成部分。长期以来,民族出版为落实民族区域自治政策、保存和发展民族特色文化、普及义务教育、提高民族地区教育和文化水平起到了显著的效果。编辑是出版业的核心,良好的人才梯队结构是出版业健康发展的基础。地处边缘地区,如果具有较高的生活满意度,人才队伍才能很好地稳定下来。近年来,受到大城市"人才聚集效应"、传统媒体"人才流失现象"、事业体制管理等多重因素影响,位于边缘地区的民族出版业编辑基本构成如何？编辑的生活满意度又如何？为了深入了解民族出版业编辑的基本构成与生活满意度,本研究以全国各民族出版社编辑为调查对象,成功调查了国内38家民族出版社中的17家民族出版社,共随机发放问卷350份(要求调研当天上班的民族出版社编辑全部填写),收回有效问卷326份,问卷回收率93%。相比民族出版的重要性,对于民族出版的研究仍然十分薄弱,本文力图通过问卷调查对民族出版业编辑的基本构成和生活满意度做一整体的描画。

二、中国民族出版从业者的基本构成

　　（一）性别分布

　　就本次调查而言,中国民族出版社从业者以女性为主,其比例达

60.4%,男性的比例为39.6%。比照中国民族出版从业者和网络新闻从业者的性别分布,如表1和表2所示,发现目前中国民族出版从业者以女性从业者居多,而中国网络新闻从业者以男性从业者居多(59.5%)。

表1 中国民族出版从业者的性别分布

性别	比例(%)
男性	39.6
女性	60.4

表2 中国网络新闻从业者的性别分布①

性别	比例(%)
男性	59.5
女性	40.5

(二)年龄分布

从年龄分布来看,表3显示,年龄在31—40岁之间的民族出版从业者比例最高,为39.9%,其次是在41—50岁之间的从业者,有效占比为27%,年龄在21—30岁之间的从业者与在51—60岁之间的从业者占比相近,占比分别为16.3%和16.6%。综合可见,近七成(66.8%)民族出版社从业者的年龄在30—50岁之间。而比照中国网络新闻从业者的年龄分布(如表4所示),中国民族出版从业者的年龄总体要比网络新闻从业者大不少,中国网络新闻从业者的平均年龄为29.1周岁(30周岁不到),而小于30周岁的中国民族出版从业者只占该行业人数的16.3%。

表3 中国民族出版从业者的年龄分布

年龄(周岁)	比例(%)
21—30	16.3
31—40	39.9

---

① 周葆华、谢欣阳、寇志红:《网络新闻从业者的基本构成与工作状况——"中国网络新闻从业者生存状况调查报告"之一》,载《新闻记者》2014年第1期。

(续表)

年龄(周岁)	比例(%)
41—50	27.0
51—60	16.6
60岁以上	0.3

表4 中国网络新闻从业者的年龄分布①

年龄水平	比例(%)
25岁以下	22.9
26—30岁	46.6
31—35岁	21.7
36—44岁	8.3
45岁以上	0.6
平均年龄	29.1

(三)教育水平分布

就教育水平分布而言,中国民族出版社从业者的教育水平普遍较高,其中91.4%拥有本科及以上学历,其中本科学历拥有者有效占比为63.8%,有27.6%的从业者拥有硕士及以上学历。与中国网络新闻从业者的学历分布相对照,可看出两个行业从业者的教育水平都比较高,但中国民族出版从业者的整体教育水平要高于网络新闻从业者,以硕博高学历的占比为例,中国民族出版从业者硕博占比27.6%,而中国网络新闻从业者占比为18.3%(见表5、表6)。

表5 中国民族出版从业者的学历分布

学历	比例(%)
高中/中专	0.3
大专	8.3

---

① 周葆华、谢欣阳、寇志红:《网络新闻从业者的基本构成与工作状况——"中国网络新闻从业者生存状况调查报告"之一》,载《新闻记者》2014年第1期。

(续表)

学历	比例(%)
大学本科	63.8
硕士	26.7
博士	0.9

表6 中国网络新闻从业者的学历分布[①]

学历	比例(%)
初中或以下	0.2
高中/中专	0.3
大专	4.4
大学本科	76.8
硕士	18.1
博士	0.2

(四)专业背景分布

从专业背景分布来看,中国民族出版社从业者的专业背景呈现出明显的多学科特征,其中拥有语言文学专业背景的从业者占比58.1%,其中拥有汉语言文学专业背景的从业者的占比较大,其余为各少数民族语言文学专业。除语言文学专业背景专业外,拥有理学、历史学、新闻传播学、经济学等专业背景的从业者分布比较均匀(见表7)。

表7 中国民族出版从业者的专业背景分布

专业背景	比例(%)
哲学	1.2
经济学	4.4
法学	1.7
教育学	3.3

---

① 周葆华、谢欣阳、寇志红:《网络新闻从业者的基本构成与工作状况——"中国网络新闻从业者生存状况调查报告"之一》,载《新闻记者》2014年第1期。

(续表)

专业背景	比例(%)
文学	58.1
历史学	6.8
新闻传播学	5.0
理学	8.9
工学	1.1
农学	1.7
医学	1.1
计算机	0.6
管理学	2.8
艺术	3.3

（五）工作收入分布

在工作收入方面，以税后月工资为评价指标，月收入在3 000—5 000元之间的从业者比例最高，为52.1%，过半的从业者能享受到该区间的工资报酬。收入在5 000—7 000元之间的从业者比例达23.6%。7 000元以上的高收入者仅有5.2%的占比，而1 000—3 000元的低收入者有19%的有效占比。比照表8和表9，可以发现中国民族出版从业者的工作收入整体低于网络新闻从业者，尤其是有相对最高收入等级的从业者，不论什么类型的网络新闻从业者，高收入的从业者占比都要高于民族出版工作者。

表8 中国民族出版从业者工作收入分布

税后月工资(元)	比例(%)
1 000—3 000	19.1
3 000—5 000	52.1
5 000—7 000	23.6
7 000—9 000	4.6
9 000以上	0.6

表 9　中国网络新闻从业者的收入分布(%)[1]

平均月收入	总体比例	中央新闻网站	地方新闻网站	商业新闻网站
2 000 元以下	4.2	1.4	7.6	1.8
2001—4 000 元	36.1	28.1	57.9	3.3
4001—6 000 元	32.7	46.7	26.3	22.8
6001—8 000 元	16.5	16.1	4.2	43.2
8001—10 000 元	6.0	4.5	2.5	16.0
10 001 元以上	4.5	3.0	1.5	13.1

（六）政治面貌分布

从政治面貌分布来看，中国民族出版社从业者中，五成(51.2%)有志成为或已经成为了中国共产党的党员，而没有任何党派身份的群众占比为40.5%。政治面貌分布表明中国民族出版从业者对中国共产党有较强的身份认同感(见表10)。

表 10　中国民族出版从业者政治面貌分布

政治面貌	比例(%)
中共党员	46.3
预备党员	4.9
共青团员	7.4
群众	40.5
民主党派	0.9

（七）从业时长分布

就从业时长而言，表11显示，有近三成(28.8%)的从业者在出版行业工作了20年以上，从业时长在1—5年内的有23%，在6—10年内的有19%，在16—20年内的有15.6%，在11—15年内的有13.5%。就从业时长来看，民族出版业编辑的职业忠诚度比较高。而比照网络新闻出版从业者的从业时长(见表12)，发现民族出版业编辑从业时长长于10年

---

[1] 周葆华、谢欣阳、寇志红：《网络新闻从业者的基本构成与工作状况——"中国网络新闻从业者生存状况调查报告"之一》，载《新闻记者》2014年第1期。

的占比为57.9%,而网络新闻从业者占比只有6.7%,可见民族出版业编辑的职业忠诚度要高不少,相对应的,人员的流动性也会低不少。

表11 中国民族出版从业者从业时长分布

出版业从业时长(年)	比例(%)
1—5	23.0
6—10	19.1
11—15	13.5
16—20	15.6
20年以上	28.8

表12 中国网络新闻从业的从业时长①

从业时长(年)	比例(%)
不满1年	13.5
1—3年内	29.6
3—5年内	21.0
5—10年内	29.2
10年以上	6.7

(八)职称分布

从职称分布来看,民族出版从业者中,有五成以上(52.5%)拥有中级职称,拥有高级职称的占24.2%,初级职称拥有者占15%,人员的职称体系比较成熟,且从业者基本都有较高的职称(见表13)。

表13 中国民族出版从业者职称分布

职称	比例(%)
初级	15.0
中级	52.5
高级	24.2

---

① 周葆华、谢欣阳、寇志红:《网络新闻从业者的基本构成与工作状况——"中国网络新闻从业者生存状况调查报告"之一》,载《新闻记者》2014年第1期。

(续表)

职称	比例(%)
不确定	2.5
未定级	5.8

（九）编制及聘用方式分布

就编制情况而言,民族出版从业者近七成(67.2%)拥有事业编制,24.2%拥有与出版单位直接签约的企业编制,1.5%拥有与出版单位下属企业签约的企业编制,而仍然有5.3%不清楚自己的编制情况(见表14)。与中国网络新闻从业者的聘用方式分布表(表15)对比,可见两种行业的单位性质差异。

表14　中国民族出版从业者当前编制分布

当前编制	比例(%)
拥有事业编制	67.2
与出版单位直接签约的企业编制	24.2
与出版单位下属企业签约的企业编制	3.5
与出版单位外劳务派遣公司签约的企业编制	5.1

表15　中国网络新闻从业者的聘用方式[①]

聘用方式	比例(%)
事业编制	5.6
企业聘用	93.6
兼职	0.6
其他	0.7

（十）职位分布

在岗位分布方面,九成(90.8%)的从业者在民族出版社担当"编辑"职务,编辑和管理职务一肩挑的从业者占6.4%,只负责"管理"职务的从

---

① 周葆华、谢欣阳、寇志红:《网络新闻从业者的基本构成与工作状况——"中国网络新闻从业者生存状况调查报告"之一》,载《新闻记者》2014年第1期。

业者占比为2.8%(见表16)。

表16 中国民族出版从业者岗位分布

岗位	比例(%)
管理岗位	2.8
编辑岗位	93.6
编辑和管理一肩挑	6.4

三、结语

总体来看,中国民族业编辑的人才结构是:性别上女性为主,以年龄在40岁左右的人员为主体(不排除个别社人才断档现象),绝大多数具有本科以上学历,人文学科出身,收入5 000元左右,约一半的人是中共党员,职业忠诚度较高,大多数人有中级以上职称,事业编制为主体,企业编制是补充。

与中国网络新闻从业者的人才结构相比,中国民族出版从业者的性别多为女性,年龄也普遍高于网络新闻从业者,总体学历及从业时长相对更高,但高收入者的占比更低。

中国民族出版业编辑的工作满意度与人口学特征*

一、问题的提出

我国是一个统一的多民族国家,多语言、多文种的民族出版工作是我国出版工作的重要组成部分。长期以来,民族出版为落实民族区域自治政策、保存和发展民族特色文化、普及义务教育、提高民族地区教育和文化水平起到了显著的效果。目前,民族出版社在事业体制与新媒体语境中砥砺前行。编辑是出版社的核心,其职业满意度关乎民族出版社未来发展的走向,关乎是否有更多的年轻人选择这一行业并奉献自己的智慧与青春。本文将主要通过问卷调查民族出版业编辑的工作满意度现状如何?哪些因素对工作满意度有显著影响?民族出版业编辑工作满意度与人口学差异何在?

二、文献回顾

目前,国内外有关工作满意度的研究主要有三个方面。

一是关于工作满意度的测量方法。工作满意度分为单构面和多构面的测量方法。构面如何具体划分,学术界还未形成统一的认识。工作描述指数量表(JDI)、工作诊断调查表(JDS)、明尼苏达满意度问卷(MSQ)

---

* 原文载《新闻大学》2017年第6期。

和 Spector 的工作满意度量表(JSS)是目前国际上最常用的四种工作满意度量表。工作描述指数量表(Job Descriptive Index,简称 JDI)[①]共计 72 道题目,由 Smith,Kendall & Hullin(1969)提出,分成五个方面:目前工作的特性(Work on Present Job)、当前报酬(Pay)、发展机会(Opportunities for Promotion)、督导(Supervision)、同事(People on Your Present Job)。本量表在美国被做过反复的研究,发现施测效果良好,受到许多学者的一致推崇。工作诊断调查表(Job Diagnostic Survey,简称 JDS)由 Hackman & Oldham(1974)编制而成。该表可测量整体的工作满意度和特定方面的工作满意度。整体工作满意度包括三个维度:整体满意度(5 题)、内部工作动机(6 题)、成长满意度(4 题)。这三个维度经常被合并为对工作满意度的单一测量维度。另外,对特定方面的工作满意度测试涉及对工作稳定性、报酬、上级、同事等方面的满意度[②]。明尼苏达满意度问卷(Minnesota Satisfaction Questionnaire,简称 MSQ)[③]由 100 道题组成长表,分别从 20 个分量表对满意度进行测量。另外,100 道题中的 20 道题又组成一个独立反映整体工作满意度的量表,即短表,这 20 道题又分成内源性满意和外源性满意两个构面。内源性满意指标包括能力使用(Ability Utilization)、成就(Achievement)、活动(Activity)、权威(Authority)、创造性(Creativity)、独立性(Independence)、价值观(Moral Values)、责任(Responsibility)、安全感(Security)、社会地位(Social Status);外源性满意指标包括个人发展/晋升(Advancement)、公司政策(Company Policies)、回报(Compensation)、同事关系(Co-workers)、赏识(Recognition)、上司-人际关系(Supervision-Human Relations)、上司-领导水平(Supervision-Technical)。Spector 的工作满意度量表(Job Satisfaction Survey,简称 JSS)[④]共计 36 道题目,包含报酬(Pay)、

[①] https://www.bgsu.edu/arts-and-sciences/psychology/services/job-descriptive-index.html.
[②] J. R. Hackman, G. R. Oldham, "The Job Diagnostic Survey: An Instrument for the Diagnosis of Jobs and the Evaluation of Job Redesign Projects," *Affective Behavior*, 1974,(4):87.
[③] D. Weiss, R. Dawis, G. England, "Manual for the Minnesota Satisfaction Questionnaire," *Minnesota Studies in Vocational Rehabilitation*, 1967,(22):120.
[④] P. Spector, *Job Satisfaction: Application, Assessment, Causes, and Consequences*, Thousand Oaks, CA:Sage, 1997:75-76.

晋升(Promotion)、管理者(Supervision)、额外收益(Fringe Benefits)、随机奖励(Contingent Rewards)、政策执行过程(Operating Procedures)、同事关系(Coworkers)、工作特性(Nature of Work)、沟通(Communication)9个构面。一般而言,工作满意度的量表会有5—8个研究构面。国内相关研究或直接采用国外既有量表,或以国外量表为参考,但测量的构面与上述几个量表类似。值得注意的是,"对企业组织的满意度"测量备受国内学者关注。关于"企业组织满意度"的现有指标,国内研究者有不同的构建方法。王文慧、梅强认为该构面包括企业文化、规章制度、组织参与感3个维度①;孙庆认为公司的规模、组成和名声是影响员工满意度的3个关键因素②;谢永珍、赵京玲认为企业价值观、企业形象、民主管理、领导素质4个维度可构成衡量企业组织总体满意度的指标③。

二是工作满意度影响因素研究。Herzberg(1959)根据双因素理论,把工作满意度划分为保健因素和激励因素。其中保健因素包括报酬、人际关系、工作条件等,激励因素包括成长与发展、成就感、工作认可等④。Vroom(1964)认为工作满意度的影响因素包括组织管理、发展升迁、薪资待遇、工作环境、工作内容、工作伙伴、领导风格7个要素⑤,这7个要素因为可以适应不同体制的组织机构,影响了很多相关领域的研究。国内研究者黄强(1986)发现我国企业职工的基本激励因素有7个:能力因素、基本需要因素、工作责任因素、个人发展因素、奖励因素、领导作风因素和情绪因素⑥。陈子光(1990)考察了影响知识分子工作动机和工作满意度的因素,发现集体工作意识、组织气氛、工作难度和价值、工作潜力知觉、工

---

① 王文慧,梅强:《企业员工满意度的评估模型与对策》,载《研究科技进步与对策》2002年第11期。
② 孙庆:《电信企业员工满意度和内部营销》,载《广东通信技术》2000年第8期。
③ 谢永珍、赵京玲:《企业员工满意度指标体系的建立与评价模型》,载《技术经济与管理研究》2001年第5期。
④ F. Herzberg, "One more time: How do you motivate employee?" *Harvard Business Review*, 1967:53—62.
⑤ VH. Vroom, *Work and Motivation*, New York: Wiley, 1964.
⑥ 俞文钊、贾咏、汪解、范津砚:《合资企业的跨文化管理》,人民教育出版社1996年版,第250—252页。

作结果、年龄和工资、人际关系对知识分子工作满意度影响较大①。刘凤瑜等(2004)考察了民营企业的工作满意度,发现职业生涯发展、领导决策水平、部门交流沟通、客户服务反馈影响工作满意度②。在考量影响因素的基础上,有学者开始思考建构工作满意度变量的模型,主要有:Seashore 和 Taber(1975)建构的工作满意度前因变量和后果变量图③；Wexley 和 Yukl(1977)的决定工作满意度因素假设模型④,该模型认为企业对员工"期望的工作环境"和"实际工作环境"的了解,将有助于决定员工工作满意度。

三是工作满意度的应用性研究。借鉴和改良已有量表和模型,调研某一行业的职业满意度。国内外用于企业员工职业满意度的调查报告较多。在新闻出版领域,周葆华(2014)把该定量研究方法用于网络从业者生活状况的研究,并从生活的自我感知(生活满意度、幸福感与主管阶层认同)、生活难题、住房交通以及业余生活三个维度来考量生活满意度,得到了一些富有启示意义的结论。

国内外的研究并没有为民族出版业编辑工作满意度测量提供一套完整的指标体系,但 Spector 的工作满意度量表、明尼苏达满意度问卷、Herzberg 的双因素理论,以及国内学者周葆华对网络从业者的调研都具有重要的借鉴价值。在借鉴已有工作满意度评价指标的基础上,考虑到民族出版社的特殊性,并多次征询相关专家意见,最终确定本研究的测评指标(包括 5 个维度和 16 个指标,见信度检验)。

三、数据来源及采集

本次调查以全国各民族出版社编辑为研究对象,成功调查了国内 38

---

① 陈子光:《影响知识分子工作动机和工作满意感的主要因素》,载《应用心理学》1990 年第 2 期。
② 刘凤瑜、张金成:《员工工作满意度调查问卷的有效性及民营企业员工工作满意度影响因素研究》,载《南开管理评论》2004 年第 3 期。
③ S. E. Seashore, T. D. Taber, "Job Satisfaction and Their Correlation," *Americian Behavior & Scientist*, 1975,18,346.
④ K. N. Wexley, G. C. Yukl, *Organization Behavior and Personal Psychology*.

家民族出版社中的17家民族出版社[①],共随机发放问卷350份(要求调研当天上班的民族出版社编辑全部填写),收回有效问卷326份,问卷回收率93%。经统计,此次调研中民族出版社女性编辑占60.4%,男性编辑占39.6%;年龄结构上,21—30周岁占16.3%,31—40周岁占39.8%,41—50周岁占27.0%,51—60周岁占16.6%,60岁以上占0.3%;在学历结构上,高中/中专占0.3%,大专占8.3%,大学本科占63.8%,硕士占26.7%,博士占0.9%;在专业背景上,文学专业占58.1%,历史学占6.8%,理学(数学、物理、化学)占8.9%,其他主要是经济学、管理学、新闻传播学、教育学、法学、医学、艺术学等;税后月工资1 000—3 000元的占19.1%,3 000—5 000元的占52.1%,5 000—7 000元的占23.6%,7 000—9 000元的占4.6%,9 000元以上占0.6%;从业时长1—5年的占23%,6—10年的占19.1%,11—15年的占13.5%,16—20年的占15.6%,20年以上占28.8%;职称分布上,初级的占15%,中级的占52.5%,高级的占24.2%,未定级的占8.3%;拥有事业编制的占67.2%,与出版单位直接签约的企业编制的占24.2%,与出版单位下属企业签约的企业编制的占1.5%,与出版单位外劳务派遣公司签约的企业编制的占1.8%,不清楚自己编制情况的占5.3%;在编辑岗位的占90.8%,编辑岗位和管理一肩挑的占5.4%,管理岗位的占2.8%。有效问卷的人口学比例基本符合我国民族出版社编辑的现状。

四、数据分析及结果

(一)信度检验

本研究使用Cronbach's Alpha系数来检验测量信度,如表1所示:

测量结果表明,本研究使用Cronbach's Alpha系数来检验测量信度,各维度的α系数均高于0.7(见表-1),整体的α系数达到0.958,表明问

[①] 参加问卷调查的民族出版社有:藏学出版社、新疆人民出版社、新疆教育出版社、新疆少儿出版社、云南民族出版社、甘肃民族出版社、广西民族出版社、青海人民出版社、青海民族出版社、四川民族出版社、民族出版社、内蒙古教育出版社、内蒙古人民出版社、延边人民出版社、延边教育出版社。

卷调查具有较好的信度,可以进行进一步的分析。

表1 Cronbach's Alpha 系数

维度	指标	Cronbach's Alpha
内部人际关系满意度	同事关系	0.701
	主管领导能力	
内部管理制度满意度	参与培训及学习新知识的机会	0.92
	出版社内奖惩制度的公平性	
	出版社内晋升制度的公平性	
	工作时间的弹性	
	升迁机会	
自我实现满意度	工作中主动创新的机会	0.903
	工作中个人能力的发挥	
	工作对于人生理想的实现	
	工作中的自主程度	
工作的社会价值满意度（职业认同）	工作对社会进步的影响	0.881
	工作对传承文化的影响	
	工作对国家安定团结的影响	
薪酬分配满意度	福利待遇	0.964
	报酬收入	

（二）描述性分析：民族出版业编辑工作满意度现状

问卷采用五级量表的方式(1=非常不满意,5=非常满意)对民族出版业编辑的工作满意度进行测量。结果显示：就当前工作总体满意度而言,民族出版业编辑的总体满意度为3.72,高于五级量表的中值3,如表2所示：

表2 民族出版业编辑工作满意度

维度	均值	指标	均值	标准偏差	N
内部人际关系满意度	4.09	同事关系	4.16	0.610	326
		主管领导能力	4.02	0.766	326
内部管理制度满意度	3.48	参与培训及学习新知识的机会	3.43	0.951	326
		出版社内奖惩制度的公平性	3.54	0.969	326
		出版社内晋升制度的公平性	3.52	0.937	326
		工作时间的弹性	3.49	0.957	326
		升迁机会	3.44	0.856	326

(续表)

维度	均值	指标	均值	标准偏差	N
自我实现满意度	3.68	工作中主动创新的机会	3.56	0.860	326
		工作中个人能力的发挥	3.72	0.772	326
		工作对于人生理想的实现	3.73	0.881	326
		工作中的自主程度	3.72	0.837	326
工作的社会价值满意度（职业认同）	3.95	工作对社会进步的影响	3.81	0.772	326
		工作对传承文化的影响	3.93	0.765	326
		工作对国家安定团结的影响	4.10	0.690	326
薪酬分配满意度	3.34	福利待遇	3.35	1.047	326
		报酬收入	3.33	1.076	326
		总体工作满意度	3.72	0.818	326

5个维度测量结果表明：民族出版业编辑对内部人际关系满意度最高（均值＝4.09），是均值唯一高过4的维度；其次是对工作的社会价值满意度（均值＝3.95），这表明民族出版业编辑认为其工作的社会价值较高；相比总体满意度（均值＝3.72），民族出版业编辑的自我实现满意度（均值＝3.68）、内部管理制度满意度（均值＝3.48）、薪酬分配满意度（均值＝3.34）均低于总体满意度，且对薪酬分配满意度最低。如果我们对编辑满意度程度按照均值进行排序，其结果是：内部人际关系满意度＞社会价值满意度＞自我实现满意度＞内部管理制度满意度＞薪酬分配满意度（"＞"表示高于）。

工作满意度的16个指标测量结果表明：在内部人际关系满意度上，民族出版业编辑对同事关系（均值＝4.16）和主管领导能力（均值＝4.02）的满意度均较高；在工作的社会价值满意度上，对工作对国家安定团结影响的满意度最高（均值＝4.10），在16个测量指标中仅次于同事关系满意度（均值＝4.16），对传承文化的影响满意度（均值＝3.93）、对社会进步的影响满意度（均值＝3.81）低于对国家安定团结影响的满意度；在自我实现满意度上，对工作对于人生理想的实现满意度（均值＝3.73）、工作中个人能力的发挥满意度（均值＝3.72）与总体满意度相当，但工作中主动创新机会的满意度（均值＝3.56）则明显低于总体满意度；在内部管理制度管理满意度上,奖惩制度的公平性(均值=3.54)、内晋升制度的公平性(均值=3.52)、工作时间的弹性(均值=3.49)、升迁机会(均值=3.44)、参与培训及学习新知识的机会(均值=3.43)均低于总体满意度,这表明民族出版社仍需在内部管理制度上不断改良,让内部管理制度成为激发编辑工作积极性的重要手段;薪酬分配满意度上,无论是福利待遇(均值=3.52),还是报酬收入(均值=3.52),均远低于总体满意度,这表明民族出版业编辑对报酬收入和内部福利待遇都不太满意。

(三)回归分析:总体满意度与五个维度的相关性

在民族出版业编辑工作满意度的五个维度中,到底哪一维度是影响总体满意度的显著性维度? 以每个维度的得分作为自变量,以工作的整体满意度为因变量进行回归,所得回归方程可以用来判断研究假设是否成立。为了求得每个维度的得分,分别进行因子分析。将因子抽取数目设定为等于每个维度的变量数,以保证累计方差贡献率达到100%,然后以各因子的方差贡献率作为权重,利用因子得分,计算每个维度的总体得分。从表3可知,各维度的KMO测度均大于0.5,可以进行因子分析。

表3 各维度的KMO测度、因子个数及因子得分权重

	KMO测度	因子个数	各因子得分的权重
内部人际关系满意度	0.5	2	0.78、0.22
内部管理制度满意度	0.869	5	0.76、0.10、0.06、0.05、0.03
自我实现满意度	0.828	4	0.78、0.1、0.07、0.05
工作的社会价值满意度(职业认同)	0.705	3	0.81、0.13、0.06
薪酬分配满意度	0.5	2	0.97、0.03

使用以上计算得出的各维度得分,进行回归分析(见表4、表5、表6)。所得回归方程调整后的R方为0.554,$F=81.855$,$p<0.05$。此外,方程各系数的容许度均大于0.1,方差膨胀因子均小于10,表明回归模型不存在多重共线性。可以认为方程中自变量和因变量之间具有线性关系,该回归方程有一定的解释力。

表 4　模型汇总

模型	R 方	调整 R 方	标准估计的误差
1	0.561	0.554	0.546

表 5　Anova

模型		平方和	Df	均方	F	Sig.
1	回归	125.508	5	24.424	81.855	0.000
	残差	95.480	320	0.288		
	总计	217.598	325			

表 6　回归模型系数

模型		非标准化系数		标准系数	t	Sig.	共线性统计量	
		B	标准误差	试用版			容差	VIF
1	（常量）	3.721	0.030		122.990	0.000		
	内部管理制度满意度	0.194	0.044	0.182	4.380	0.000	0.790	1.266
	工作的社会价值满意度（职业认同）	0.078	0.041	0.078	1.909	0.057	0.820	1.219
	薪酬分配满意度	0.203	0.035	0.241	5.816	0.000	0.799	1.252
	内部人际关系满意度	0.252	0.044	0.250	5.679	0.000	0.707	1.414
	自我实现满意度	0.313	0.049	0.302	6.399	0.000	0.615	1.627

从各个自变量的回归系数来看，自我实现满意度对整体满意度影响最显著，表明搭建有利于自我实现的平台是提高整体满意度的最有效方式。内部人际关系满意度的回归系数次之，可见建立和谐的内部人际关系、选拔有能力的人担任出版社的领导，是提高整体满意度的次重要方式。薪酬分配满意度和内部管理制度满意度的回归系数位列第3、第4，反映出编辑对薪酬分配满意度较低（见表2），但这并不是影响总体满意度最重要的因素，原因可能是民族出版社整体上属于事业编制，薪酬分配体系和内部管理制度长期以来已经固定化，大家对"收入低""内部管理不尽合理"作为"既定事实"已经普遍接受。应该注意的是工作的社会价值满意度（职业认同）回归系数最小且不显著，民族出版社编辑社会价值满

意度与总体满意度相关性低,即使社会把民族出版业编辑工作的重要性"捧得再高",也不会提升其总体工作满意度。

(四)满意度与人口学特征的相关性分析

我们选取民族出版业编辑人口学特征中的几个重要变量:性别、年龄、学历、职称、岗位、编制、从业时长。对变量的赋值方式是:性别("男"=1,"女"=2);年龄("21—30"=1,"31—40"=2,"41—50"=3,"51—60"=4,"60岁以上"=5);学历("初中或以下"=1,"高中/中专"=2,"大专"=3,"大学本科"=4,"硕士"=5,"博士"=6);职称("未定级"=1,"初级"=2,"中级"=3,"高级"=4);岗位("后勤服务岗位"=1,"编辑岗位"=2,"管理岗位"=3,"编辑和管理一肩挑"=4);编制("拥有事业编制"=1,"与出版单位直接签约的企业编制"=2,"与出版单位下属企业签约的企业编制"=3,"与出版单位外劳务派遣公司签约的企业编制"=4,"未签劳动合同"=5);从业时长("1—5年"=1,"6—10年"=2,"11—15年"=3,"16—20年"=4,"20年以上"=5)。调查分析各变量与总体满意度之间的相关性,列表 7 如下。

表7 相关性

			职称	岗位	性别	年龄	学历	编制	从业时长
Kendall 的 tau_b	总体工作满意度	相关系数	0.005	0.026	−0.031	0.149**	−.024	−.359**	0.063
		Sig.(双侧)	0.911	0.609	0.555	0.002	0.633	0.000	0.180
		N	326	326	326	326	326	326	326

** 在 0.01 水平(双侧)上显著相关

结果表明:工作满意度与性别、职称、岗位、学历、从业时长均无关;工作满意度和年龄呈正相关关系,编辑年龄越大,工作满意度越高,但相关程度并不很强;工作满意度与编制之间存在负相关关系,编制变量的赋值方式为:"拥有事业编制"=1,"与出版单位直接签约的企业编制"=2,"与出版单位下属企业签约的企业编制"=3,"与出版单位外劳务派遣公司签约的企业编制"=4,"未签劳动合同"=5。数值越小表明劳动关系越稳定,因此,工作满意度与劳动关系稳定性之间有正相关关系,即事业编制的编辑满意度高于企业编制,但这一相关关系的程度也不是很强。

五、小结和讨论

本文通过问卷调查,较系统地分析了在现行体制和新媒体环境中民族出版业编辑的工作满意度现状、总体满意度与各维度之间的关系以及总体满意度的人口学特征,主要发现如下:

第一,民族出版业编辑工作满意度现状:民族出版业编辑对内部人际关系满意度最高,对薪酬分配满意度最低。在内部人际关系满意度上,编辑对同事关系和主管领导能力的满意度均较高;在工作的社会价值满意度上,对工作对国家安定团结影响的满意度最高;在自我实现满意度上,工作中主动创新机会的满意度明显低于总体满意度;在内部管理制度管理满意度上,对奖惩制度的公平性、内晋升制度的公平性、工作时间的弹性、升迁机会、参与培训及学习新知识的机会满意度均低于总体满意度,这表明民族出版社仍需在内部管理制度上不断改良;薪酬分配满意度上,无论是福利待遇,还是报酬收入,远低于总体满意度,这表明民族出版业编辑既不十分满意报酬收入,也不十分满意内部福利待遇。

第二,民族出版业编辑总体满意度与各维度之间的关系。自我实现满意度对整体满意度影响显著,内部人际关系满意度次之。尽管编辑对薪酬分配满意度较低,但这并不是影响总体满意度最重要的因素,这可能是薪酬分配体系和内部管理制度长期以来已经固化所致。值得注意的是,工作的社会价值满意度(职业认同)回归系数最小且不显著,这说明因为政府相关文件认为民族出版工作十分重要,民族出版社编辑也有较高的社会价值满意度,但工作的社会认同度高,并不能带来相应的工作满意度高。

第三,民族出版业编辑满意度的人口学特征。工作满意度与性别、职称、岗位、学历、从业时长均无关;工作满意度和年龄呈正相关关系,编辑年龄越大,工作满意度越高,工作满意度与劳动关系稳定性之间有正相关关系,事业编制编辑满意度高于企业编制。

中国民族出版业编辑离职倾向和离职原因的调查研究

一、问题的提出

在国际知识阶层的研究中,贝尔认为随着全球信息化发展和知识社会的来临,知识阶层却进入一种令人堪忧的生存状态。贝尔以"知识劳工"(Knowledge Workers)这一概念指称西方世界已经出现的这种社会现状,并引起了学术界的共鸣。反观国内,"效益缩水、收入停滞、人才流失"成了传统新闻出版业的普遍现象,这些现象的出现不仅是因为新媒体的转型,而且也与传统媒体管理体制相关。与其他传统出版社不同的是,因为民族文字出版受众群体小,长期以来并没有形成民族文字出版品牌,所以在21世纪初的出版改革中,绝大多数民族出版社均选择成为公益性事业单位。目前,作为公益性单位的民族出版社发展状况如何呢?本文重点考察民族出版业编辑离职倾向及离职原因。民族出版为落实民族区域自治政策、保存和发展民族特色文化、普及义务教育、提高民族地区教育和文化水平起到了显著的效果。民族出版社与其他传统出版社一样,近年来饱受新媒体的冲击,其生产的内容成为新媒体平台赚取注意力和盈利的工具,但自身却无法得到新媒体的"反哺"。在笔者看来,民族出版业编辑是民族出版的核心资源和竞争力所在,对民族出版业编辑离职倾向和离职原因的调查研究,有助于我们透视民族出版业编辑的职业状态,从而促进民族出版的健康发展。

二、文献回顾

"离职倾向"是员工经历了工作不满意之后的一种退缩行为,离职倾向是实际离职前的最后一个步骤,跟随在离职念头、寻找工作机会、评估比较其他工作机会这些步骤之后。传统上将离职分为自愿与非自愿两类,又将自愿性离职细分为可避免与不可避免两类。本文所探讨的"离职倾向"指的是自愿离职倾向。目前,有关离职倾向的研究主要集中在以下几个方面。

(一)有关离职倾向量表的制订

目前,Mobley WH,Horner SO,Hollingsworth AT 的离职倾向量表是使用最为广泛的量表,该量表从四个方面进行测量:产生离职的想法(thinking of quitting)、找到另一个可接受的工作的可能性(probability of finding an acceptable alternative)、寻找其他工作的意图(intention to search)、离职的意图(intention to quit),采用5级量表的标准来计分①。中国香港学者樊景立(Farh)于1998年设计的离职倾向量表因为内部一致性较好,使用也较为广泛。该量表的四个项目是:(1)"我常常想到辞去我目前的工作。"(2)"我在明年可能会离开公司另谋他就。"(3)"我计划在公司作长期的职业发展。"(4)"假如我继续待在本单位,我的前景不会好。"②各项目的回答采用李克特五点计分法评分,离职意愿的得分为这四个项目的总和平均值,得分越高说明离职意愿越强。

(二)关于离职意向影响因素的研究

国外研究方面,Zeffane,RM 认为离职意向的影响因素有以下几个维度:外部因素(劳动力市场因素)、员工个体因素(智力、能力、个人经历、性别、年龄和任期等)、制度因素(工作条件、薪水、对组织决定的参与程度和监督等)、员工对其工作的反应(工作满意、工作投入和工作期望等)③。RD

---

① Mobley WH,Horner SO,Hollingsworth AT,"An evaluation of precursors of hospital employee turnover," *J Appl Psychol*, 1978, pp. 408–414.
② 孙秀玲:《施工企业员工满意度与离职意愿的相关性研究》,首都经济贸易大学(硕士论文),2006年,第18页。
③ RM ZEFFANE,"Understanding, employee turnover-the need for a contingency approach," *International Journal of Manpower*, 1994, pp. 22–37.

Iverson 认为可把离职因素分为以下几个维度:个体变量(性别、全职或兼职、工作动机、家族关系等)、与工作相关的变量(自治、来自合作者的和主管的支持、工作危险性、角色模糊和冲突、分配公平等)、外部环境变量(工作机会等)、雇员定向(工作满意、组织承诺和离职意向等)①。国内研究方面,符益群、凌文辁、方俐洛根据国内外已有文献的分析以及实际的调查研究,把员工离职意向的影响因素归结为以下几个维度:个体因素(教育水平、绩效、任期等),与工作相关因素(角色模糊和角色冲突、任务多样性、工作因素等),组织因素(奖酬制度、组织结构、组织管理等),个体与组织适合性(指个体偏好的氛围和组织氛围之间的适合性),外部环境因素(劳动力市场状况、组织外工作机会、就业形势、社会经济环境等),与态度和其他内部心理过程相关的因素(组织承诺、工作满意、觉察到的影响力、觉察到的机遇、工作期望等)。从更广的角度,可以把以上维度分为宏观(组织和外部环境因素)、中观(个体-组织适合性、与工作相关因素)和微观(个体因素、态度和与其他内部心理过程相关的因素)三个维度②。在此基础上,这几位研究者认为影响我国员工离职意向的因素有 7 个:工作激励与成就感、企业文化、薪酬福利、晋升与培训、公司效益与前景、人际关系、工作条件。调节因素有 3 个:离职信心、对组织支持的知觉、外部条件③。赵西萍、刘玲、张长征认为影响离职倾向的因素有很多,大体可以分为五类:宏观经济因素(经济发展水平、劳动力市场状况、用工制度等),企业因素(企业规模、报酬体系、企业管理模式等),个体对工作的态度(工作满意感、工作压力感、组织承诺等),个体的人口统计变量及个人特征因素(年龄、性别、受教育程度等),与工作无关的个人因素(配偶、家庭负担等)④。张勉等人通过对 IT 企业的员工进行大量深访,发现员工离职的原因可以归纳为三方面的因素:薪酬待遇因素(分配不公、公司福利等),管理因素主要是沟通问题(员工和直接上司之间、

---

① Roderick D Iverson,"An Event History Analysis of Employee Turnover," *The Case of Hospital*.
② 符益群、凌文辁、方俐洛:《企业职工离职意向的影响因素》,载《中国劳动》2002 年第 7 期。
③ 凌文辁、方俐洛、符益群:《企业员工离职影响因素及调节因素探讨》,载《湘潭大学学报(哲学社会科学版)》,2005 年第 4 期。
④ 赵西萍、刘玲、张长征:《员工离职倾向影响因素的多变量分析》,载《中国软科学》2003 年第 3 期。

高管和基层员工之间、平级之间企业对员工的认同感、员工的职业发展等),个人因素(家庭因素、是否继续深造、思想成熟程度等)①。杨东涛等学者以知识型新员工的组织社会化程度为中介变量,探寻其离职的影响因素,认为知识型新员工人格特质的主动倾向越强,其组织社会化程度越高;组织越透明、规范、正式,知识型新员工的组织社会化程度越高;知识型员工与组织的契合度越高,其组织社会化程度越高;组织社会化策略趋于机构式,组织社会化程度越高②。马淑婕、陈景秋、王垒等学者认为离职的原因可以归纳为三个层次:社会经济因素(劳动力市场状况、失业率),组织及工作因素(组织变革、组织特性、组织公正、工作态度、工作性质、职业工种、工作中的人际关系、培训),个人因素(年龄和任期、性别与种族、婚姻等)③。在这当中,对知识性员工离职倾向影响因素的研究,对本课题的研究具有重要的启示。

(三) 离职原因的模型建构

Mobley、Griffeth、Hand 和 Meglino 于 1979 年提出离职过程模型,认为员工离职倾向的影响因素主要有三个方面:满意度、目前工作吸引力的期望效用(attraction expected utility of present job)、其他可能工作或角色吸引力的期望效用(attraction expected utility of alternative jobs or roles)。④ Szilagyi 于 1979 年提出的离职过程模型,该模型从员工关系、工作特性、组织业务、酬赏制度、个人特质、工作满意度等方面解释员工的离职过程。⑤ Price-Mueller 的离职模型是员工离职研究领域有广泛影响的模型之一,该模型从 1977 年发布第一版后,又经历了多次重要的修订,每次修订都是以前一版模型为基础,引入实证研究发现新的离职决定变量。以 2000 年版的 Price-Mueller 模型为准,大致将影响离职的变量分

---

① 张勉、张德:《IT 企业雇员离职影响因素研究》,载《中国软科学》2003 年第 5 期。
② 杨东涛、曹国年、朱武生:《知识型新员工离职的原因和机制研究》,载《江苏社会科学》2008 第 5 期。
③ 马淑婕、陈景秋、王垒:《员工离职原因的研究》,载《中国人力资源开发》2010 年第 9 期。
④ Mobley W H, Griffeth R W, Hand H H, et al, "Review and conceptual analysis of the employee turnover process," *Psychological Bulletin*, 1979, pp. 493—522.
⑤ Szilagyi. A. D, "Keeping Employee's Turnover under Control," *The Management of People at Work*, 1979, pp. 42—52.

为四类:环境变量(亲属责任、机会),个体变量(培训、工作参与度、积极/消极情感),结构变量(自主性、结果公平性、工作压力、薪酬、晋升机会、工作单调性、社会支持),过程变量(工作满意度、组织承诺度、工作寻找行为、离职意图)[1]。吴亚群考虑到知识型员工的职业身份,在其论文《知识型员工离职意图实证研究》中在 2000 版 Price-Mueller 模型的基础上加入了五个新变量:转换成本、职业成长度、退出倾向、关系和职业生涯匹配度,弱化了一般培训和亲属责任这两个变量,形成了这位研究者构建的知识型员工的离职模型[2]。

综合以上的文献回顾,一方面,国内外有关离职倾向和离职原因的相关研究成果,尤其是知识型知识分子离职倾向和原因的相关研究成果,给我们带来了诸多的启示;另一方面,目前新闻出版单位"人才流失"现象比较严重,但是对于新闻出版单位从业者离职倾向和离职原因的研究还有待继续深入。民族出版一直是新闻出版研究中比较薄弱的一环,本文对民族出版业编辑离职倾向和离职原因的调研,既有助于了解我国民族出版的发展现状,也有利于整体把握我国新闻出版从业者的职业心态。

三、数据来源及采集

本次调查以全国各民族出版社编辑为研究对象,成功调查了国内 38 家民族出版社中的 17 家民族出版社,共随机发放问卷 350 份(要求调研当天上班的民族出版社编辑全部填写),收回有效问卷 326 份,问卷回收率 93%。经统计,此次调研中民族出版社女性编辑占 60.4%,男性编辑占 39.6%;年龄结构上,21—30 周岁占 16.3%,31—40 周岁占 39.8%,41—50 周岁占 27.0%,51—60 周岁占 16.6%,60 岁以上占 0.3%;在学历结构上,高中/中专占 0.3%,大专占 8.3%,大学本科占 63.8%,硕士占 26.7%,博士占 0.9%;在专业背景上,文学专业占 58.1%,历史学占 6.8%,理学(数学、物理、化学)占 8.9%,其他主要是经济学、管理学、新

---

[1] James L. Price, "Reflections on the determinants of voluntary turnover," *International Journal of Manpower*, 2001, pp.600—624.
[2] 吴亚群:《知识型员工离意图实证研究》,大连理工大学,2006 年,第 16—18 页。

闻传播学、教育学、法学、医学、艺术学等;税后月工资1 000—3 000元的占19.1%,3 000—5 000元的占52.1%,5 000—7 000元的占23.6%,7 000—9 000元的占4.6%,9 000元以上的占0.6%;从业时长1—5年的占23%,6—10年的占19.1%,11—15年的占13.5%,16—20年的占15.6%,20年以上的占28.8%;职称分布上,初级的占15%,中级的占52.5%,高级的占24.2%,未定级的占8.3%;拥有事业编制的占67.2%,与出版单位直接签约的企业编制的占24.2%,与出版单位下属企业签约的企业编制的占1.5%,与出版单位外劳务派遣公司签约的企业编制1.8%,不清楚自己编制情况的占5.3%;在编辑岗位的占90.8%,编辑岗位和管理一肩挑的占5.4%,管理岗位的占2.8%。有效问卷的人口学比例基本符合我国民族出版社编辑的现状。

四、数据分析及结果

(一)离职意向:"未来可能跳槽的人"比例不低

本调研有两个问题考量民族出版业编辑的离职意向,调研结果如表1所示。

表1 5年内您会继续在本单位就职吗?

		频率	百分比	有效百分比	累积百分比
有效	一定跳槽	6	1.8	1.8	1.8
	不确定	70	21.5	21.5	23.3
	一定继续	250	76.7	76.7	100.0
	合计	326	100.0	100.0	

调研结果表明,民族出版业编辑明确表示在五年之内"一定跳槽"的人极少(1.8%),但未来可能跳槽的人("一定跳槽"+"不确定")则比例较高(23.3%),应该引起民族出版单位的重视。

调研结果表明(见表2),编辑跳槽之后的职业取向主要是其他出版单位(25.5%)、高校及科研机构(16.0%)、政府机关(15.3%)、媒体机构(4.9%),占到跳槽之后职业取向的61.7%,也就是说如果跳槽,民族出版业编辑还是倾向于选择较为稳定的"知识型"工作。

表2 如果您跳槽,您最可能的意向是?

		频率	百分比	有效百分比	累积百分比
有效	高校及科研机构	52	16.0	16.0	16.0
	媒体机构	16	4.9	4.9	20.9
	政府机关	50	15.3	15.3	36.2
	其他出版单位	83	25.5	25.5	61.7
	其他	125	38.3	38.3	100.0
	合计	326	100.0	100.0	

(二)离职原因:工作压力和薪酬水平是关键

本调研有12个指标来衡量哪些因素是造成民族出版业编辑离职的原因,采用旋转成份矩阵的方式,对12个衡量指标划分维度,并据此发现影响民族出版业编辑离职的显著性因素和维度。

1. 聚类分析:分析维度。用最大方差法对因子载荷矩阵进行旋转,旋转成分矩阵如表3。结果表明:对所在单位发展没信心、对自己在单位内发展前景没信心、对行业发展前景没信心以及薪酬福利水平这四个离职原因在第一因子中有较高的载荷,可归纳成一个维度:"职业薪酬水平及发展信心";同样的,工作压力过大、工作时间不规律或时间过长、业务经济指标压力及内部氛围及人际关系这四个离职原因归纳成一个维度:"工作压力及工作氛围";对自己的职称状况不满意和对自己的编制状况不满意归纳成一个维度:"职业发展的暂时性困难";无法提高自身知识能力和对医疗养老等社会保障不满意归纳成一个维度:"工作的社会保障及提升机会"。这些维度的划分与本文的预判有较高的一致性,见表3。

表3 离职原因的旋转成份矩阵

	成份			
	1	2	3	4
对所在单位发展没信心	0.829	0.206	0.322	0.186
对自己在单位内发展前景没信心	0.780	0.155	0.413	0.188

（续表）

	成份			
	1	2	3	4
对行业发展前景没信心	0.779	0.199	0.377	0.204
薪酬福利水平	0.695	0.325	−0.049	0.355
工作压力过大	0.137	0.874	0.230	0.164
工作时间不规律或时间过长	0.149	0.806	0.311	0.105
业务经济指标压力	0.340	0.758	0.131	0.149
内部氛围及人际关系	0.172	0.686	−0.111	0.457
对自己的职称状况不满意	0.344	0.256	0.801	0.148
对自己的编制状况不满意	0.317	0.168	0.692	0.340
无法提高自身知识能力	0.244	0.200	0.314	0.791
对医疗养老等社会保障不满意	0.349	0.298	0.238	0.704

提取方法：主成份。
旋转法：具有 Kaiser 标准化的正交旋转法。

2. 信度检验。本研究使用 Cronbach's Alpha 系数来检验测量信度，见表4。

表4 Cronbach's Alpha 系数

维度	指标	Cronbach's Alpha
职业薪酬水平及发展信心	对所在单位发展没信心	0.900
	对自己在单位内发展前景没信心	
	对行业发展前景没信心	
	薪酬福利水平	
工作压力及工作氛围	工作压力过大	0.871
	工作时间不规律或时间过长	
	业务经济指标压力	
	内部氛围及人际关系	
职业发展的暂时性困难	对自己的职称状况不满意	0.816
	对自己的编制状况不满意	
工作的社会保障及提升机会	无法提高自身知识能力	0.797
	对医疗养老等社会保障不满意	

各维度的 α 系数都高于 0.7(见表 4),整体的 α 系数达到 0.924,测量结果表明本次问卷调查具有较好的信度,可以进行进一步的分析。

3. 描述性分析。在测量离职原因时,采用五级量表的方式(1＝非常不可能,2＝不可能,3＝不知道,4＝可能,5＝非常可能)对可能造成民族出版业编辑离职的 12 个原因进行了测量,测量结果见表 5:

表 5　民族出版业编辑离职原因

维度	各维度均值	指标	均值	标准偏差	N
职业薪酬水平及发展信心	3.07	对所在单位发展没信心	2.91	1.029	326
		对自己在单位内发展前景没信心	3.03	1.033	326
		对行业发展前景没信心	2.93	1.041	326
		薪酬福利水平	3.41	1.088	326
工作压力及工作氛围	3.20	工作压力过大	3.34	1.083	326
		工作时间不规律或时间过长	3.21	1.127	326
		业务经济指标压力	3.20	1.039	326
		内部氛围及人际关系	3.03	1.003	326
职业发展的暂时性困难	2.95	对自己的职称状况不满意	2.94	1.043	326
		对自己的编制状况不满意	2.96	1.079	326
工作的社会保障及提升机会	2.96	无法提高自身知识能力	3.01	1.011	326
		对医疗养老等社会保障不满意	2.90	1.047	326

4 个维度测量结果表明:民族出版社的编辑最有可能因为"工作压力及工作氛围"(均值＝3.20)而选择离职,其次是"薪酬水平及职业发展信心"(均值＝3.07),并且这两个维度的均值超过了中间值 3,这说明民族出版业编辑在离职倾向中,工作压力及氛围、薪酬水平及职业发展信心是影响最为明显的两个维度。相比较来说,"工作的社会保障及提升机会"(均值＝2.96)和"职业发展的暂时性困难"(均值＝2.95)的平均值均低于中间值 3,这表明其不是编辑离职的显著性原因。如果我们对民族出版社编辑最有可能的离职原因维度按照均值进行排序,其结果是:工作压力

及工作氛围＞职业薪酬水平及发展信心＞工作的社会保障及提升机会＞职业发展的暂时性困难。

离职原因的具体12个测量指标结果表明：在"职业薪酬水平及发展信心"方面，民族出版业编辑非常可能因为薪酬水平(均值＝3.41)离职，而对所在单位发展没信心(均值＝2.91)而选择离职的可能性相对较低；在"工作压力及工作氛围"方面，工作压力过大(均值＝3.34)、工作时间不规律或时间过长(均值＝3.21)、业务经济指标压力(均值＝3.20)都很有可能成为编辑离职的原因；在"职业发展的暂时性困难"方面，对自己的职称状况和编制状况不满意(均值分别为2.94和2.96)不太可能成为民族出版社编辑的离职原因，表明他们对现有的职称和编制状况都比较满意；在"工作的社会保障及提升机会"方面，无法提高自身知识能力(均值＝3.01)有较小可能成为编辑离职的原因，但对医疗养老等社会保障不满意(均值＝2.90，在所有指标中均值最低)不太可能成为其离职的原因，表明因为是公益性事业单位，相比其他行业，我国民族出版业编辑的工作社会保障程度较高。如果我们依据离职原因影响离职倾向的显著性差异，我们可以得出图1。

在图1中，距离圆心"离职倾向"越近，表明该因素越能影响离职倾向，在"同一圆"中，上面的因素比下面的因素更能影响离职倾向。

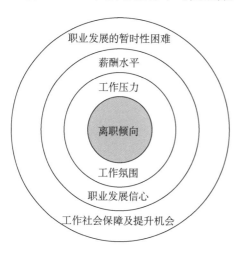

图1　离职因素影响力模型

五、结语

本节通过问卷调查，较系统地分析了在现行体制和新媒体环境中民族出版业编辑的离职倾向、离职原因，以及离职原因各维度的显著性，主要发现如下：

第一,民族出版业编辑离职意向。编辑未来可能跳槽的人比例较高,如果跳槽,编辑倾向于选择较为稳定的"知识型"工作(其他出版单位、政府机关、高等院校及研究机构等)。

第二,民族出版业编辑离职原因与各维度之间的关系。"工作压力及氛围""薪酬水平及职业发展信心"是影响离职倾向最为明显的两个因素,相比而言,工作的社会保障及提升机会"和"职业发展的暂时性困难"不是影响离职倾向的显著性因素。在同一维度中,工作压力比工作氛围更可能影响离职倾向,薪酬水平比职业发展信心更可能影响离职倾向,本文据此得出影响民族出版业编辑离职倾向的影响因素模型。

中国民族出版业编辑生活满意度调查研究

一、文献回顾

与生活满意度相关的文献主要涉及以下两个方面。

(一)生活满意度现有测量表

生活满意度的量表在理论构建上可分为单维模型和多维模型,单维模型用于测量一般的生活满意度(总体上的),而多维模型可涉及特殊的生活满意度,如家庭生活满意度、学校生活满意度、社区生活满意度等。总体生活满意度量表(SWLS)和生活满意度量表(LSS)是目前应用比较广泛的生活满意度量表。总体生活满意度量表(Satisfaction With Life Scale,SWLS)由 Diener 于 1993 年编制,适用于不同的人群,由 5 个问题组成:"我的生活大致符合我的理想""我的生活状况非常圆满""我满意自己的生活""直到现在为止,我都能够得到我在生活上希望拥有的重要东西"以及"如果我能重新活过,差不多没有东西我想改变",并以"非常不同意、不同意、少许不同意、中立、少许同意、同意、非常同意"这 7 个同意程度作为具体的测量指标。生活满意度量表(Life Satisfaction Scales,LSS)[1]由 Neugarten 和 Havighurst 编制,此量表同样适用于不同群体的测量。生活满意度量表(LSS)包括 3 个独立的分量表,其一是他评量表,即生活满意度评定量表(Life Satisfaction Rating Scales),简称 LSR;另两个分量表

---

[1] Pavot W, Diener ED, "Review of the satisfaction with life scale," *Psychological Assessment*, 1993, pp. 164—172.

是自评量表,分别为生活满意度指数 A(Life Satisfaction Index A)和生活满意度指数 B(Life Satisfaction Index B),简称 LSIA 和 LSIB。

(二)生活满意度的影响因素研究

早期西方国家的生活质量研究以分析影响人们物质和精神生活的客观条件为主,代表人物有美国经济学家罗斯托(W.W.Rostow)[1],他认为生活质量体现在自然和社会两方面:自然方面指居民生活环境的美化,社会方面包括社会教育、卫生保健、交通、生活服务、社会治安等条件的改善。这个时候还未引入主观生活质量方面的变量。之后,Andrews[2]以美国居民为研究对象,研究其主观满意度,指出主观生活满意度的影响因素包括自我评价、娱乐、健康、收入和生活水平、工作状况、婚姻与孩子、休闲时间和社会活动、邻里和社区关系、当地及国家政府等。冯立天、戴星翼[3]把居民生活满意度作为居民生活质量的一个组成部分,从闲暇、工作、收入、住房、住区环境、受教育程度、享受的医疗保险、医疗条件 8 个方面对居民生活满意程度进行了量化的研究。陈世平、乐国安[4]通过大量调查将居民生活满意度的影响因素分为社会环境、政府政策、职业、经济、健康、住房、休闲和人际关系 8 个维度。连玉明[5]通过构建居民收入、消费结构、居住质量、交通状况、教育投入、社会保障、医疗卫生、生命健康、公共安全、人居环境、文化休闲、就业机率(即衣食住行、生老病死、安居乐业)方面的 12 个指标来反映城市居民的主观生活质量。

二、民族出版业编辑生活满意度

(一)数据分析及结果

1. 信度检验。本研究使用 Cronbach's Alpha 系数来检验测量信度,如表 1 所示。

---

[1] Rostow W. W., "Politics and the Stages of Growth," *Cambridge Books*, 1971, pp. 71—72.
[2] Rockwell R. C., Andrews F M, "Research on the Quality of Life," *Social Forces*, 2016, p. 824.
[3] 冯立天、戴星翼:《中国人口生活质量再研究》,高等教育出版社 1996 年版,第 168—169 页。
[4] 陈世平、乐国安:《城市居民生活满意度及其影响因素研究》,载《心理科学》2001 年第 6 期。
[5] 连玉明:《中国城市生活质量报告》,中国时代经济出版社 2006 年版,第 17—19 页。

表 1　民族出版业编辑生活满意度 Cronbach's Alpha 系数

维度	指标	Cronbach's Alpha
中国民族出版业编辑生活满意度	家庭关系	0.823
	个人休闲	
	心理状况	
	身体状况	
	住房条件	
	通勤条件	

本研究使用 Cronbach's Alpha 系数来检验测量信度,信度测量结果显示,民族出版业编辑生活满意度的整体 α 系数达到 0.823,表明问卷调查具有较好的信度,可以进行进一步的分析。

2. 描述性分析:民族出版业编辑工作满意度现状。问卷采用五级量表的方式(1=非常不满意,5=非常满意)对民族出版业编辑的生活满意度进行测量。结果显示:就目前生活满意度而言,民族出版业编辑的总体生活满意度为 3.67,高于五级量表的中值 3,见表 2。

表 2　民族出版业编辑工作满意度

指标	均值	标准偏差	N
家庭关系	4.32	0.648	326
个人休闲	3.67	0.878	326
心理状况	3.79	0.831	326
身体状况	3.58	0.883	326
住房条件	3.68	0.899	326
通勤条件	3.55	0.929	326
总体生活满意度	3.67	0.878	326

生活满意度各指标测量结果表明:民族出版业编辑对这六个指标的满意度都超过了中值 3,这之中,民族出版业编辑对家庭关系的满意度最高(均值=4.32),是均值唯一高过 4 的维度;其次是对个人心理状况的满意度(均值=3.79),说明民族出版业编辑现有的家庭氛围和个人心理状况都比较不错;相比总体生活满意度(均值=3.67),民族出版业编辑对身

体状况(均值＝3.58)、通勤条件(均值＝3.55)的满意度比较低,且对通勤条件的满意度最低。

3. 满意度与人口学特征的相关性分析。本次研究选取民族出版业编辑人口学特征中的几个重要变量:性别、年龄、学历、职称、岗位、编制、从业时长、收入(税后月收入)。对变量的赋值方式是:性别("男"＝1,"女"＝2);年龄("21—30"＝1,"31—40"＝2,"41—50"＝3,"51—60"＝4,"60岁以上"＝5);学历("初中或以下"＝1,"高中/中专"＝2,"大专"＝3,"大学本科"＝4,"硕士"＝5,"博士"＝6);职称("不确定"＝1,"未定级"＝2,"初级"＝3,"中级"＝4,"高级"＝5);岗位("编辑岗位"＝1,"管理岗位"＝2,"编辑和管理一肩挑"＝3,"后勤服务岗位"＝4);编制("不清楚自己的编制情况"＝1,"未签劳动合同"＝2,"与出版单位外劳务派遣公司签约的企业编制"＝3,"与出版单位下属企业签约的企业编制"＝4,"与出版单位直接签约的企业编制"＝5,"拥有事业编制"＝6);从业时长("1—5年"＝1,"6—10年"＝2,"11—15年"＝3,"16—20年"＝4,"20年以上"＝5);税后月收入("1 000—3 000"＝1,"3 000—5 000"＝2,"5 000—7 000"＝3,"7 000—9 000"＝4,"9 000以上"＝5)。调查分析各人口学变量与生活总体满意度之间的相关性,见表3:

表3 民族出版业编辑人口学变量与生活满意度的相关性

			职称	岗位	性别	年龄	学历	编制	从业时长	收入
Kendall的tau_b	生活总体满意度	相关系数	0.031	0.025	−0.038	0.179**	−0.026	0.251**	0.091	0.123*
		Sig.(双侧)	0.581	0.647	0.489	0.001	0.642	0.000	0.102	0.026
		N	326	326	326	326	326	326	326	326

** 在0.01水平(双侧)上显著相关。
*.在0.05水平(双侧)上显著相关。

结果表明,民族出版社编辑的总体生活满意度与职称、岗位、性别、年龄、学历、编制以及从业时长均无关。其总体生活满意度只与税后月收入呈正相关关系。说明民族出版业编辑收入越高,其生活满意度也越高,且编制、职称等并非获得满意度的直接原因。

三、结语

本文通过问卷调查,较系统地分析了在现行体制和新媒体环境中民族出版业编辑的生活满意度现状、总体满意度与人口学特征的关系,主要发现如下:

第一,民族出版业编辑工作满意度现状:编辑对家庭关系、个人休闲、心理状况、身体状况、住房条件、通勤条件这六个生活满意度指标的满意度都超过了中值3,整体的生活满意度较高,其中,家庭关系的满意度最高,对通勤条件的满意度最低。

第二,民族出版业编辑生活满意度的人口学特征:编辑的总体生活满意度与职称、岗位、性别、学历以及从业时长都无明显相关性;生活满意度与年龄、编制和税后月收入呈显著相关,表明民族出版业编辑的年龄越大、劳动关系越稳定、收入越高,其生活满意度也越高。

我国民族文字教材出版中的
意识形态问题*

一、当前民族文字教材出版中的意识形态问题亟需引起重视

教材的编写和出版体现国家意志是学校教育的基本依据,决定培养什么人、怎样培养人这一根本问题,事关国家的长治久安。我国教材编写和出版中的一个特殊现象是:民族文字教材主要由人民教育出版社免费提供版型(该教材已经过教育部相关部门及相关专家严格审定),各民族所在地出版社翻译、编辑、印制、出版、发行。

长期以来,民族文字教材的翻译与出版是中国公益出版的重要组成部分,为落实民族区域自治政策、保存和发展民族特色文化、普及义务教育、提高民族地区教育和文化水平起到了显著的效果。但是,公益出版资金扶持和优惠政策带来的福利待遇,并不能完全保证一些出版机构、作者、编辑人员能够以正确的意识形态来翻译、编辑、出版相关教材。例如,在新疆2003年、2009年出版的一些维吾尔文语文、历史等教材中,就被相关编辑有意识地加入了鼓吹"民族独立""民族分裂"的内容。值得注意的是,这些"问题教材"直到2015年才被审查并立案,2016年相关的部分责任人才得到严肃处理。

"问题教材"得以出版并公开发行,原因主要有以下三方面。

---

* 本文系咨询报告。

第一,相关管理人员政治敏感性不强,意识形态把控能力不足,使得"问题教材"蒙混过关。同时,也存在一些管理人员自身存在较严重的政治问题,但没有表现出来,没有被发现。

第二,相关作者、编辑受"民族独立""民族分裂"错误思想影响,其政治导向有严重问题,并把这种思想体现在具体的出版物中。

第三,更为主要的是,这不仅仅表明民族分裂势力不惜以各种手段实现其意识形态的传播,也表明我国在民族文字出版管理中存在制度缺陷,目前尚未建立一个健全、严格的管理机制。

为解决这一问题,笔者带领课题组深入调研了新疆教育出版社、新疆人民出版社、青海民族出版社、青海人民出版社、内蒙古教育出版社、内蒙古人民出版社、云南民族出版社、广西民族出版社、四川民族出版社、中国藏学出版社、民族出版社等十多家出版社,访谈了多位专家。经研究,我们认为,民族文字教材出版中的意识形态问题仅仅通过宣传教育和政策优惠是无法彻底解决的,问题核心是必须构建一整套切实有效的民族文字教材编辑出版的制度化管理机制。

二、当前民族文字出版工作机制上的主要问题

1. "汉民编辑二分法"在出版社内强化了原有民族矛盾:因为懂民族语言文字的汉族编辑比较少,民族文字教材的翻译与出版事实上是由少数民族编辑来完成的。在民族出版社内部,鉴于民族文字出版和少数民族地区汉语出版的市场差异性,也是为了绩效考核的便利性,普遍实行民族编辑和汉族编辑分开考核的方式。这是完全不同于非民族出版社以学科分组进行考核的机制设计。

这样做的第一个弊端在于:民族文字教材的"意识形态"问题无法在编辑室内部得以遏制和解决。分开办公和考核既造成了心理上的隔阂,也造成了工作上无法相互沟通、相互监督。

第二个弊端在于:"民汉编辑二分法"不仅仅强化了民族身份,也影响了编辑的工作积极性。短期内看,"二分法"是避免了民汉编辑利益分配的矛盾和生活习惯的差异与冲突,但结果只是把已经显露的矛盾进行简

单化的"回避式"处理,在客观上固化和强化了民族身份。长期以来,如何促进民族出版发展的问题,常常被简化为是如何制定扶持政策的问题,这是我国需要检讨的民族自治政策在出版制度管理中的一种折射。"二分法"的目的是避免矛盾,而不是解决矛盾,是担忧矛盾在自己管理期间爆发的一种"安抚性""短期性"机制安排,其结果则是矛盾的积重难返。

2. 目前的审查和抽检落实制度难以起到真正的作用:尽管审查与抽检由相关部门抽调专家组成,但因少数民族文字语言专家的缺乏,对民族文字教材及出版物的审查、抽检覆盖面不够,且专家可选择范围有限,这些专家一般是各民族出版社所熟知的"老朋友"。专家有限、抽检品种有限,抽检的评判容易受到个人价值观、人际关系的影响。因此,如何建立一支能够认真负责地落实党的意识形态重任,促进民族团结的民族文字出版物审查制度是民族文字出版工作制度建设中的核心问题。

审查制度不到位,就难以做到对"问题编辑"和"问题教材"的有效监督。处理这些"问题",事实上也会影响出版社负责人的相关利益,因此,出版社负责人很可能对问题编辑采取"大事化小、小事化了"的态度,这在客观上造成了对"问题编辑"处罚不到位,更为民族教材的翻译、编辑、出版工作的政治安全性埋下严重的制度隐患。

三、针对目前民族文字教材出版中的意识形态问题,亟需建立"内、外"协调有效的制度体系

近期,教育部民教司已就《中小学少数民族文字教材审定管理办法(征求意见稿)》开始在民族出版社内部征求意见,该办法是对我国民族文字教材外部管理制度的一种补充和有益尝试,但彻底解决民族文字教材出版中的意识形态问题,既需要构建强有力的外部检查机制,也需要高效协调有效的内部管理机制,力求以内部机制解决问题、化解矛盾,以外部机制促使内部机制发挥作用。具体来讲有以下几个方面。

1. 在内部机制上,以"混合编队"取代"民汉编辑二分法"。所谓"混合编队",就是以学科为单位组建编辑室,形成汉族编辑(作者)和少数民族编辑(作者)的混合编队。以学科或者相近学科的联合组建编辑室,是符合教

材专业化需要的机制安排。对民族出版社来讲,"混合编队"的意义在于:

第一,避免了"民汉二分法"的弊端。让少数民族编辑和汉族编辑有了更多交流,共同面对相同的考核压力,共同享受相同的福利体系。这可能会产生新矛盾,但矛盾必须在"平等"中解决,而不是通过"照顾式特殊"刻意回避矛盾。只有在平等基础上的交流和合作才可能是持久的。

第二,促进民汉编辑相互间语言文化的学习。长期以来,少数民族编辑重视对汉语的学习,但是民族地区出版社的汉族编辑却很少把少数民族语言作为自己的第二语言,造成交流上的"劣势"。出版社,甚至相关主管部门要建立汉族编辑学习少数民族语言文字的培训和学习制度,在招聘民族出版社汉语编辑时,可考虑对熟练掌握少数民族语言汉族的应聘者倾斜。

2. 在外部制度上,建立国家层面和省(市)层面的两级民族文字教材审查委员会。国家已经在汉语教材和其他出版物的审查工作中积累了丰富的经验,但如何做好民族文字出版物的审定工作,仍然面临人才和制度建构的挑战。一个值得借鉴的做法是,新疆已经在自治区层面建立了民族文字教材审查委员会,表明在宏观制度和微观机制出现漏洞之后,自治区党委力图在制度上"亡羊补牢"的决心。这事实上也是国家层面建立民族文字教材审查委员会的有益尝试。审查委员会有哪些人组成,工作机制如何,如何做到负责、公正,应该是制度建构考虑的重点内容。鉴于此,要加快《中小学少数民族文字教材审定管理办法》的制定和实施。

同时,我们要逐步改变对民族文字教材功能的片面认识。以前,我们只是把民族文字教材看作是落实民族政策、提高民族教育水平和保护民族文化的主要手段,但忽略了语言与意识形态之间的紧密关系。目前,在部分少数民族地区开始采取的教育方式是,保留一门母语文教学,其他学科授课全部采取汉语授课,这对少数民族形成正确的民族观、国家观、历史观、文化观、宗教观具有深远的影响,也有助于强化"五个认同""三个离不开"思想教育,具有重要的现实意义。但这种方式很可能造成未来少数民族语言文字人才的缺乏,且这种现象已在部分民族出版社出现。鉴于此,国家教育部门可考虑把少数民族语言作为大学教育门类,以保证国家对相关语言人才的需求。

第二辑

出版与运营

中国报纸进出口的现状、原因与对策*

作为一个国家,其文化产品的出口能力,不仅会带来巨额的贸易收入,而且也与一个国家的软实力和意识形态影响力有很大关系。通过一个国家文化产品的进口品种、数量,可以看出一个国家的开放程度。在纸质媒体中,报纸无疑是最具有意识形态性质的。本文准备通过对我国报纸进出口现状的分析,分析并探讨我国报业的国际竞争力以及在发展中所必须解决的问题。

一、我国报纸进出口的现状

根据《中国出版年鉴》的统计显示,我国的报纸进出口呈现出以下几个特点(见图1—图4)。

出口种次在减少,进口种次在缓慢增加。报纸的出口种次从2000年的2 909种减少到2004年的1 121种,减少了1 788种,比一半还多;在2005年出口种类略有增加。与此相比,中国报纸的进口种类却在缓慢增加,从501种上升至767种,增加了266种,增加了一半以上。

出口数量逐渐减少,进口数量迅速增长,进出口数量差距越来越大。2000年到2004年,中国报纸的出口数量在5年间减少了将近一半,而进口数量则增加了两倍多,相比种类的增加,进口数量的增加幅度更加明显。2005年,进口数量下降明显,出口数量则继续下滑,达到了近年来的

---

* 原文载《新闻界》2006年第6期。

最低点:59 万份。

出口金额增长缓慢,进口金额迅速增长,差距越拉越大。出口金额出现波浪式的发展,但这个波浪在 2005 年又有上升的趋势。出口金额除 2002 年略有下降之外,总体增速明显。2000—2005 年的 6 年间,增长了 857.67 万美元,增长了一倍多。进出口贸易逆差从 2000 年的 528.18 万美元,增长到 2004 年的 1 347.21 万美元,6 年间增长了 1.6 倍。

中国报纸的进出口的现状可以概括为:出口种类在不断减少,数量略有下降,出口金额在 2005 年增长明显;进口种类平稳增长,进口数量和金额增长迅猛;中国出版业的进出口贸易逆差近年来越拉越大。与期刊和

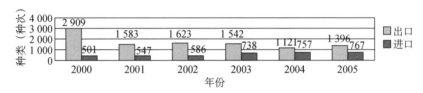

图 1　报纸进出口种类比较图

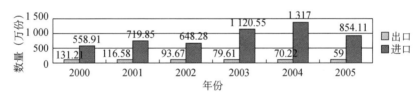

图 2　报纸进出口数量比较图

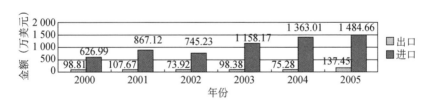

图 3　报纸进出口金额比较图

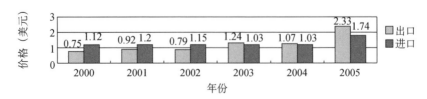

图 4　每份报纸进出口价格比较图

图书相比,报纸进出口的发展速度明显缓慢。

二、中国报纸贸易逆差产生的原因

为什么在新闻改革不断推进的同时,中国报纸进出口的贸易逆差在不断扩大?为什么期刊、图书的出口不断增长的同时,报纸的出口却十分缓慢,甚至出口的数量在萎缩?通过报纸的进出口种类、数量和金额,可以很轻松地得出每份报纸的进出口金额、每种次报纸的进出口金额、每份报纸的进出口数量。通过每份报纸的进出口金额,我们可以知道每份报纸的价格;通过每种次刊物的进出口金额,我们可以知道每种次期刊的创汇能力;通过每种次期刊的进出口数量,我们可以知道期刊的接受度。通过进出口的刊物在这三方面的比较,我们可以得到以下的信息:

1. 进出口价格呈现波浪式增长。在 2005 年,报纸的进出口价格提升很快,进口价格增长了 0.71 美元,而出口价格增长幅度更大,达到 1.26 美元,增长 1 倍多;就进出口价格进行比较,我国报纸出口毫无价格优势。与图书与期刊的进口价远远大于出口价相反,报纸的出口价大于进口价。

2. 在 2000—2004 年,每种次报纸户口数量增长缓慢(2005 年甚至出现了负增长),进口数量的增长速度大于出口的增长速度,每种次报纸进出口数量的差距越拉越大。值得注意的是,在 2005 年,每种次报纸进出口数量都迅速减少,这可能与价格的迅速上涨有一定的关系。把 2000 年和 2005 年每种次报纸的进出口数量作一比较,就会发现,6 年过去了,每种次报纸的进出口数量基本未变。

3. 每种次报纸进出口金额都在增加,但进出口逆差不断扩大。虽然 2005 年的每种次进出口逆差相比 2004 年略有降低,但从整体来看,每种次进出口的贸易逆差还是在不断扩大。在 2000 年,每种次进出口的贸易逆差是 12 175.10 美元;2004 年,达到最大的 17 333.88 美元;2005 年,略有下降,但仍有 10 713.08 美元。从每种次报纸的进出口数量和金额来看,我国报纸与国外报纸还存在着一定的差距。

我们都知道,国外的报纸一般较中国报纸厚,之所以价格便宜,主要是强大的广告市场支持。新媒体的冲击,对中国报业的影响远远大于对西方报业的影响,中国报业广告市场的迅速萎缩就是一个证明。当然,造成中国报纸出口数量萎缩的原因,一是价格,二是报纸的质量。报纸的最大功能是为买报人提供信息,而中国的报纸确实存在着大同小异的现象,加上独家和权威信息的报道和发布与国外大报相比还存在着一定的差距,出口量的萎缩也在情理之中。但我们也要看到,中国报纸出口的总量在减少的同时,每种报纸出口数量和出口金额反而在上升(2005 年,受价格影响略有下降),这不能不说是一个喜人的信息,也许在出口量增长的报纸中,正孕育着中国未来的国际级大报。这同时也说明,经过这么多年的新闻改革,我国的部分报纸开始慢慢地得到了国外的认可(虽然这种认可度仍然不能和国外的大报相提并论),报纸出口种次的减少,恰恰是中国报业优胜劣汰的一个缩影。与报纸出口相反的是,近年来我国报纸的进口无论是种次还是金额都有大幅度的增长,这说明我们的国家越来越开放,一方面,开始能够容纳国外更多的东西,并且政府也允许容纳更多的东西;另一方面,则说明我们对国外的信息越来越渴求,国外的信息对我们越来越重要,这是中国走向世界必须经历的一步。出口贸易的逆差未必全是坏事,但我们必须正视这种差距,从国外报业体制、编辑理念到操作运营进行一番系统的吸收与借鉴。

三、中国报纸扩大出口的对策

1. 新闻体制的改革必须更加深入。中国在加入 WTO 以后,许多人都认为会对中国的新闻出版行业带来很大的冲击。事实上,从统计数据上我们就可以看出,在入世前几年和入世后几年,中国报纸的进出口贸易的发展速度并没有受到明显的影响,国外的报纸并没有因为中国加入 WTO 而一下涌入中国,这当然是和政府的规制有一定关系。WTO 的条文非常明确,各个国家新闻媒体是不是向外开放,是否允许外资的加入或兼并,这是各个国家自行决定的,它在政府可以保护的范畴之内。加入 WTO,并没有强迫我们国家的媒体对外开放,我们政府当然可以说,按照 WTO 条款,我们新闻媒介不对外开放。就算中国的报业永远不对外开放,以现在的形势发展下去,情况还是堪忧。现实要求报纸不再仅仅作为宣传的工具,而且还要作为提供信息的工具,满足人民大众日益丰富的信息需求。如果中国的报纸能够满足中国大众的需求,为大众所信赖,那么即使国外报纸进入中国市场,带来的冲击也将十分有限。因而,最为迫切的任务是把我们的报纸做大做强,而要把报业做大做强,就必须要进一步深化新闻改革。

长期以来,我们都把报纸作为意识形态的宣传部门,因而市场化程度相对比较低。这些年来,我们的认识开始有了很大的进步,认识到出版除了具有意识形态的特点之外,还具有满足人的精神需求的一面,应该隶属于文化产业的一部分。社会发展所带来的人的精神需求的膨胀与文化产业在国际范围内竞争的加剧,使得中国的报业必须在体制上有所创新,在一部分出版物负担起意识形态传播任务的同时,另外有一部分出版物则应该积极地走向市场,成为市场的主体。如果我国的一部分报纸成了市场主体,那么,一些品牌报纸在走向国际市场的时候,就可以在国际市场上进行融资,或者与国外公司合作,共同开发国外市场。

2. 引进国外品牌,学习其先进的管理和办报经验。中国虽然是世界运用造纸术最早的国家,"邸报"也是世界上最早形式的报刊。但现代意义上的报刊,中国却是向西方学习的产物,加上中国报纸的发展道路十分曲折,在产生之后,一直受到各种因素的干扰,所以它的发展与发达国家相比也有一定的差距。而目前,我国的报纸要与国际大报竞争,同样受到体制、资金、广告市场等大环境的制约。具体到某一个报纸,则其管理水平、市场运营、编辑印刷等方面都与国际知名品牌存在较大的差距。要让国内的品牌迅速地适应国际范围内的竞争,仅靠部分人的出国考察学习是远远不够的。我们应该鼓励我国的报纸和国外品牌进行合作,虽然这会加剧国内报纸业的竞争,但这种竞争是更高层次上的竞争。改革开放这么多年的经验告诉我们,越是开放得早的领域,发展的态势往往越好。国外品牌虽然有资金和品牌优势,但我们的报纸从业人员显然对国内读者的需求更了解,高层次的竞争是促成体制转变和品牌形成的良好土壤。

3. 扩大目标市场。目前,我国报纸出口的对象,主要是研究人员、大学和研究机构的图书馆;其次,基本集中在海外华人和华侨,虽然海外华人、华侨人数不少,但当大家都把目标市场集中于此的时候,竞争也是十分激烈的。事实上,在海外华人、华侨之外,还有着3 000多万的外国人在学习汉语,更有着难以统计的人对中华文化怀着神秘的向往。这些都是中国报纸出口的潜在消费者,任何一个报纸投资人都不应该对这个巨大的市场视而不见。我们需要有学习汉语的报纸,需要有介绍中国传统文化、风土人情的报纸,在形式上既可以是汉语繁体的,也可以是双语的,甚至是纯粹的外国语言的。随着中国经济的发展,国外工商界人士也成为中国报纸的潜在消费者。国外的公司要和中国进行贸易往来,就必须了解中国的政治、经济、文化及相关政策,如果不了解这些,他们就很难在中国市场上取得预想的投资回报。扩大目标市场,必须要求我们对国外的市场有所调查、有所研究、有所尝试,而这目前正是我国报界所缺乏的。

中国期刊进出口贸易的现状、问题与对策*

作为文化产业的一个重要组成部分,期刊从新时期以来获得了长足的发展,从1981年的2 801种到2005年的9 468种,种类增加了约4倍。但是我国的期刊也存在着一些先天的缺陷,比如品种结构不平衡、发行渠道不畅通、广告市场不健全等。作为一个国家,其文化产品的出口能力,不仅会带来巨额的贸易收入,而且也有关于一个国家的软实力和意识形态影响力;从一个国家文化产品的进口品种、数量可以看出这个国家的开放程度,从进出口的贸易差可以看出意识形态影响力和文化产业化的程度。本文通过对我国期刊市场进出口现状的分析,力图洞悉我国期刊业的国际竞争力以及在发展中所必须解决的问题,并提出了相关的对策。

一、中国期刊进出口贸易的总体状况

根据《中国出版年鉴》的统计表明,我国的期刊进出口呈现出以下几个特点(见图1—图3)。

1. 2000—2004年,进出口的种类在逐年增加,出口种类略大于进口的种类。但在2005年,我国期刊的进出口种类明显有所降低,出口种类的降低更为明显。

---

* 原文载《出版发行研究》2007年第5期。

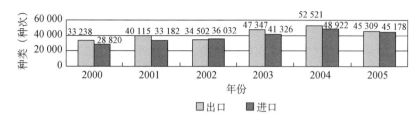

图 1　期刊进出口种类

2. 2000—2004 年,出口数量保持稳定,进口数量降幅明显。但在 2005 年,出口数量和进口数量都迅速降低,进出口数量基本相等。

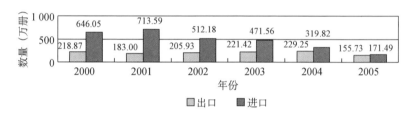

图 2　期刊进出口数量

3. 期刊贸易逆差迅速扩大。2000—2004 年 5 年的时间里,中国期刊用于期刊进口的金额增长了大约 8 000 万美元,贸易逆差额增长了五倍多(从 2000 年的 2 000 多万美元增长到 2005 年的 1 亿多美元)。2005 年,中国期刊的贸易逆差突破了 1 亿美元,与进口金额(11 021.51 万美元)相比,中国期刊的出口金额(386.46 万美元)显得微不足道。2005 年,进出口的金额都开始减少,贸易逆差略有缩小,但仍然大于 1 亿美元。

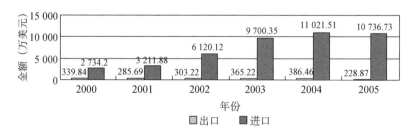

图 3　期刊进出口金额

中国期刊的进出口现状可以概括为：2000—2004年，出口种类增长迅速，出口数量和出口金额增长缓慢；进口种类增长缓慢，进口数量迅速减少，进口金额却成倍增长。但在2005年，无论进出口的种类、数量还是金额都有所减少。

二、中国期刊贸易逆差产生的原因

为什么在中国期刊不断发展的同时，中国期刊进出口的贸易逆差在不断扩大？为什么我国期刊的进口数量在减少，而进口金额在迅速增长？通过期刊的进出口种类、数量和金额，可以很轻松地得出每册刊物的进（出）口金额、每种刊物的进（出）金额、每种刊物进（出）口数量，如表1所示：

表1 中国期刊单种进出口单价、数量、总额逐年对比表（2000年—2005年）

年份	每册期刊出口价格（美元）	每种期刊出口金额（美元）	每种刊物出口数量（册）	每册期刊进口价格（美元）	每种期刊进口金额（美元）	每种期刊进口数量（册）
2000	1.55	102.24	65.85	4.23	948.72	224.17
2001	1.56	71.22	45.62	4.5	967.96	215.05
2002	1.47	87.88	59.69	11.95	1 698.52	142.15
2003	1.65	77.14	46.77	20.57	2 347.28	114.11
2004	1.69	73.58	43.65	34.46	2 252.87	65.37
2005	1.47	50.51	34.37	62.61	2 376.54	37.96

通过每册刊物的进（出）口金额，我们可以知道每册刊物的价格；通过每种刊物的进（出）口金额，我们可以知道每种期刊的创汇能力；通过每种期刊的进（出）口数量，我们可以知道期刊的品牌知名度。通过进出口刊物这三方面的比较，我们可以得到以下信息：

1. 每种期刊的平均进出口数量在逐年减少。从图4我们可以知道，我国每种期刊的平均出口数量从2000年的65.85册减少到2005年的34.37册，减少了31.48册，减少近一半；每种期刊的平均进口数量从224.17册减少到37.96册，减少了186.21册，减少80%。

2. 每种期刊的创汇能力在逐渐降低，而每种期刊的进口金额却在迅

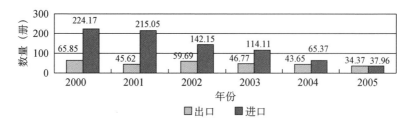

图 4　每种期刊进出口数量

速上升。从图 5 中我们可以看到,我国每种期刊的出口创汇能力从 2000 年的 102.24 美元,下降到 2005 年的 50.51 美元,下降了 51.73 美元,下降一半多;每种期刊的平均进口金额从 948.72 美元上涨到 2005 年的 2 376.54 美元,上涨了 1 427.82 美元,上涨 1.5 倍。此消彼长,每种期刊的进出口贸易逆差在不断扩大。

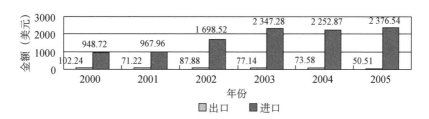

图 5　每种期刊进出口金额

3. 出口价格保持稳定,进口价格迅速增长,期刊进出口的差价迅速扩大。从图 6 我们可以看到,2000—2005 年,每册期刊出口的价格在 1.47—1.69 美元之间浮动,与 2004 年相比,2005 年出口价格降到最低点。每册刊物的进口价格则从 2000 年的 4.28 美元增长到 2005 年的 62.61 美元,增长了 58.33 美元,增长大约 14 倍!进出口期刊的价格差异从 2000 年的 2.68 美元,增大到 2005 年的 61.14 美元,差价在 6 年间增长 22 倍!可以这样说,中国期刊的进出口贸易差额,在一定程度上是由价格差异所造成的。

综合以上的分析,我们可以看出,进口期刊因为价格的过快增长,造成进口数量平均减少了 70%,但由于价格增长了 14 倍,所以每种期刊的

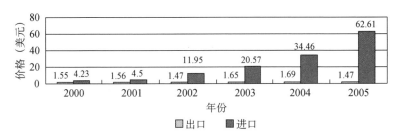

图 6　每册期刊进出口价格

进口金额增长了1.5倍；出口期刊价格保持稳定，每种期刊的出口数量减少了一半，每种平均出口金额也下降了一半。造成中外期刊贸易逆差最重要的原因很明显：一是价格；二是品牌影响力（这从我国期刊尽管采取低价策略，但每种出口数量仍然在减少就可以看出）。

三、中国期刊扩大出口的对策

1. 期刊出口的价格要与国际期刊价格接轨。中国期刊的价格是由国人的人均收入、可支配的空闲时间、国民的阅读习惯以及广告等因素共同决定的。首先，随着市场经济的逐步深入，中国也开始出现了以白领为主干的中产阶层，但对整个国家来说，这个具有较高消费能力和消费欲望的群体，还是一个很小的社会群体。其次，中国人更多地把空闲时间用在看电视上，而不是阅读杂志期刊和报纸上。综合以上原因，中国期刊的定价普遍是偏低的，即便是那些主要针对白领的期刊，其定价与国际知名品牌刊物的定价也有很大的差距。当然还有一个不可忽视的问题是，中国期刊的装帧设计与国际知名品牌还存在着一定的差距（尽管近几年印刷技术的改进以及印刷纸张质量的提高使得这种差距在逐渐地减少）。在相同的质量下，中国期刊的印刷成本和编辑成本与国际市场相比是偏低的，但作为一种文化产品，偏低的定价往往可能标志一种品牌的影响力不够，购买、阅读此期刊的人也感受不到一种优越感，这是消费社会人的一种普遍心理。随着我国期刊的发展，期刊界开始出现了一些具有一定国际影响力的刊物，比如《读者》《知音》《故事会》等。《读者》的月发行量已经排名亚洲第一、世界第四；而《故事会》发行量则达到过世界第八，这几种期刊在国内销售的价格比较低,在国外销售的时候,虽然提高了价格,但比起国外的同类期刊,价格仍然十分低廉。因而,在走向国际市场的时候,我们应该更多地考虑国外消费者对于产品价格的消费能力,使期刊的装帧更加精美化,适当地提高期刊价格,避免因为过于低廉而带来负面影响(在商品社会,低价往往意味着低品质!)。因此,中国期刊在出口问题上,应该坚持双重定价策略,即在国内市场一个价格,进入国际市场则是另外一个价格,并且根据国际市场的需要,出口期刊的装帧设计更加符合国际潮流。

2. 扩大目标市场。如果提高期刊定价是在目前国外市场增长缓慢时采取的一种权宜之计的话,扩大目标市场则更具有战略眼光。目前,除海外华人、华侨之外,还有着 3 000 多万的外国人在学习汉语,任何一个期刊投资人都不应该对这个巨大的市场视而不见。我们需要创办学习汉语的刊物,需创办介绍中国传统文化、风土人情的刊物,在形式上既可以是汉语繁体的,也可以是双语的,甚至纯粹是外国语言的。如果一本《伊索寓言》滋养了几代中国人,没有理由不相信中国的文化同样会给全世界的人以养料。扩大目标市场,必然要求我们对国外的市场有所调查、有所研究、有所尝试,而这正是目前我国期刊界所缺乏的。

3. 扩展融资与销售渠道。我国的一些品牌期刊在走向国际市场的时候,可以在国际市场上进行融资,或者与国外公司合作,共同开发国外市场。销往国外的期刊在国外印刷,与国外公司合作,以实现品牌的"本土化",是国际知名品牌跨国经营的成功经验。Condé Nast 的纽豪斯说:"合资经营的好处在于,你可以无需冒风险获得特许权使用费,对一个远在他乡的市场或者不稳定的市场来说,这一点的重要性非同寻常。"男性杂志《Maxim》出版者 Dennis 出版公司制作了一套训练程序,来培训海外版的出版商。由国际品牌管理人特蕾西·厄尔布领导的一组人员,以伦敦为基地,培训《Maxim》在各国的编辑人员,编制《Maxim 全球指导》小册子,它实际上是《Maxim》的征战手册。近年来,国外出版机构采取合办期刊等形式纷纷进入我国。比较著名的包括《世界时装之苑》《商业周刊》《时尚》《博》《车迷》《瑞丽》《牛顿》等。特别值得注意的是,美国国际数据集团(IDG)和信息产业部情报研究所1980年联合创办了《计算机世界报》,成为中外合资的报纸;此后,他们还以合资等方式经营着《网络世界》《IT经理世界》《互联网世界》《微电脑世界》《通讯世界》《电脑商报》《电子产品世界》等20多种(系列)杂志和报纸。与国外期刊纷纷登陆我国期刊市场相比,我国期刊走向市场的步伐相对较慢,但我们有理由相信,随着文化产业部门市场主体地位的逐渐确立,与国外公司合作、寻求国外代理商等形式必将受到国内一些知名品牌的青睐。

四、引进国外品牌,学习其先进的管理和办刊经验

中国虽然是世界运用造纸术最早的国家,但中国创办期刊却比西方晚了100多年。中国期刊的发展道路十分曲折,自产生以来,一直受到各种因素干扰,所以它的发展与国外品牌相比有一定的差距。目前,我国的期刊要与世界知名品牌竞争,同样受到体制、资金、广告市场等大环境的制约。具体到某一个期刊,其管理水平、市场运营、编辑印刷等方面都与国际知名品牌存在较大的差距。要让国内的品牌迅速地适应国际范围内的竞争,仅靠部分人的出国考察学习是远远不够的。我们应该鼓励我国的出版企业和国外品牌进行合作,虽然这会加剧国内期刊业的竞争,但这种竞争是更高层次上的竞争。改革开放这么多年的经验告诉我们,越是开放得早的领域,发展的态势往往越好。国外品牌虽然有资金和品牌优势,但我们的期刊从业人员显然对国内读者的需求更了解,高层次的竞争是促成体制转变和品牌形成的良好土壤。

中国图书进出口的现状、问题与对策*

在新闻出版领域,图书的出版所具有的意识形态功能相对报纸来说比较弱,这就使得图书出版比报纸杂志出版更容易吸收国外的资金、技术、管理体制与运营手段。事实情况也确实如此。近几年来,在图书出版领域,国外许多大的出版公司在中国国内都设立了分支机构,专门从事与出版相关的版权转让、业务合作、市场调研等活动,并通过版权协议中的各项条款介入印刷、发行、销售和广告等出版的各个环节,除了没有独立出版的权利以外,"出版"的不少权利它们都已拥有。目前,我国的版权进出口差额巨大,在国外建立的分支机构运营能力还十分有限。在国外出版公司纷纷挺进我国图书市场的时候,我们更希望看到本国的图书能够借船出海,通过版权转让、建立国外分支机构、与国外公司成立合资公司等手段来打开国际市场。本文把目光集中于中国图书进出口的现状上,以此来考察中国图书进出口的现状和存在的问题。

一、中国图书进出口的总体趋势

根据《中国出版年鉴》的统计资料(其中,图书进出口的价格=图书进出口金额/图书进出口数量),中国图书进出口呈现出以下几方面的特点(见图1—图4)。

1. 出口种次和进口种次持续增长,出口种次大于进口种次。从下

---

*　原文载《甘肃社会科学》2007年第2期。

图我们可以看到,除 2001 年和 2005 年进口图书种次和 2004 年出口图书种次略有下降之外,图书进出口的种次总体上一直在增长,这说明,在新世纪我国图书出版的国际化步伐在不断加快,融入全球已是一种历史必然。

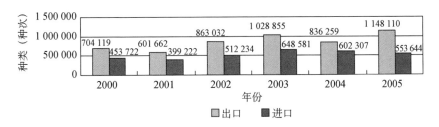

图 1 图书进出口种类比较图

2. 出口数量和进口数量不断增长。从下图中我们可以看出,出口数量从 2000 年的 240.40 万册增长到 2005 年的 517.68 万册,6 年间增长了 277.28 万册,增长一倍多;进口的数量从 2000 年的 208.17 万册增长到 2005 年的 403.65 万册,6 年间增长了 195.48 万册,增长近一倍。出口和进口的顺差从 2000 年的 32.23 万册增长到 2005 年的 114.03 万册。从这一组数据来看,我国图书进出口的发展态势还是比较好的。

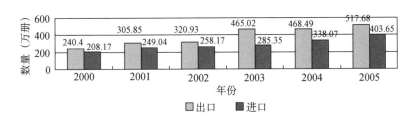

图 2 图书进出口数量比较图

3. 图书进出口金额增长迅速,进出口贸易逆差基本未变。从下图中我们可以看到,我国图书的出口金额从 2000 年的 1 233.7 万美元增长到 2005 年的 2 920.87 万美元,增长了 1 687.17 万美元,增长 1.3 倍;出口金额从 2000 年的 2 430.39 万美元,增长到 2005 年的 4 196.96 万美元,增长了 1 766.57 万美元,增长 70%。贸易逆差从 1 204.69 万美元增长到

2004年的1 276.09万美元,贸易逆差基本未变。贸易逆差没有被拉大的主要原因在于:相比2004年,2005年的图书出口金额增长迅速,为836.38万美元;而进口金额增长相对缓慢,为326.55万美元。如果保持这种发展势头,进出口的贸易逆差将很快将被填平。

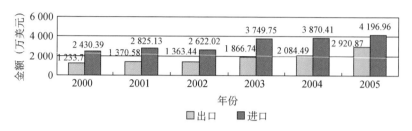

图3 图书进出口金额比较图

4. 进出口图书价格差距明显。从下图我们可以看出,进出口图书每册的差价在5—7美元之间,进口图书的价格是出口图书价格的2—2.5倍。这也可以解释为什么在出口种次、数量大于进口种次、数量的情况下,贸易逆差不断扩大的原因。价格的差距所反映出的是我国图书装帧设计、印刷质量以及编辑内容上存在的不足。而2005年贸易逆差之所以有所缩小,出口价格的上升起了很重要的作用,进出口价格之比首次低于2∶1。

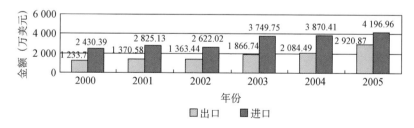

图4 图书进出口价格

中国图书进出口的趋势可以概括为:进口和出口的速度都在不断加快,进出口图书在价格上差距仍然较大。出口与进口的贸易逆差保持稳定,并且呈现出缩小的势头。因为不同种类的图书有不同的装帧风格、不同的读者对象、不同的定价策略,因而也会呈现出不同的特点。《中国出版年鉴》把中国图书的进出口具体分为六类,分别是:少儿读物、文化教育类图书、文学艺术类图书、哲学社会科学类图书、自然科学技术类图书、综合性图书。下面我们具体来看看不同种类的图书在进出口贸易上都呈现出一些什么特点。

二、分类图书进出口情况

1. 少儿读物在进出口贸易上呈现出的特点是:出口价格稳步增长,出口的种次和数量却忽高忽低。与此相反,进口数量稳步增长,受价格的影响比较少。这说明少儿读物进口已经形成了较为稳定的市场。因此,少儿读物的出口应该做到以下两点:首先,保证价格稳步增长;其次,形成自己较为稳定的消费市场。而要做到这两点,就必须从少儿读物的质量抓起(见表1)。

表1 少儿读物进出口情况

年份	出口种类（种次）	出口数量（万册）	出口金额（万美元）	每册出口价格（美元）	进口种类（种次）	进口数量（万册）	进口金额（万美元）	每册进口价格（美元）
2000	48 084	28.13	45.39	1.61	120	2.41	6.09	2.53
2001	45 142	21.69	32.66	1.51	19 062	18.21	42.44	2.33
2002	49 018	33.01	47.87	1.45	27 475	15.93	71.67	4.5
2003	79 229	58.26	101.41	1.74	34 224	29.88	150.06	5.02
2004	43 834	77.09	155.51	2.02	42 462	39.86	136.15	3.42
2005	106 810	55.44	124.13	2.24	43 368	39.12	210.53	5.38

2. 文化教育类图书在进出口贸易上呈现出以下特点:文化、教育类图书的进口发展速度非常快。6年间,进口金额增长了518.89万美元,出口金额只增长393.44万美元。值得注意的是,2005年出口种次和数量首次超过进口种次和数量。与2004年相比,2005年的出口金额增长了245.76万美元;而进口金额只增长了75.88万美元。文化教育类图书的出口价格一直稳步增长,进口价格则忽高忽低。出口数量受出口价格的影响较小,这说明我国的文化教育类图书在国外已经形成了较为稳定

的消费市场,并且这一市场仍在扩大(见表2)。

表2 文化教育类图书进出口情况

年份	出口种类（种次）	出口数量（万册）	出口金额（万美元）	每册出口价格（美元）	进口种类（种次）	进口数量（万册）	进口金额（万美元）	每册进口价格（美元）
2000	132 338	44.66	164.94	3.69	49 720	31.71	197.31	6.22
2001	90 346	50.98	180.47	3.54	59 041	45.87	272.82	5.95
2002	142 460	54.91	172.19	3.14	104 930	58.49	333.12	5.7
2003	154 531	68.86	234.50	3.41	138 479	71.58	706.34	9.87
2004	149 421	87.15	312.62	3.59	186 669	95.06	640.32	6.74
2005	203 618	119.81	558.38	4.66	133 687	110.50	716.20	6.48

3. 文学、艺术类图书在进出口贸易上呈现出以下特点:文学艺术类图书出口形势喜人。无论出口种次、数量、金额、价格都在稳步增长中,价格和数量的同时增长使出口金额超过了进口金额,实现了贸易顺差,并且贸易顺差还在不断扩大(见表3)。

表3 文学、艺术类图书进出口情况

年份	出口种类（种次）	出口数量（万册）	出口金额（万美元）	每册出口价格（美元）	进口种类（种次）	进口数量（万册）	进口金额（万美元）	每册进口价格（美元）
2000	182 246	43.14	256.13	5.94	104 966	71.38	442.97	6.21
2001	141 714	60.78	290.28	4.78	51 357	76.95	517.18	6.72
2002	190 974	54.67	252.55	4.62	74 977	58.08	538.80	9.28
2003	196 473	89.72	369.11	4.11	104 642	59.43	651.99	10.97
2004	181 606	81.66	430.91	5.28	72 690	43.60	313.42	7.19
2005	251 353	108.18	584.63	5.40	90 189	66.43	470.46	7.08

4. 哲学、社会科学类图书进出口贸易呈现出以下特点:进出口的价格都在不断的调整当中,尤其是进口价格的降低幅度比较大,每册大约降低了8美元,而市场仿佛对出口价格十分敏感。鉴于这种情况,哲学、社会科学图书的出口价格应该在一段时间内保持稳定。与2004年相比,

2005年出口速度明显加快,这表现在价格增长的基础上,出口种次、数量、金额全面增长,并且首次从贸易逆差转为贸易顺差(见表4)。

表4 哲学、社会科学类图书进出口情况

年份	出口种类(种次)	出口数量(万册)	出口金额(万美元)	每册出口价格(美元)	进口种类(种次)	进口数量(万册)	进口金额(万美元)	每册进口价格(美元)
2000	156 705	51.17	365.83	7.15	29 198	13.73	283.75	20.67
2001	106 729	65.28	455.12	6.97	71 902	42.95	439.20	10.23
2002	154 172	54.69	268.03	4.9	100 031	38.05	492.48	12.94
2003	233 239	92.39	508.95	5.51	97 576	30.50	567.23	18.6
2004	152 225	77.62	490.76	6.32	91 267	40.94	523.89	12.8
2005	290 405	113.92	753.53	6.61	84 574	43.66	578.14	13.24

5. 自然、科学技术类图书在进出口贸易上呈现出以下特点:自然、科学技术类图书的进出口存在着巨大的贸易逆差,并且这种贸易逆差有不断扩大的趋势。在2000—2004年的5年间,自然科学类图书的出口额只增长了61.09万美元,而进口金额却增长了431.47万美元,出口金额与进口金额之比一直在1:10的水平。无论在种次、数量及价格上,出口都与进口存在着较大差距,种次之比为1:3,数量之比为1:2,价格之比为1:4.5。2005年,出口在保持价格增长的同时,出口种次、数量、金额都获得很快的增长;而进口的增长速度则相对缓慢,这使得出口金额和进口金额之比缩小为5:1,且由于以前的基数缘故,贸易逆差仍在扩大。自然、科学技术类图书要达到进出口贸易的基本平衡,仍然任重道远(见表5)。

表5 自然、科学技术类图书进出口情况

年份	出口种类(种次)	出口数量(万册)	出口金额(万美元)	每册出口价格(美元)	进口种类(种次)	进口数量(万册)	进口金额(万美元)	每册进口价格(美元)
2000	57 656	21.84	99.07	4.54	194 088	47.40	1 068.31	22.54
2001	70 312	29.23	100.96	3.45	160 583	37.34	1 100.59	29.47
2002	92 922	27.28	117.50	4.31	191 894	54.10	1 017.73	18.81

(续表)

年份	出口种类（种次）	出口数量（万册）	出口金额（万美元）	每册出口价格（美元）	进口种类（种次）	进口数量（万册）	进口金额（万美元）	每册进口价格（美元）
2003	119 761	39.74	136.37	3.43	222 525	68.66	1 397.33	20.35
2004	57 962	47.80	160.16	3.35	153 293	85.13	1 499.78	17.62
2005	210 375	74.50	365.88	4.91	141 835	102.71	1 805.49	17.58

6. 综合性图书在进出口贸易上呈现出以下特点：综合类图书的进出口数量受价格的影响加大，价格上升，数量下降；价格下降，数量上升。因此，如何在价格与数量之间找到利润平衡点，就成了一门很重要的艺术。在2005年，出口金额首次大于进口金额，实现了贸易顺差，而这与进口价格迅速降低、出口价格迅速提高有很大关系。但同时我们也要注意到，综合类图书出口价格的过快提高，也影响到了出口数量(见表6)。

表6 综合性图书进出口情况

年份	出口种类（种次）	出口数量（万册）	出口金额（万美元）	每册出口价格（美元）	进口种类（种次）	进口数量（万册）	进口金额（万美元）	每册进口价格（美元）
2000	127 090	51.46	302.34	5.88	75 630	41.54	431.96	10.4
2001	147 419	77.89	311.09	3.99	37 277	27.72	452.90	16.34
2002	233 486	96.37	505.30	5.24	12 927	33.52	168.22	5.02
2003	245 622	116.05	516.40	4.45	51 135	25.30	276.80	10.94
2004	251 211	97.17	534.53	5.5	55 926	33.48	756.85	22.61
2005	85 549	45.83	534.32	11.66	59 991	41.23	416.14	10.09

综合以上的分析，我国各类图书的进出口表现出了良好的发展势头，贸易逆差被缩小。到2005年，除少儿读物和自然科学技术类图书的贸易逆差略有扩大之外，文化教育类图书的贸易逆差缩小；而文学、艺术类图书的贸易顺差加大；哲学、社会科学类图书贸易逆差转为贸易顺差。此外，在2005年，中国各类图书的出口价格都有所增长，这表明我们开始根据市场情况来决定图书的价格，而不是一味地走"低价策略"。与此同时，我国图书出口的形式依然比较严峻，这主要表现在，作为图书进口主要部

分的自然科学技术类图书,尽管出口发展的速度很快,但贸易逆差仍在扩大。

三、中国图书进出口的对策探讨

1. 图书出口的价格要与国际图书价格接轨。中国图书的价格是由国人的人均收入、可支配的空闲时间、国民的阅读习惯等因素共同决定的。首先,随着市场化的逐步深入,中国也开始出现了以白领为主干的中产阶层,但对整个国家来说,这个具有较高消费能力和消费欲望的群体,还是一个很小的社会群体。其次,中国人更多地把空闲时间用在看电视上,而不是阅读图书上。因此,中国图书价格低于国际图书价格,尤其是低于主要的西方进口图书价格是必然的。相比西方图书的定价,我国的图书价格相对偏低,但对中国人的人均收入来说,一本书的价格所占的月收入比例还是高于西方国家的。当然我们还有一个不能忽视的问题,即中国图书的装帧设计与进口图书相比还存在着一定的差距。但是,在走向国际市场的时候,我们应该更多地考虑国外消费者对于产品的消费能力,使出口图书的装帧更加精美化;可以专门研发针对国外图书市场的图书,适当地提高图书价格(进口和出口图书的价格1.5∶1应该是一个比较合理的比例,既保持在国际市场上的价格优势,也不会因价格偏低而削减利润),避免因为过于低廉而带来负面影响(在商品社会,低价往往意味着低品质)。中国图书在出口问题上,应该坚持双重定价策略,即在国内市场一个价格,进入国际市场(装帧相对精美一点)则是另外一个价格,并且根据国际市场的需要,使刊物的装帧设计更加符合国际潮流。事实证明,在2005年,图书出口价格的整体上升,极大地刺激了出口金额的增长,有效地削减了贸易逆差。当然,我们在制定价格时,要兼顾到数量,在价格和数量之间找到平衡点,使出口利润最大化。

2. 针对各类图书不同情况,采取不同的发展策略。各类图书在进出口贸易上呈现出一些不同的特点,我们应该根据这些特点制定有效的发展策略。比如说,自然、科学技术类图书巨大的出口贸易逆差是由我国科技的落后现实造成的,这就要求自然、科学技术类图书站在学术前沿,把握学术动态,同时在图书的装帧设计上满足国际市场的需要。对于文学艺术和哲学、社会科学类图书,我们要重视对中国传统文化的挖掘和对古籍的整理,因为国外的许多研究机构以及向往中国文化的人都对此抱有浓厚的兴趣。同时,这类书的装帧设计一定要古朴典雅,具有较高的审美价值,在提高装帧设计的基础上,提高该类图书的出口价格。少儿读物要密切关注国际市场的变化,紧跟国际图书价格。而文化、教育类图书在价格基本稳定的情况下,应该力求量的突破。当然,对于任何一种图书,市场调研都是必需的。现代营销理论所强调的从4P(Product,产品;Price,价格;Place,渠道和Promotion,促销)转向4C(Consumer,客户;Cost,成本;Convenience,便利;Communication,沟通),就是把客户是上帝的观念深入到生产的每一个环节。在具体操作上,一方面,从出版者的角度要尽可能创造条件,直接进行国际市场调研;另一方面,出版物中介服务商要多提供市场信息,甚至从选题策划开始就应介入进来,使出版物从选题到各流程都能按照客户的需求来设计、运作。

3. 扩展融资与销售渠道。我国一些图书出版机构在走向国际市场的时候,可以在国际市场上进行融资,或者与国外公司合作,共同开发国外市场。近几年,由商务印书馆与中国台湾、中国香港、新加坡、马来西亚的商务印书馆合资建立的商务出版国际有限公司是我国与境外合资的出版企业,已经拥有了独立出版权。由人民邮电出版社与迪斯尼公司共同合资成立的童趣出版公司,由国外出版集团与机械工业出版社合资成立的华章公司等,或已成为独立的出版机构,或已经进行独立出版运作。中国出版还有一个独特的现象,就是可以汇聚内地和港台地区的力量,形成拳头、联合出击、共同协作,形成高质量的出版物打入国际出版物市场。而且,港台地区与国外出版界贸易往来的时间较早,在海外建立了很多销售网点,而内地则有着丰厚的出版资源,三方联手就可以扩大中国图书在世界的销量和影响,达到共赢的目的。

在行政资源与读者接受之间

——对1981—2004年发行量排前十名期刊的历史考察*

将1999年以来我国期刊的总印数做一个比较,就会发现,发行量较大的稳中略降,而每期平均印数相当的期刊之间的竞争在不断加剧,在这样一个阶段,只有那些具有较高发行量、深得受众喜欢的期刊,才能吸引更多的广告客户、赢得更多的经济效益。因此,本文对1981—2004年间期刊发行量排前十名期刊的历史考察就有着特殊的意义,这体现在以下几个方面:(1)可以发现发行量前十名期刊的位移与走向。(2)通过研究发行量前十名期刊的特点,分析在期刊发行中到底哪些因素产生正面或负面的影响。(3)结合读者阅读兴趣的变化,分析随着时代的变迁,哪类期刊能够保持较高的发行量。

一、1981年以来发行量排前十名期刊的位移与走向

根据《中国出版年鉴》的数据,单种期刊每期的最高发行量可以用表1来表示。

表1 1981—2005年中国发行量最大期刊一览表

年份	发行量最大期刊	发行量	年份	发行量最大期刊	发行量
1981	大众电影	8 714 000	1983	大众电影	6 269 000
1982	大众电影	8 789 000	1984	青年一代	5 271 000

---

* 原文载《新闻界》2007年第2期。

(续表)

年份	发行量最大期刊	发行量	年份	发行量最大期刊	发行量
1985	故事会(月)	6 582 000	1995	读者	4 063 500
1986	半月谈	4 859 000	1996	故事会(月)	4 010 900
1987	故事会(月)	4 946 000	1997	故事会(月)	4 131 200
1988	半月谈	4 429 000	1998	故事会(月)	3 967 600
1989	故事会(月)	3 182 600	1999	故事会(月)	3 720 600
1990	半月谈	3 720 000	2000	知音	4 269 000
1991	半月谈	4 024 000	2001	故事会(月)	3 712 478
1992	半月谈	4 553 000	2002	故事会(月)	3 449 280
1993	半月谈	3 800 000	2003	读者(半月)	3 614 313
1994	读者	3 474 600	2004	读者(半月)	4 300 000

从表1可以看到,我国单种期刊的最高发行量在1981—1987年间迅速减少,究其原因,主要是因为1981年之后期刊种类迅速增加,竞争压力增大,可替代品增多。1988年以后发行量最大期刊的期发行量一直在300—400多万册之间徘徊。考虑到2001年以后扩版在期刊界成为潮流,如《读者》的黑白版、《知音》的上下半月分开发行(许多刊物在分版之后,下半月的发行量是上半月的一半,唯有《读者》的发行量上下半月保持一致)。期刊的期发行量虽然还在300—400多万册之间徘徊,但事实上月发行量还是呈现了不断上升的势头。其次,我们把发行量排前十的期刊做一个比较,就会发现,发行量较大期刊之间的竞争在不断加剧。

二、期刊发行的主导性力量

发行量排名前十的期刊,可以分为以下几类:

1. 文化娱乐类,如《大众电影》《故事会》《读者》《青年一代》《辽宁青年》《电影故事》《知音》《中国妇女》《中国青年》《故事大王》《今古传奇》《农民文摘》等等。在发行量前十名的期刊中,文化休闲类杂志占据着最为重要的地位。这主要是因为这类期刊的发行量相对来说比较稳定。《大众电影》《青年一代》在20世纪80年代影响巨大。《故事会》自1983年以来、《读者》自1987年以来、《知音》自1996年以来,发行量一直都比较高,在一定意义上,它们已经成了我国的品牌期刊。

2. 生活服务类,如《无线电》《科学与生活》《家庭医生》《家庭》《中华武术》《民主与法制》等。随着人们生活水平的提高,生活服务类的期刊近年来发展趋势良好,《家庭》《家庭医生》长期以来都保持着较高的发行量。

3. 党政工作指导类,如《红旗》(后改名为《求是》)、《广东支部生活》《共产党员》《中国税务》等。党政工作指导类期刊主要是由公费订阅的。

4. 时事类,如《半月谈》《半月谈》(内部)等。时事类期刊《半月谈》虽然近年来发行量略有下滑。但它的红极一时,确实反映了老百姓对于贴近自己的时政新闻信息的需求。

5. 课外辅导类,如《初中生》《作文》《小学生作文》《初中生学习指导》《青少年读书指南》《第二课堂》《广东第二课堂》《小学生天地》《时事》《中学生》《小学生导读》《当代小学生》《小学生导刊》等。课外辅导类刊物在发行量上的位置仅次于文化休闲类杂志,这类杂志的特点是发行量很不稳定,有时候会进入发行量前十名,但过不了两年又会销声匿迹。这与我国的辅导类读物的发行渠道有很大的关系。辅导类读物上门推销者居多,并且在国家的相关政策出台之前,学校甚至地方可以集体订阅,做到每个学生人手一册,这样,发行量就极容易增长。同样的道理,因为并没有品牌效应及可信赖度,其他产品很容易占领同一市场。有时甚至只是校长的一个命令或者当地教育主管部门的一个文件,某期刊就会退出某一市场。即便是在国家相关政策出台以后,许多地方的教育部门也都制定了允许学生订阅的期刊范围,这个范围有很大的地域保护色彩,让外地的期刊难以进入本地市场,但期刊发行的方式并没有本质改变。

6. 文学艺术类,如《人民文学》《小说月报》等。文学艺术期刊在20

世纪80年代初期曾经红极一时,但随着消费社会带来审美的世俗化,它的黄金时代已一去不复返。在发行量排行榜上,从1982年开始前十名便没有了它们的身影。

从以上的分析我们不难看出,在我国期刊的发行史中,文化娱乐类期刊一直占据着重要的位置。其次则是党政工作指导类和课外辅导类期刊,而在生活服务类刊物中,只有《家庭》《家庭医生》有比较广泛的读者群,但其他刊物都没能形成长期而广泛的影响。

在2001年、2003年、2005年《全国国民阅读与购买倾向抽样调查报告》中,被读者所喜爱的前十位杂志分别是(见表2):

表2 年度读者喜爱度前十名杂志对比表(2001年、2003年、2005年)

读者喜爱度排名	2001年	2003年	2005年
1	《读者》	《读者》	《读者》
2	《知音》	《知音》	《知音》
3	《女友》	《青年文摘》	《家庭》
4	《家庭》	《故事会》	《青年文摘》
5	《故事会》	《女友》	《家庭医生》
6	《青年文摘》	《家庭》	《女友》
7	《家庭医生》	《家庭医生》	《故事会》
8	《当代歌坛》	《婚姻与家庭》	《爱人》
9	《妇女之友》	《人之初》	《瑞丽》
10	《演讲与口才》《少男少女》	《爱人》	《时尚》

在2001年、2003年(因为2005年的数据难以找到,暂只列出这两年的),发行量排名前十的期刊是(见表3):

表3 年度发行量前十名杂志对比表(2001年、2003年)

发行量排名	2001年	2003年
1	《故事会》	《读者》
2	《小学生导刊》	《故事会》

(续表)

发行量排名	2001 年	2003 年
3	《时事报告》	《半月谈》
4	《半月谈》	《时事》
5	《读者》	《小学生导刊》
6	《知音》	《知音》
7	《小学生导读》	《初中生》
8	《初中生》	《家庭》
9	《当代小学生》	《广东支部生活》
10	《广东第二课堂》	《中国税务》

读者喜爱的期刊和发行量靠前的期刊存在着很大的差别,这不能不成为值得我们深思的一个问题。按常理,只有喜欢的读物,读者才肯花钱去买;而现状是读者并不很喜欢的期刊发行量却比较高,这说明左右我国期刊发行量的除了读者喜欢这一因素外,还存在其他的因素。

在发行量比较大的几类刊物中,文化娱乐类刊物尤其受大众喜欢。在《全国国民阅读与购买倾向抽样调查报告》中,《读者》《知音》《故事会》《青年文摘》等文化娱乐类刊物都是深受大众欢迎的刊物。党政工作指导类刊物主要是通过组织征订的方式获得大发行量。课外辅导类刊物虽然走的是集体订阅的道路,但发挥重要作用的则是刊物的回扣,由于我国发行市场的不健全,加上学生订阅刊物受老师的影响比较大。回扣对课外辅导类刊物的发行产生了重要的影响,虽然国家相关政策出台后,这种现象有所遏制,但并未完全在发行市场中消失。

三、什么期刊可以在未来具有较高的发行量?

我国期刊市场的市场化程度在日益深化,这也决定了只有读者喜欢的期刊才能获得更高的市场份额。从读者喜欢的杂志排名来看,文化娱乐类和生活服务类杂志受到观众的青睐,2005 年,一些时尚消费类杂志如《瑞丽》《时尚》也首次进入了读者喜欢的杂志的前十名。其次,要预测什么期刊可以在未来具有较高的发行量,还需要从现代人的阅读方式进行探讨。

在2003年的《全国国民阅读与购买倾向抽样调查报告》中,具有阅读习惯的人只有5%。国民阅读率从1999年的60.4%,下降到2001年的54.2%、2003年的51.7%、2005年的48.7%,一半以上的识字公民一年都读不了一本书。而读刊率则从1999年的57%下降到2001年的49.8%、2003年的46.4%,2005年有所回升,达到55.3%。与此相反,网上阅读率却是成倍增长,从1999年的3.7%增长到2001年的7.5%、2003年的18.3%、2005年的27.8%,6年间增长6.5倍。2005年,每年连一本书都不读的人和基本不读书的人在回答其不阅读的原因时,选择"没时间"读书的占43.7%,选择"不习惯"读书的比例为29.1%。这是目前人们不读书的两个最主要原因。进一步的交互分析表明,从性别看,强调"没时间"读书的人中,男性比例要高于女性比例。从不同年龄段看,强调"没时间"读书的比例分别是:20—29岁年龄段占54.2%,比例最高,排在首位;30—39岁的年龄段为50.7%,居于次席。40—49岁年龄段为49.2%,排第三位。可见在"没时间"读书的群体中以中青年为主。而在"不习惯"读书的人群中,排在首位的是18—19岁的本应在校学习的青年学生(占45.9%)。这种倾向值得注意。现代的年轻人越来越远离书本,接近网络。

从书本变为网络,变化的不仅仅是阅读的媒介,同时,这种接受媒介的变化也会带来阅读方式和阅读心理的深刻变化。传统的文字线性阅读以学习知识为主,在获取知识之外,还能促使人们深入思考,而在网络时代,阅读心理发生了很大的转变,过去在阅读书籍时所具有的敬畏、神圣之情不在了,代之以把阅读作为一种心理享受。严肃、深刻的东西开始逐渐远离人们的阅读,而娱乐搞笑、轻松活泼、具有视觉冲击力的内容成为"阅读率"最高的内容。与此同时,在"阅读"时也不再伴随理解、思考,人们随意地根据自己的喜好改变阅读对象。人们和阅读对象之间的深层次交流减少了,在阅读方式上,当代人准确地说是在"看",而不是在"读"。这种浅层次阅读,使阅读人数扩大了许多倍。阅读环境也有很大的随意性,在任何地方、任何时间,只要阅读者愿意,就随时可以进行阅读。阅读方式的变化带来的是人的思考方式的变化,在网络上长大的一代,思考时显得很活跃,新的想法很多,但事实上更多的是人云亦云,把看到的比较新奇的想法呈现给大家,而很少能够进行深入的思考。思考方式显得发散性很强,但深度不够。

娱乐化的阅读心理和浅尝辄止的阅读方式,使期刊在近年来发生了很大的变化,编辑上的图片化、内容上的短浅化、定位上的娱乐化和生活化成为最为重要的倾向。在《全国国民阅读与购买倾向抽样调查报告》中,期刊的阅读率在连续下降了几年之后(1999年的57%、2001年的49.8%、2003年的46.4%),上升到2005年的55.3%。这说明,期刊近年来的转变,已经越来越考虑到读者的阅读习惯。由阅读习惯出发可以预见的是,在今后相当一段时间里,生活服务类、文化娱乐类和时尚消费类期刊仍将占据发行量的前列。

第三辑

出版与制度

战争年代生活书店内部管理制度之完善(1938—1939)

迁移到重庆后,生活书店召开了理事会第一次会议,徐伯昕如此总结抗战几年来生活书店的发展历程:"本店历年来为社会服务,以推广教育文化为责旨,自抗战发生以后,书店一本原来营业方针,更极冀为抗战建国文化略尽贡献。自淞沪沦陷后,一方面感于上海营业情形恶劣,一方面感到推广内地文化之重要,因之将总店由沪迁汉口,建立内地营业之中心。旋为业务上管理便利起见,将总店改称为总管理处则为管理各分店之机构。去年(1938年,笔者注)八月间武汉局势紧急,本处决定迁移至重庆。迫于十月间广州失陷后,武汉情势突更危迫,乃于十月廿五日将留守之一部分同人完全撤退。此系本店总管理处在汉口建立以迄于迁移重庆之经过情形也。"①

这段记述大概说清了自抗战爆发到1939年期间,生活书店辗转迁移的大概情形。事实上,在战火中饱受迁移之苦的生活书店,正如同样经历苦难的中华民族一样,在战火中逐步成长。

生活书店作为我国现代出版史上具有标志性的一家进步出版机构,在财力并不占据优势地位的情况下,因其独树一帜的内部管理制度,激发了员工的积极性,成为中国现代出版业界的翘楚。生活书店的内部管理制度,为研究出版社的内部管理提供了一份宝贵的经验。韬奋纪念馆这

---

① 生活书店理事会第一次会议记录,1939年1月1日。

次整理出版的是:1937年全面抗战爆发以来生活书店从上海迁移到汉口,继而迁移到重庆的过程中的会议记录。在这些珍贵的历史资料中,我们一方面可以看到抗战对于生活书店经营业务的影响;另一方面,在诸如对内部员工薪水、住宿、奖惩、人事纠纷等事件的处理中,我们可以"近距离"地触摸生活书店内部管理的人性化、制度化。生活书店的"家长里短",同样是今天出版社和文化企业的"家长里短"。在剥去战争的外衣之后,生活书店内部管理的方法、原则与制度,即使在今天看来依然显示着管理者的思想和智慧光芒。这批资料披露的生活书店内部管理制度的基本规定以及完善过程,主要有以下几个方面。

一、奖惩制度的严明与奖惩决定的审慎

在这些珍贵的资料中,反复出现的一个职员的名字叫孙鹤年,是陕店职员,与同事鹿怀宝因书籍事在店内动武冲突。1938年8月4日,生活书店临时委员会谈话会议上为此做出决议:"孙鹤年过去曾受警告,屡犯错误,现又在店内与同人贸然动武,并拒绝填写考绩表,如此不守纪律,应受停职处分"[1]。一个半月之后,孙鹤年进行申诉,临时委员会召开临时会议对此事进行讨论:"在今年八月四日下午八时之临时委员会会议,根据陕店经理张锡荣对孙鹤年在陕店发生人事纠纷之报告后,认为情节严重,当即议决予以停职处分,孙鹤年在陕店接得该项通知后,不满停职处分,一面写了一份申诉书给临委会,一面亲自由陕赴汉向徐伯昕先生面陈一切,顷接徐先生由汉来信,孙鹤年现在汉等候临委会对此事之重新考虑。此事之简单经过就是如此。"在此次临时会议上,对此事的议决为:"孙鹤年对本会惩处要求重新考虑,不能单凭本人申诉理由,作为重予考虑根据,当另搜集事实材料,作为参考,一面请在场目击之杜国钧先生作一更详细报告,藉供是否可以重予考虑之参考,惟该事件未得本会重予考虑讨论决定以前,对孙鹤年之停职惩处,仍为有效。"[2]9月22日临时委员

---

[1] 临时委员会谈话会议记录,1938年8月4日。
[2] 临时委员会临时会议记录,1938年9月21日。

会代主席韬奋先生致函陕店杜国钧先生,请其作关于孙鹤年事件的报告。10月2日,临时委员会收到杜国钧报告,在搜集证人证言的基础上,10月3日,临时委员会临时会议继续讨论对社员孙鹤年的停职问题,方学武、李济安、张志民等纷纷发表意见。并在此基础上,"对孙鹤年与同事之间的人事纠纷作出了最终的决议:在详细分析了孙鹤年错误的五个方面之后,本会认为满意的即孙鹤年社员在给本会的信中,在和徐伯昕先生谈话中,都能很坦白地承认错误,后据杜国钧先生报告虽然无论对同人或同业的态度欠佳,但工作上尚属认真,根据了各方面的考察和本会讨论的结果,认为可以从宽处理给孙鹤年社员以一个改正错误的自新的机会,因此议决如左:一、撤销廿七年(1938年,笔者注)八月四日临委会关于孙鹤年君因过失而受停职处分的决议案。二、社员孙鹤年于七月十九日在陕店于办公终了后与同事发生斗殴,另外并拒绝填写总处发出之同人工作考绩表,应受下列惩处:(1)给予最后警告(书面);(2)留职察看六个月(在察看期内,薪金照给);(3)留社察看六个月(在察看期内,有选举权,无被选举权)。三、社员孙鹤年应即调至总处,察看并受训育,以便就近协助改进其工作上之弱点和态度"(临时委员会临时会议,1938年10月3日)。应该来讲,这一决议已经足够审慎和人性化,但事情并没有因此结束。一周后,"孙鹤年君有自动辞职意,应否给与退职金及川资津贴"被再次提上议案,最终,临时委员会决议:"孙鹤年君如系自动辞职,两个月退职金不应照给。同时根据廿七年(1938年,笔者注)九月廿一日本会临时会议对退职同人川资津贴之决议,孙君亦不能享受是项川资津贴权利。"①

回望1937—1939年的生活书店,经过几年的励精图治,生活书店已经在全国诸多地方建立了诸多分支店和办事处;全面抗战的逐步深入,使得信息交流和运输变得十分艰难。即使在这样的时代背景下,生活书店对自己的职员所作出的奖惩决定依然是审慎严谨的,也是经得起历史拷问的。通过议案逐步完善内部管理制度本身便是制度,这也是生活书店保持生命力的深层制度原因。

---

① 临时委员会第廿七次常会,1938年10月11日。

二、薪酬制度的统筹考量

薪酬制度一直是企业激发员工工作积极性的核心物质手段。此次编辑出版的资料也多次披露了生活书店在薪酬发放上的一些考量因素。

一是在特殊时期发放薪水的考量与制度化。1938年2月,从上海迁移到汉口之后,临时委员会第廿一次常会就对薪水问题做出了安排,"一、本店营业日渐好转,经济亦稍形稳定,对于各同人之减持发薪办法,似应酌予变动。二、过去有一部分初进本店服务之同人,因抗战发动营业受影响,故未曾按期增加月薪,际此营业稍趋好转,似应按照职务轻重、工作情况酌予增加"①。并在此基础上决议:"本店近来营业较前更为好转,经济周转亦较前灵活,所有同人月薪拟即恢复原额发给"(临时委员会第二十三次常会,1938年4月9日)。不以抗战作为借口,只要经营好转,就立刻考虑员工的薪酬问题,这其实表明生活书店对职员切身利益的尊重,这也是生活书店内部管理具有活力的根本原因。同时,对职员利益的保障并不是无原则的,恰恰是纪律严明的,比如1938年的临时委员会对员工请假问题的议案,并作出制度安排"以后凡连续请假在六个月以上者,须经临时委员会根据职务上实际情形加以核定,如未经核准自由离职者作弃职论。请长假离职者,概不得预支薪水"②。

二是住宿补贴的制度化问题。在编印的这一部分资料中,对宿舍的补贴问题是一个反复被提及、讨论的议案,这表明"住宿补贴"是生活书店职员的重要福利,且每个人对住宿需求差异很大。如何公平合理地发放宿舍补贴,成为生活书店完善内部管理制度的必然选择。这一问题在1938年5月的临时委员会常会就被提出:"本店供给同人宿舍,扣除宿费办法不甚完妥,应如何解决,以及同人间薪水应如何调整案",并提出解决办法:"第一,先发还不应扣除之宿费;第二,在最短期内研究一个总的合理解决办法。"③ 1938年6月14日召开的临时委员会第廿五次会议上

---

① 临时委员会第廿一次常会,1938年2月13日。
② 临时委员会第二十二次常会,1938年2月24日。
③ 临时委员会第二十四次常会,1938年5月13日。

又提出:"关于调整全体同人之膳宿津贴问题,暂予保留,推定艾逖生先生负责召集各科主任及各科代表一人专门研究,一星期内将结果提交临时委员会解决,并予追认。仅于本月内实行之。"十天后的临时会议对调整膳宿津贴问题分别进行了议决:"在抗战期间,膳食一律由书店供给,不到店用膳者作弃权论,不另津贴或供给。对于宿舍问题解决办法为凡同人寄宿,一律由书店供给。附调整办法如左:a.凡过去领有宿舍津贴,现寄宿在书店宿舍内者,该项津贴一律取消。b.因有家眷在外寄宿者得酌给津贴,办法另定。c.无家眷,但有特殊理由(如宿舍不敷和有疾病等)得书店许可者亦可在外寄宿,并酌给津贴。d.凡新进职员及练习生如无特殊情形必须在寄宿舍内住宿。e.除以上理由外,自由在外寄宿者,认为系自己弃权,无津贴。"后又附注:"当时临时委员会对宿舍津贴问题意见不一,本经确定对宿舍津贴不全取消,酌量扣除,后临委会同人终以此办法不符原则,如谓同人经济困难,应在薪水内调整,故经临委会委员邹韬奋先生提议,请对此议案重新考虑,后于翌日(廿五日)下午六时在本店二楼会客室开会,决定将宿舍津贴完全取消,大家一致同意通过,故前面之决议,亦于第二日会议后更改。"[1]10月,《有眷属同人住外津贴办法》修正通过(临时委员会第廿七次常会,1938年10月11日)。在确定了基本原则之后,以前的相关住宿问题就可以进行追溯式的解决,也为类似的情况提供了基本的处理原则。

三是特殊情形下的薪酬分配。生活书店临时委员会充分考虑到了全面抗战对职工身心健康的影响,比如,"关于逼近战区之工作同人奖惩案"就对在接近战区工作的人员做出了人性化、也符合书店长期发展需求的安排,"接近战区各分店同人于紧张时期,仍留在当地艰苦工作或自由离职者,应由各地分支店或办事处负责人呈报总处,由总经理酌量情形,予以惩奖,其办法如左:1.维持营业至最后关头而在撤退时受到极大物质痛苦者。a.加薪半月至一月;b.予以一星期至一月之休假,薪金照给。2.凡未向总处报告,擅自撤退或不应过早撤退,经总处调查属实者,予以扣薪

---

[1] 临时委员会临时会议,1938年6月24日。

警告或停职处分。3.各地分支店或办事处员工在时局紧张期内,如未得负责人同意,擅自离职者,作停职论。"①

不仅如此,对于为企业做出特殊贡献的职员,生活书店也给予特殊的鼓励和薪酬支付,资料披露的相关情况不少,如"关于孙梦旦先生疾病,须作较长期休养,应许给假三个月,薪水照给(根据职工疾病津贴办法)"②。1939年,生活书店发生两件不幸的事,"一为服务本店历史甚久,管理本店全部会计之孙梦旦先生不幸于四月一日在余姚原籍病故。一为万县分店于二月四日被敌机轰炸,店铺货物全部焚毁,同人何中五先生殉难"。生活书店理事会的决议同样感人肺腑:"孙梦旦先生在职十三年,主管本店会计劳绩卓著,此次积劳致死,实带有因公性质。孙先生遗有妻女,身后萧条,议决一次给与丧葬费二百元,并自本年四月份起按月津贴其家属抚恤金半薪十三年为止。何中五先生因公致死,一次给与丧葬费二百元,并自本年三月份起按月津贴其家属抚恤金全薪满二十年为止。"③

三、人事制度的逐步完善

生活书店在发展过程中,员工被分成了两个层级:雇员和社员。随着生活书店的发展,"雇员逐渐增多,甚至数量超过了社员,雇员和社员当中造成了对立,雇员因不能升为社员享受同样权利,工作的情绪和积极性不能提高"。④ 问题在于:雇员和社员的层级安排,事实上是由社章明文规定的,在新情况与已有的"权威"社章之间,生活书店又会如何做出制度选择呢?

1938年5月,临时委员会对此事进行了讨论并议决:1.在新社章草案未经全体社员正式通过以前,为充实社务起见,应设法增加新社员。(一致通过)2.雇员制度仍予保留,修正廿五年(1936年,笔者注)九月廿四日临委会议决案关于雇员之性质(不能升职员),取消二十五年十月八日临

---

① 临时委员会谈话会议记录,1938年8月4日。
② 临时委员会第二十四次常会,1938年5月13日。
③ 生活书店理事会第二次会议记录,1939年4月7日。
④ 临时委员会第廿七次常会,1938年10月11日。

时委员会第二次常会通过之职工试用期限一年零九个月的办法,规定以后凡雇员工作满一年,经过审查考核,认为合格者,得晋升为正式职员,即依照社章由正式职员经过六个月后可以取得社员资格;如不合格者,仍作雇员性质任用,并以后每隔六个月予以一次审查考核的机会。(六对三之多数通过)。关于雇员之审查考核事宜推定徐伯昕、顾一凡、艾逖生、张又新、金汝楫、严长衍、方学武等七人组织委员会研究此事。并于最短期内将研究结果提出临时委员会决定之。① 一个月之后,"关于由职员晋升社员问题,在新华银行开临时委员会时议决取消过去临委会一年九个月方得为正式任用之决议,改为凡雇员经过一年经审查考核后升任职员,再过六个月,即为社员,考核之标准有三项:A.以工作做标准;B.以品性做标准;C.以学识做标准"②。这次会议基本确定了从雇员晋升社员的基本审查原则。

1938年9月9日,邹韬奋主持了临时委员会第廿六次常会,这次会议对"雇员晋升为职员审查标准案"和"旧雇员审查委员多因较分散,应请重新推选案"议决:(一)雇员审查标准应以文化水准占百分之五十及工作成绩占百分之五十为原则。具体办法交由雇员审查委员会起草,提交本会通过后施行。(二)推选艾逖生、张志民、赵晓恩、方学武、金汝楫五人为雇员审查研究委员会委员,并由艾逖生负责召集开会。

1938年9月21日召开的临时委员会临时会议上,艾逖生先报告了雇员晋升职员审查标准研究委员会于9月19日下午开会,对雇员审查标准研究的结果。后会议修正通过如下:

  A. 工作考绩表分数占百分之八十,文化水准分数占百分之二十。

  B. 工作考绩表分数计算法:

  甲. 自己填表占百分之五十;

  乙. 经理填表占百分之三十;

---

① 临时委员会第二十四次常会,1938年5月13日。
② 临时委员会第廿五次会议记录,1938年6月14日。

丙. 第三者填表占百分之二十。

C. 自己填表分数计算法：

甲. 工作概况占百分之五十；

乙. 业务意见占百分之四十；

丙. 业余生活占百分之十。

D. 最低及格分数为六十分。

E. 被审查者之截止期为廿七年（1938年，笔者注）十月底。

F. 表格填寄手续，依照委员会所拟办法。

G. 测验表题目太艰深，请委员会研究重拟。

H. 工作考核表之内容，依照委员会所拟办法。

I. 雇工审查偏重经理填表之报告，对文化水准测验改由经理口试。①

通过"雇员晋升为职员审查方法"，生活书店事实上解决了一部分后期进入书店的职员（尤其是优秀职员）的工作积极性问题。在社章之外达成了"权宜之计"（一些更彻底的变革也许需要通过社章来最终解决）。1938年10月11日，生活书店九名雇员写公函要求取消原有雇员晋升为职员审查办法②，这说明生活书店的人事制度在民主浪潮的影响下，仍需作出进一步的调整和适应。

四、分区、分店及办事处的设立与管理

除了奖惩、薪酬、人事制度的完善之外，即将出版的这部分资料也给我们记录了在1938—1939年间生活书店分区、分店和办事处的设立和管理问题。因为分区、分店及办事处的设立和管理，是内部管理中十分重要的战略性决策，理应是内部管理制度的应有之义，因此在此处一并讨论。在这些资料中，最富有启发的是对分区的设立与考量因素。1938年5月，临时委员会第二十四次常会上，徐伯昕汇报了详实的营业数据、分支

---

① 临时委员会临时会议记录，1938年9月21日。
② 临时委员会第廿七次常会，1938年10月11日。

店成立日期及收支、各分店的职工人数。在"业务新计划"中,提出"组织流动营业处;根据下列原则继续增设办事处:学校区;青训区;驻军区"①。生活书店建立分店的地点选择,除了对社会责任的自觉担当之外,也表明生活书店的市场敏感性。

分店和办事处建立之后,如何管理就成了一个新问题。对此,"徐伯昕先生提出应确定分区办法及分区后之管理范围案",并在此基础上提出了具体的分区办法及管理范围:"A.分区办法:分为西北区、华西区、西南区、华南区;B.管理范围:1.本区内营业扩展计划之建设及执行;2.本区内发货及存货之调整;3.本区内人事更调及考绩;4.本区内出版之管理;5.本区内稿件之收转与接洽"。会议还确定了出版与造货重心,议决出版重心偏重重庆及香港两处,桂林、西安、上海辅之;大量造货偏重桂林及上海两处,重庆、香港偏重印刷杂志。② 分区的设立,说明生活书店的内部管理也开始日益复杂,各权力部门职能的划分,就成了制度完善的必经之路,"关于员工进退处理权限应明白规定案"就是完善这一权限的制度安排,在这一议案下,同样形成关于总经理的权限的决议:"关于人事方面与全体福利有关(如扣薪减薪裁员)者由临时委员会处理,此点早已在临委会办事细则内规定;唯尚须明白规定而予以补充者,即关于个别人事进退及维持工作纪律奖惩等事,为便利起见,应由总经理与总务部商同处理后报告临委会,倘对惩处不服从者,得向临委会提出理由申诉。但在临委会未决定前,总经理与总务部之处理,仍属有效。"③

五、结语

如果不是仔细地翻阅这些资料,我们都几乎很难相信,这些在中国现代出版史和文化史上都叱咤风云的"大人物",每天开会讨论的是内部职工的"油盐酱醋茶"。即使在抗战这一特殊的年代里,内部管理制度的核心仍然是人事制度、分配制度、激励制度,核心在于为员工提供生存和发

---

① 临时委员会第二十四次常会,1938 年 5 月 13 日。
② 临时委员会第廿五次会议记录,1938 年 6 月 14 日。
③ 临时委员会第廿七次常会,1938 年 10 月 11 日。

展的机会,激发员工工作的热情。生活书店以议案为出发点,即使普通职员亦可以通过申诉等方式提出议案,议案讨论之民主、交流之充分、议决态度和观点之明确都为"民主化管理"提供了经典的范本。在任何事件议决之后,都会逐步形成制度(成文制度和惯例制度兼而有之),在以后的事件和议决中都会依据原有的成文管理规章和惯例的处理方式,而不是重点考虑某一委员的意见,这都应该是出版社制度建设的宝贵财富。邹韬奋先生在《旁观的态度与参加的态度》曾经如此总结生活书店成功的经验,"本社事业日益扩大,所要解决的问题也日益加多,我们必须群策群力,共同拿出力量来奋斗,所以有加强参加的态度,完全消除旁观的态度之必要。依本社的组织本质,同志们更应该加强参加的态度。为什么呢?因为本社是采用民主集中制的合作社,只有职务的差别,没有阶级的区分;更具体地说来,任何人对于事业有何好的意见,对于缺点有何积极的善意的批判,都可以大胆地提出来,共同想办法来实行,共同想办法来纠正,本社求材若渴的情形,不但总经理和经理知道,不但即将交卸的临时委员会知道,不但秘书主任和总务部主任知道,不但各部主任和各分店负责人知道,我深信凡是本社的老同志都知道。能否提拔好的干部,在本社比较重要的负责人只有求之不得,只有觉得愉快轻松,没有理由加以压抑或轻视,最重要的是有材者须有事实上的表现,这事实上的表现不仅为自己,同时也是为我们所共同努力的团体的事业。所以依我们的组织,依我们的实际需要都应该有参加的态度,而不该有旁观的态度。本社事业的发展全靠我们的许多同志有着参加的态度,极少或绝无旁观的态度。我们要共同爱护这种极为宝贵的传统的精神,我们要发扬光大这种极可宝贵的传统的精神。"①如何激发职员"参加的态度",必须要认识到职员"参与意识"对企业发展的重要性,以及通过制度保障和激发职员的"参与"。

---

① 《店务通讯》第四十二号,1939年4月1日。

中国教育出版的租型制度与现代出版精神*

  我们一直在面对如何评价一项制度的难题。因为一种制度在一种社会语境中被普遍认为是合理的,并爆发出蓬勃的生命力;而在另外一种社会语境中则可能被认为简直不可理喻,并被标上"落后""垄断"等负面标签。在中国的教材出版领域,就存在这样一项制度。众所周知,教育出版一直是出版业的重心所在。在中国这一现象更为突出,可谓"得教育者得天下",如果说教育出版是中国出版业的半壁江山,也毫不过分。从教育出版的经济和社会意义来讲,教育出版不仅关乎各出版社的生存,也关乎一个国家想培养何种民族观、历史观、价值观的核心意识形态问题。长期以来,西方相关研究者总是以"国家垄断"的习惯性词语,来阐述中国出版业(包括中国教育出版)的管理制度,这种概括无疑带有西方特有的傲慢与偏见。尽管中国出版管理制度存在各种各样的显在问题,出版产业的发展也与中国经济强国的地位还不相称,但也不能因此而全盘否定中国出版管理制度。在中国教育出版管理体制中,有一项制度被业界和管理者所珍视,但却在国内学界很少引起重视;国外学者也因为资料缺乏和习惯性的制度偏见,从未有人提及。该制度就是保障中国基础教育顺利发展、义务教务顺利开展的"教材租型制度"。教材租型制度,在新中国成立

---

* 本篇曾以"中国教材出版租型制度:过去、现在与未来"为题发表于《中国出版》2017年第12期,合作者为刘轶,收入本书时内容有补充。

以来构建了完整而通畅的教材发行网络,在困难时代确保了"课前到书,人手一册"的历史任务,完成了培养几代人民族观、历史观、价值观的政治任务,同时这也是一项符合利益平衡和利益共享原则的现代版权制度安排,在新的历史环境中体现出强大的生命力。本文就从教材租型制度产生的历史缘起、在市场竞争环境中的发展以及对中国教材出版未来发展的启示,来论述教材租型制度与现代出版精神之间的深刻联系。

一、教材出版租型制度的历史缘起:特殊历史时期政治性公益使命的完成

人民教育出版社是教材出版租型制度得以贯彻的实施主体,中国教材出版租型制度的发展历程,事实上是人民教育出版社内部体制沿袭和创新的过程。1949 年,中国共产党建立了中华人民共和国,与之相应的是党必须建立一套与其意识形态和执政理念相适应的教材体系。中小学教材是关乎意识形态教材体系的核心。为了完成特殊历史时代的政治任务,1950 年 12 月 1 日,人民教育出版社成立,这是新中国政权最早组建的出版社[①]。国家最高领导人毛泽东主席亲自题写社名,并从全国调集专家学者和优秀教师组成教材建设队伍,由原新闻出版总署副署长、教育部副部长叶圣陶担任社长,体现了党和国家对中小学教材事业的高度重视。从人民教育出版社成立的历史背景以及党和国家领导人的重视来看,党和国家领导人显然对其寄托着十分高的政治诉求——普及教育、提高民族素养,同时也是意识形态的传播手段。建社 66 年来,人民教育出版社一直隶属教育部的领导,这决定了人民教育出版社在中国教育类出版社中具有特殊的政治地位,这种出版管理体制在国外出版业中十分罕见。管理机关也把这种制度安排看作是保障意识形态使命的一种有益尝试。正是特殊时代所赋予的政治任务,人民教育出版社的办社宗旨是:"在教育部的领导下,坚持党的教育方针,秉持植根教育、服务教育"。"在

---

① 中华人民共和国建国初期的很多出版社均是由原有的民国时期出版社经过社会主义改造而成立的。

教育部的领导下,坚持党的教育方针"说明人民教育出版社具有行政事业单位性质;"秉持植根教育、服务教育"则体现的是其社会责任。正是其在中国教育出版界的特殊地位,"建社以来,人民教育出版社在教育部党组的领导下,主持或参与拟定了2000年以前历次中小学各科教学大纲;根据我国教育改革和发展的需要,先后研究、编写、出版了10套全国通用的中小学教材;累计出版各类出版物4万余种,发行量逾600亿册"①。也就是说,人民教育出版社不仅是教材编辑、出版、发行的主体,也是国家教育政策的执行者、课纲的制定者和教材的编写者。

为了完成教育政策执行者与课程大纲制定者的政治使命,人民教育出版社不仅是一家出版单位,而且其教育研究实力在国内也具有重要的地位。建社伊始,教育部从全国调集专家学者和优秀教师组成教材建设队伍,并始终坚持"编研一体、学术立社"发展战略。"文革"结束后,教育部在人民教育出版社内批准成立了"课程教材研究所",邓小平亲自指示从全国各地调回教材编写人员并"题写所名"②。目前,"课程教材研究所"是中国中小学教育研究的国家级重镇。

作为国家中小学教育政策的重要执行者,也是为了有效地完成历史使命,人民教育出版社1952年即实行"教材租型代理制度"。所谓"教材租型代理制度"是指人民教育出版社委托各省(区、市)出版单位(改制后是出版集团)组织本地印刷厂印制,由各省新华书店在本地发行。在中国经济极端困难的50年代,"教材租型代理制度"的优点体现在:一是可以组织优秀人才编写高质量的教材,事实上人教版教材的编辑很多是本学科专家;二是纸张不足等直接影响图书出版的困境下,确保了"课前到书,人手一册"政治任务的完成;三是消弭了因交通原因造成的发行成本差异,构建了"分工明确、运行顺畅的出版发行网络",确保了"同书、同质、同价";四是全国使用同一种教材,有利于党的意识形态的传播和执政理念的执行。事实上,在20世纪50年代到80年代,在有限的人力资源与经

---

① http://www.pep.com.cn/rjgl/rjjj/201112/t20111221_1089877.shtml.
② 由不同级别的国家领导人题写所名彰显了国家对题写对象重视的程度。邓小平为当时国家最高领导人,可见其对"课程教材研究所"对国家发展作用的重视。

济资源背景下,这是中国共产党执政者可以采取的最为有效的一种中小学教材管理和流通制度。

二、教材出版租型制度的拓展:市场竞争中的租型制度与版权共享理念

2001年,"语文教材改革问题"成为全社会关注的热点。语文教材的重新编写,成了中国社会"有矛盾的共识"。所谓"有矛盾"是指在应该编写一本反映何种意识形态的教材上"有矛盾",事实上也说明"语文教材改革问题"背后是意识形态之争。所谓"共识"是指当时从国家最高领导人到一线教师都普遍认为教材需要重新编写,原有的教材已经不符合中国社会快速发展的现实,这包括经济、社会和意识形态领域的迅速变革。也就是说,尽管在1949年之后,中华人民共和国一直在中国共产党的领导下,但在邓小平领导下实施"改革开放"政策之后,中国的经济发展、人民的生活水平、社会的意识形态、党的执政理念都发生了重大而深刻的变化,以前的教材已经明显不能适应变革了。在这种情况下,语文、历史、道德与法治这些与意识形态紧密相关的课程,自然是需要重新编写的主要对象。意识形态的变革往往最先发生在意识形态较弱但又与意识形态相关的一环。语文相比道德与法治、历史等课程"意识形态较弱",因此成为当年论争最为激烈的教材。一些学者把此次"语文教材改革论争"界定为以钱理群为代表的民间改革力量和保守力量的一次论战,这事实上忽略了一个重要的事实:在最初的教材改革设想中,官方上层力量是希望时为北大教授的钱理群先生主编《语文》教材的,这套教材原计划也由人民教育出版社出版。不难看出,教育部和人民教育出版社仍然是新编语文教材改革的积极推动者。

长期以来,研究者们习惯上把世纪之交的"语文教材改革论争"仅看作是意识形态之争,而忽略了出版本身所具有的另外一个属性,即经济属性。由钱理群主编的教材,被更名为《新语文读本》由广西师范大学出版社出版,成了中国中小学生很好的课外辅助阅读材料。《新语文读本》换了一家出版社即可以出版的事实,说明围绕教材出版的论争是意识形态

之争,但也不仅仅是意识形态之争。只有从经济的角度来看,钱理群所主编的《新语文读本》只要不作为全国统编教材(关涉巨大的经济利益),以其他形式(辅助阅读材料关涉较小的经济利益)出版就不再有人纠结其中的意识形态问题。说到底,在中国,教育出版是最赚钱的出版领域,中小学教材更是"兵家必争之地"。这种状况直到2017年才开始发生新的转向。

在语文教材改革论争之后,中国的中小学教材进入"一纲多本"的竞争格局。所谓"一纲多本"是指由教育部组织专家制定课纲,各出版社(出版集团)可以自行组织专家依据课纲编撰教材,经过层层的审定,最终获得进入市场的准许权。"一纲多本"肯定了在教材领域的自由竞争。从原则上讲,各省甚至各省内部都可以使用不同的教材。任何市场竞争参与者都必然追求利益最大化,这是由资本的本性所决定的。本世纪初,中国出版业企业化与集团化改革,更是对出版业经济属性的肯定。问题在于,尽管市场机制在中国出版中发挥越来越重要的作用,但在教材教辅领域,情况则要复杂得多。因为作为利润最为丰厚的教材教辅领域,各省市、地区的教育行政管理部门可以确定本区域可使用的教材教辅种类,而活跃在教学一线的老师却很少有权力决定选择使用哪一本教材,致使很多市场竞争主体违背市场原则,积极通过人际关系网络达到教材推广和销售的目的。面对这种挑战,人民教育出版社必须建立长效机制以巩固自己的市场占有率。与其他市场占有率较小的且常常囿于一个省份的出版社相比(江苏凤凰出版集团主要在江苏省内发行、上海教育出版社主要在上海地区发行),人民教育出版社则必须在全学科全学龄段保持已有优势,仅靠发行人员的公关能力和人脉关系,显然并不能永久巩固自己的市场地位。

事实上除了个别"教育大省"(如江苏、上海等)和编撰人才积累较多的北京外,其他出版社组织编写一套高水平教材的意愿并不强烈。最终的结果是,尽管实行"一纲多本",但人民教育出版社依然是中国中小学教育的中流砥柱。人民教育出版社在总结十多年来发展历程时认为,"近十多年来,实行'一纲多本'政策,中小学教材由多家出版单位出版。在激烈的市场竞争中,人教版教材以其优良的品质和服务,依然保有了主流教材的地位,综合市场占有率达 60%（其余市场由其他 80 余家出版社共同占有）"。之所以在与十多家出版社激烈的市场竞争中处于"龙头"地位，一方面得益于人民教育出版社教材的高质量；另一方面则是因为其对教材租型制度的坚守。表 1、表 2 和表 3 显示了我国中小学三科教材的市场占有情况。

三科教材出版单位及其市场份额一览表如下所示①。

表 1　道德与法治

道德与法治　小学				
序号	出版单位	册次	使用比例	备注
1	人民教育出版社	12	30.62%	
2	教育科学出版社	12	14.44%	
3	北京师范大学出版社	12	11.24%	
4	广东教育出版社	12	8.14%	集团
5	江苏教育出版社 中国地图出版社	12	6.26%	集团
6	浙江教育出版社	12	5.85%	集团
7	河北人民出版社	12	5.35%	集团
8	未来出版社 人民出版社	12	3.91%	集团
9	湖北教育出版社	12	3.26%	集团
10	山东人民出版社	12	2.11%	集团
11	广西师范大学出版社 星球地图出版社	12	1.33%	
12	泰山出版社	12	1.05%	
13	辽宁师范大学出版社	12	1.02%	
14	辽海出版社	12	0.48%	集团
15	山东美术出版社	12	0.44%	集团
16	首都师范大学出版社	2	2016 年新列入目录 仅在北京部分区使用	
	共计	182	95.50%	

---

① 该表是教育部和国家新闻出版广电总局讨论三科教材统一后市场分配和政府补贴的依据，因为数据要经得起各相关出版社的认同，因而具有较高的可信度。

(续表)

道德与法治　初中				
序号	出版单位	册次	使用比例	备注
1	人民教育出版社	6	59.92%	
2	北京师范大学出版社	6	12.32%	
3	广东教育出版社	6	8.66%	集团
4	人民出版社	6	6.47%	
5	湖南师范大学出版社	6	4.58%	
6	教育科学出版社	6	4.45%	
7	江苏人民出版社	6	3.00%	集团
8	山东人民出版社	6	0.56%	集团
9	陕西人民教育出版社	6	0.04%	集团
10	首都师范大学出版社	2	2016年新列入目录仅在北京部分区使用	
	共计	56	100.00%	

表2　语文

语文　小学				
序号	出版单位	册次	使用比例	备注
1	人民教育出版社	12	68.00%	
2	语文出版社	12	7.75%	集团
3	江苏教育出版社	12	5.82%	集团
4	北京师范大学出版社	12	4.58%	
5	教育科学出版社	12	3.18%	
6	河北教育出版社	12	3.04%	集团
7	湖南教育出版社	12	2.84%	集团
8	西南师范大学出版社	12	1.35%	
9	长春出版社	12	1.33%	
10	中华书局	12	0.75%	
11	湖北教育出版社	12	0.63%	集团
12	北京出版社	2	2016年新列入目录仅在北京部分区使用	
	合计	134	99.27%	

(续表)

语文　初中				
序号	出版单位	册次	使用比例	备注
1	人民教育出版社	6	72.85%	
2	语文出版社	6	10.74%	集团
3	江苏教育出版社	6	2.92%	集团
4	河北大学出版社	6	1.73%	
5	湖北教育出版社	6	1.33%	集团
6	北京师范大学出版社	6	0.35%	
7	长春出版社	6	0.93%	
8	北京出版社	2	2016年新列入目录仅在北京部分区使用	
9	中华书局	6		
	合计	50	90.85%	

表3　初中历史

历史　中学				
序号	出版单位	册次	使用比例	备注
1	人民教育出版社	6	55.59%	
2	北京师范大学出版社	6	13.74%	
3	岳麓书社	6	10.69%	集团
4	四川教育出版社	6	5.58%	集团
5	中国地图出版社	6	4.19%	
6	河北人民出版社	6	3.53%	集团
7	华东师范大学出版社	6	3.29%	
8	中华书局	6	2.17%	
9	北京出版社	2	2016年新列入目录仅在北京部分区使用	
	合计	50	98.78%	

很显然,在各科教材中,人民教育出版社的教材都占有最大的份额,其原因在于:

1. 人才优势是教材高质量的保障。人民教育出版社从其成立就具有人才优势,这种优势并没有因为市场的竞争而丢失。经过几十年的发展,"人民教育出版社现有员工1 500余人,其中主要从事研究、编写和编辑中小学教材任务的社本部有370余人。在社本部,共有博士44人(其中博士后4人)、硕士及同等学历者233人。在教材编写人员中,169人具有高级专业技术职务"[1]。与此同时,人民教育出版社十分重视教师队伍的培训,在一线教师享有较高口碑。仅2016年,人民教育出版社"面对面培训各省、市教研员2 100多名、骨干教师22万名,通过网络培训了近400万名教师,实现了一线教师的全员培训"[2]。雄厚的编辑人才资源、研究实力、一线教师资源是人教社教材高质量和市场认可度的重要保障。

2. 构建了符合市场经济运营规则的新型教材租型制度。在这一体系中,处于原有教材租型制度下游产业链的各省市教材制作、发行单位,有"利益获得感"。说到底,就是构建一套利益均衡的版权分享体系。尽管人民教育出版社是三科教材的被授权方(由教育部授权),但因版权带来的利润却是由产业链上各相关企业进行制度化分配。人民教育出版社对原本在经济困难时期完成政治使命的教材租型制度,进行了大胆的探索和拓展,构建了在市场竞争中各利益方可以接受的版权分享体系,并使得教材租型制度显示出强大的生命力,成为中外出版史上不得不去研讨的一项重要制度。

在激烈的市场竞争中,人民教育出版社采取交由各省出版集团租型代理的方式经营教材,即人教社负责教材编写出版,各省出版集团组织安排教材的印刷并向省新华书店供货,由省新华书店发货到各地市、区县新华书店,地市、区县新华书店将教材配送至学校。人民教育出版社提供教材的"版型",各省出版集团利用人民教育出版社提供的版型组织印刷、发行,相当于人民教育出版社授权各省出版集团版权,而版权的使用费率低于5%,民族地区甚至低于1.5%。即使在互联网时代因成本降低,国际

---

[1] http://www.pep.com.cn/rjgl/rjjj/201112/t20111221_1089877.shtml.
[2] 人民教育出版社内部工作报告。

电子图书的价格有所降低,低于5%的版权使用费率也是极低的。考虑到中国庞大的中小学学生人数,哪怕版权使用费率的微增长,也会给人民教育出版社带来巨大的利润。中国出版业在集团化、企业化改革之后,利润是管理部门考核和评价出版单位最重要的指标。在这一背景下,人民教育出版社维持了版权使用费率的相对稳定。人民教育出版社不仅让相对稳定的低版权使用费成为自身做大做强的制度保障,同时也让与其合作的出版集团享受了"制度红利"。

3. 教辅开发和教学网站的利益再平衡。在中国,出版管理机构对教材定价有严格的标准。一般来讲,教材价格较低,主要依靠发行量大(中国人口教育基数庞大)而获取可观利润。相比之下,因为教辅并没有严格的国家指导价,价格弹性大,单本的利润率更高。从全球教育出版发展的宏观态势类推,既然人民教育出版社拥有教材的版权,教辅应该是人民教育出版社价值链延伸的重要部分,可以获取远比教材更加高额的利润。情况却恰恰不是这样,人民教育出版社在中小学教材上的"龙头地位"并没有带来相应的教辅市场。这一方面源于中国著作权保护的不足和人民教育出版社营销策略的不足;另一方面也显示出人民教育出版社与各出版集团共享利益的制度惯性。在人民教育出版社看来,"2012年,四部委下发《关于加强中小学教辅材料使用管理工作的通知》,通知中强调教科书的著作权保护,教辅市场开始得到全面整治,给我社教辅业务的发展带来了新的机遇"。但事实上,2015年,人民教育出版社"授权教辅著作权收入达1.54亿,涉及码洋约40亿元,约占全国市场总额的8%"①。目前,人民教育出版社授权全国28家教科书代理单位出版配人教版的系统教辅,在版权授权方面,人民教育出版社制定相关规章制度规范授权管理,这些相关制度仍然体现出利益分享的典型"教材租型制度"特征。

人民教育出版社对传统的"租型制度"的扩展,还体现在其最符合现代出版发展方向的数字出版领域。自从20世纪末以来,数字出版一直被新闻出版总署看作是最富有潜力、代表未来发展方向的出版业形态,因此

---

① 人教社内部资料。

在财政和税收领域出台有力的政策和数字出版基金进行扶持。总体来讲,中国民营企业在数字出版领域取得了一定的成绩,比如说盛大文学被看作是世界三大出版模式之一,而传统出版业的数字化转型,则因为受到企业内部体制、人力资源、文化观念等诸多因素的影响,并未取得预想中的进展和效果。在数字出版领域,为数不多的取得市场效益的传统出版业中,人民教育出版社的 E-Campus 在原有的教材基础之上,受到培生出版集团的启发,在教育服务领域进行深度开掘,取得了可喜的进展。值得关注的是,为了让 E-Campus 迅速地走进学生的生活,人民教育出版社也开始尝试把租型制度延展到数字出版领域,即人民教育出版社组织内容生产和网络的维护,而授权各省出版集团进行内容销售,双方在合约基础上进行利润分成。

4. 人民教育出版社长期坚持对少数民族语言教材和特殊人群教材的免费授权,这成为教材租型制度的一个重要特色。在中国,少数民族语言教材一方面要培养少数民族正确的民族观、历史观、价值观;另一方面则要提高民族素养,保存和发展民族文化。中国有 56 个民族,各民族现行文字共有 40 种。在一些少数民族人口比较集中的省份,各省出版集团都会出版少数民族语言的各科教材。其中的"三科教材"绝大多数以人民教育出版社的教材为底本进行翻译。从这个意义上讲,教育出版租型制度是新中国建立几十年来不断探索完善、已被证明比较成熟的教材经营模式和管理体系。

三、租型制度的未来:租型制度在中国社会语境中的合理性

鉴于部分少数民族地区发行的少数民族语言教材出现了明显而严重的意识形态错误,存在严重鼓吹"民族独立""民族仇恨",甚至鼓吹"圣战"的内容(与恐怖主义相关),以及在教材发行环节腐败事件频发等其他管理问题,2016 年,中办和国办联合发出了中央 66 号文件,文件中提出要加强和统一中小学教材的管理。至此,从 2009 年开始的新一轮教材改革中,选择某一套三科教材成为国内的通用教材,成为各出版企业"明争暗斗"的最大企业利益所在。作为占有市场份额最大的人民教育出版社,此

时也被推上风口浪尖,因为任何一家参与竞争的企业都明白,自己最大的竞争对手就是人民教育出版社。与此同时,网络上也出现了人民教育出版社教材的负面新闻报道。我们无法判定负面消息中的意识形态之争是否与经济利益之争存在着必然的联系,但同样的情形在21世纪初的教材改革中已经出现过。当各家企业均在向主管部门陈述自己的优势以及为什么应该保护自己的经济利益的时候,一个突发的意外让这些争论转变了方向。2017年4月,由16家各省市出版集团向新闻出版广电总局集体反映,考虑到人教版教材的广泛影响力,呼吁把人教版的三科教材作为全国的统发教材。这说明,人教版的教材质量在教学一线和大多数省市的出版集团获得肯定,而教材租型制度因为建构符合现代企业精神的利益分享机制,也获得了全国绝大多数出版企业的欢迎。分享,一个最时髦的现代互联网经济词汇,其实早已在人民教育出版社的"古老制度"中得以奠定、传承和发展。如果我们从学理上作进一步的分析,不难发现"教材租型制度"在当代中国出版语境中的制度合理性,这主要表现在意识形态合理性和经济合理性。

1. 意识形态合理性。从相关主管部门对教材工作的要求上来看,各教材出版单位必须"坚持正确的政治方向和出版导向,坚持党的教育方针,遵循教育规律和出版规律,保证课前到书、人手一册,在统一使用中充分实现统编三科教材的育人功能"。"保证课前到书、人手一册"既满足党培养下一代接班人的意识形态需求,也体现了出版单位必须重视社会效益,要尽到保证教育公平的责任。在中国,任何一套教材得以发行,都必须经过主管部门组织的学科审查、专题审查和综合审查,有些出版社为了提高教材的质量还广泛征求了全国一线优秀教师意见,开展试教试用。除此之外,在正式发行前,还必须上报中央宣传思想工作领导小组审查并完成修改和复核工作。就人民教育出版社出版的《道德与法治》而言,2011年至2015年,在完成道德与法治、语文学科小学1年级和初中7年级及历史初中7—9年级教材编写后,教育部基础教育课程教材专家工作委员会先后集中召开了15次审议会议,经历初审、专题审、学科审、终审等环节,并广泛征求专家学者、一线教师的意见,又进行了试教试用,不断修改完善教材。最后经过中央宣传思想工作领导小组会议的两次审议，2016年秋季起，起始年级教材已在部分学校开始使用。要想通过这样严格的评审程序，出版社必须具备较强的经济实力和编辑力量。

事实上，尽管中国的出版社都接受主管部门管理，意识形态上也接受宣传部门的指导，但是出版社的政治地位习惯上存在着"地方队"和"国家队"的差异。地处北京（中国的政治、经济、文化中心），又隶属教育部和新闻出版广电总局双重领导，长期以来使得人民教育出版社是中国出版界的"国家队"。毫无疑问这是一家"距离教育部最近"的出版社。作为课程改革的策略参与者与执行者，中国教育改革的风向最早在这里被感知，因此，在教材改革中，人民教育出版社既是急先锋，也是意识形态最后的"阵地"。由于制度形成的中小学教育编辑人才优势，保障了其可以比较完美地实现主管部门的意志。因此，人民教育出版社在新一轮教材改革中最终被确定为通用教材提供单位，具有意识形态要求的必然性。

2. 经济合理性。"一纲多本"的潜在优势在于有可能为社会提供更好更优的课本。这也是世纪之交第一轮课程改革中的主流看法，事实上也造成三科教材由32家教材出版单位出版的"一纲多本"的现实。竞争表明，人民教育出版社的三科教材明显更受市场的欢迎，成为使用最广泛的教材。对于第一轮的教材改革我们理应坚持从两个方面来看：一方面，竞争加剧了各出版社之间的紧迫感，也让更多专家得以编辑中小学教材，不同版本之间的教材可以比较学习，同时也促进了中国课程改革研究的发展；另一方面，竞争也放大了中国出版领域的痼弊。所谓的出版教材营销，事实上变成了一些出版社公关教育主管领导，客观上造成了部分省市教育主管领导的腐败，并推高了教材的发行成本。除了发行成本高之外，各出版社自行组织使用教材范围内的教师培训，因为同一地区教师在不同年份使用不同的教材，因此必须参加不同教材的培训，客观上也增加了培训成本和教师的时间成本。最终结果是，因研发教材而产生的成本、各少数民族文字的翻译成本、培训成本、教师的时间成本、发行成本总体上升。一方面，出版发行教材的社会总成本急剧增加，另一方面，因为掩藏在竞争背后的腐败，也需要进行新制度的遏制。考虑到自由竞争带来的负面效应在不断扩大,何不在此基础上统一教材,一方面让实践论证为最优的教材得以普遍的使用,另一方面也降低教材出版中的社会总成本。今年教材改革的所谓"统编化过程"事实上也是对这些弊端的一种回应。在教辅市场,为了新三科教材的平稳落地,人民教育出版社也采取了对其他出版社补偿的措施,具体是:对 32 家原出版单位,由人教社对于相应学科按其授权管理办法授权编写同步类教辅,在其原市场区域内出版发行。

四、结语

评断一项制度的先进与否,不能依据其产生的时间序列,而是要看其是否适合本国的需求。就教材租型制度来讲,就是要看其意识形态合理性和经济合理性。教材租型制度,是 20 世纪 50 年代初中国经济困难时期为了实现"课前到书、人手一册"的社会要求而产生的一种制度安排。这一制度历经了 60 多年中国出版制度的变革和教育课程改革,在不断历史演进中,作为教材租型制度的实施主体,人民教育出版社也在不断拓展着租型制度的内涵。除了有可能降低教材出版中的社会总成本之外,在"一纲多本"阶段的市场竞争中,人民教育出版社以版权为核心在国内已经形成了利益分享的版权运营机制,同时,对少数民族文字教材和特殊人群教材的免费授权也形成了一种制度。利益分享与免费授权的并行,使得其"租型制度"的内涵更加丰富。作为中国所特有的出版管理制度,"教材租型制度"不仅完美契合中国的政治制度与意识形态需求,同时也契合现代出版精神。其现代性体现在:在利益平衡的整体框架中推动文化传承、知识传播与价值观的传递。

技术进步与制度惯性

——对中国数字出版产业发展的一种思考*

纵观人类文明的发展历程,不难发现,技术的变革必然带来人类交流方式的改变和新的文化形态的产生,但相同的技术,在不同的文明国度,在不同的文化体制中所产生的作用、所发挥的经济效能会呈现出很大的差异。从经济角度来讲,技术在最初的阶段对经济发展具有一定的推动作用,但其在政治上、体制建构上向什么方向发展,能带来什么样的作用,取决于制度和文化的制约。正如经济学家纳尔森所认为:"从一个角度看,技术进步在过去的 200 年里一直是推动经济增长的关键力量,组织变迁处于附属地位。但从另一个角度来看,如果没有能引导和支持制度的变革,并使企业能从这些投资中获利的新组织的发展,我们就不可能获得技术进步。"①在中国数字出版产业的发展中,最为突出的是准入许可、盈利模式、有效监管、标准统一等问题。其中,前三个问题都是技术与制度内在冲突的必然产物。如果不能根据技术的特点,适时地调整管理体制,促进相关组织的健康发展,很可能造成中国数字出版产业的制度性落后。随着新媒体技术、运营和服务方式所带来的一系列变革,融合不仅仅发生在新媒体的产业端,政府和行政机关的立法理念、政策法规体系的建立、执行也必须走向融合。这是数字出版产业的主管部门亟需解决的迫切

---

* 原文载《东岳论丛》2009 年第 11 期。
① [美]理查德·R.纳尔森:《经济增长的源泉》,中国经济出版社 2001 年版,第 135 页。

问题。

一、盈利模式:传统出版业的制度之痛

在探讨数字出版的盈利模式之前,我们不得不谈的是一个非常有趣的现象:数字出版产业年度报告中,数字出版产业发展形势喜人。2006年,数字出版总产值200亿;2007年,360亿;2008年,据官方估计是530亿。但是,也有不少文章和业界人士认为,中国数字出版的盈利模式仍然尚待建立。数字出版的盈利模式到底建立了没有呢?如果盈利模式尚未建立,何谈数字出版产业发展形势喜人呢?仔细研究,我们不难发现,数字出版的盈利模式已经建立,尽管这种盈利模式还存在各种缺陷,但是这并不妨碍成熟的盈利模式的建立和数字出版的迅猛发展势头。在数字出版产业的发展过程中,新技术显然对传统出版也造成很大的冲击,尽管今天看来,冲击力度有限。客观地讲,中国的传统出版企业在新一轮的技术进步中整体落后了,不是数字出版产业的盈利模式没有建立,而是传统出版业的数字产业盈利模式没有建立。

从我国来看,数字出版产业已经建立的盈利模式主要有以下几种:(1)以清华知网、万方、维普、龙源等为代表的专业期刊商业模式;(2)以北大方正、中文在线、超星、书生等为代表的电子图书商业模式;(3)以ZCOM、Xplus、Magbox、VIKA技术为依托的在线杂志阅读商业模式;(4)以榕树下、起点中文网为依托的在线电子图书阅读模式;(5)以博客、播客为主要形式的个人化、互动化出版模式;(6)以无线搜索、无线下载为主要模式的手机出版模式;(7)广义上的数字出版模式:网络游戏、网络动漫、手机游戏、手机动漫等。从全球来看,富有影响力和启发性的数字出版盈利模式有:(1)以施普林格、约翰·威利等为代表的专业期刊和图书的商业模式;(2)以培生集团为代表的教育服务模式;(3)以亚马逊Kindle为代表的电子书销售模式;(4)以日本手机小说、手机漫画为代表的移动增值服务模式;(5)以8020出版公司等为代表的"用户创造内容"模式。

比较中国数字出版盈利模式和全球其他国家数字出版盈利模式,我们可以发现,中国数字出版盈利模式和全球其他国家数字出版盈利模式

最大的差别在于：在数字出版产业发达国家，传统出版社主导了数字出版的发展方向，传统出版企业依靠自己的雄厚资金，兼并或者自主研发数字技术平台，完成内容对技术的主导；在中国，传统出版企业在数字化的浪潮中，无论是观念，还是技术、人才，都无法跟上技术发展的步伐，突出体现是，中国数字出版的发展方向完全由技术商所主导，数字出版企业依靠自己雄厚的资金、先进的技术平台，完成技术对内容的主导。在中国数字出版企业已经建立的盈利模式中，只有前两种与传统出版社相关，而其他的盈利模式，可以说技术平台商完全占据着主导的地位，数字出版的利润，也主要是由后面几种盈利模式所创造的。表1是2007年传统出版社和数字出版企业之间的资产对比。

表1 传统出版社与数字出版企业在资产等方面的对比

资产对比	传统出版	全国573家图书出版单位资产总额504.4亿元，一家平均不足1亿元
	数字出版	7家涉及互联网业务的网站（新浪、搜狐、网易、盛大、九城、TOM、腾讯）总市值是73.9亿美元，折合人民币613.4亿元，平均一家86亿元
生产方式	传统出版	落后的生产方式，无法直接掌握技术进步的主动权
	数字出版	先进的生产方式，掌握技术进步的主动权，正在向数字内容提供商转型
股权结构	传统出版	清一色的国有股
	数字出版	海外以及香港上市公司

造成传统出版社在数字出版浪潮中的整体性落后的原因，是值得认真反思的。尽管我们习惯上认为传统出版社具有内容资源和内容编辑人才方面的优势，但决定一类企业整体发展规模和发展趋势很可能是其短板，而不是其优势。传统出版社在数字化浪潮中整体性遭遇"短板效应"。造成这种短板的原因，与体制设计紧密相关。在中国传统出版体制管理下，中国出版市场是一个没有充分竞争的市场，准入机制使得许多出版社的生存无忧。近年来，出版单位的企业化和集团化试图解决的是中国出版业的国际竞争力问题，资金的扩张和规模的扩大，虽然可以在一定程度上增大市场占有率，但竞争力的提高却需要众多因素的配合，人才结构的

合理化和观念、管理模式的现代化在其中起着十分重要的作用。从人才结构来看,由传统出版社改组而成的出版集团,人才结构并未发生本质性的变化,技术型人才并没有得到充分的重视和引进;从观念和管理模式来看,由行政"拉郎配"而来的弊端继续存在,在观念上,对新媒体的传播特点没有充分的认识。

据《2005—2006中国数字出版产业年度报告》课题组调查显示:截至2005年底,以"出版社网站"为关键词进行搜索,共搜索到图书出版社网站215家,在这些网站中,具有在线销售功能的网站35家,占16.28%;正在建设、完善在线销售的87家,占40.47%;在线公布订购地址的47家,占21.86%;具有读者交互功能的有26家,占12.09%;具有简单交互功能的(如留言板、BBS、BLOG等)124家,占57.67%;具有作者交互功能包括接受在线投稿的49家,占22.79%;公布投稿地址的39家,占18.14%;具有信息发布功能的191家,占88.84%;完全静态页面的18家,占8.37%;具有简单检索功能的76家,占35.35%。值得注意的是,具有电子商务功能的仅占16.28%,具有读者交互功能、作者交互功能的分别占12.09%、18.60%,具有信息发布功能的88.84%。① 数据充分说明:传统出版社对新媒体的特性了解十分有限,对新媒体的使用,主要是为了营销纸质内容。人才结构的不合理、对数字技术的不敏感,造成了传统出版社在数字出版产业上的整体性落后。

二、准入许可:新技术与传统管理理念

准入许可是中国出版业和新闻业在管理理念上的重要特色。这种管理制度的优点在于管理者可以把自己的意志充分地贯彻到被管理者的生产实践当中,从而最大限度地完成管理者的意图;而其缺点则在于被管理者的生产积极性和创造性被严重削弱,加之准入限制,企业之间的竞争不如在自由竞争环境下激烈,企业的创造性和活力不足。事实已经证明,任

---

① 郝振省等:《2005—2006中国数字出版产业年度报告》,中国书籍出版社2007年版,第119—120页。

何产业的健康发展,都离不开自由平等的竞争环境,数字出版产业具有文化属性,有其特殊性,但要健康地发展,管理者就必然要提供一个健康、有序、公平、自由的竞争环境。然而在准入许可制度下,是不可能提供这样一个竞争环境的,这也是传统出版业在数字化浪潮中整体性落后的重要原因。数字出版的技术特性决定了数字出版产业的成败,完全依赖于一个健康、有序、公平、自由的竞争环境。但是,任何的管理制度、管理理念都是有其惯性的,准入许可制度不可能因为新技术、新产业形态的产生,而自觉地退出历史的舞台。在准入许可体制下,传统出版社可以很容易地获得数字出版的许可,相关部门对于其进入数字出版领域是持积极的支持态度的。而其他资本结构要想进入该领域,获得准入许可证则是十分困难。准入许可和自由开放的互联网精神之间的矛盾是深层次的,是两种不同文化之间的外在体现,这种深层次的矛盾如果不能有效地得以解决,就会影响数字出版产业的发展。

对于任何产业来说,保证中小企业得到一个公平的环境,使它们参与市场竞争,才是推动产业不断创新的动力。国内外行业发展的现实告诉我们:中小企业往往是行业中最具有创新意识的部分,它们的创新往往能推动大企业更大范围内的创新,因此,经营许可证的发放不能只给与几个企业,在一个没有充分竞争的市场人为地树立"霸主",这样的霸主自然会伤害整个行业。在一个科层制非常严密的企业,创意产业(数字出版产业在一定意义上说也是创意产业)是不可能保持活力的。也就是说,旧的生产力关系已经不适应新的生产力发展的要求,传统出版业代表着一种比较旧的生产力关系,而数字出版业是一种新的生产力。数字出版产业不是以年来决定企业的发展战略,而往往是以月、以日来随时调整,这在科层制严密的企业是难以适应的。一个创意要是经过领导的层层把关、修改,再好的创意也会变得平庸。现在还有人试图把数字出版企业嫁接在传统的出版业上,仿佛只要利用了现有资源,传统出版业肯定能做好数字出版业务,这是一厢情愿。传统出版企业只有发生较大的变革,才有可能做好数字出版领域。目前,所谓传统出版企业在数字出版领域有所成就的,事实上是原有的出版企业另组了公司,管理方式上已经和原有出版企业有很大的不同。中国的传统出版媒体(媒体的领导大多数也都具有一定政府职位)都能对政策的制定产生或多或小的影响。采访权限制了网站的权力,但同时减轻了传统出版业的市场竞争压力。我们一直认为,中国的出版业是一个没有充分竞争的市场,这一方面是传统出版业内部条块分割过于严重,统一、平等、有序的大市场没有形成;另一方面则是对于数字出版业(往往是一些新兴企业)不能给予传统出版业具有的权力,因而,竞争双方往往处在不平等的地位,这在一定程度上阻碍了数字出版业的发展。一个没有充分竞争的市场,只可能出现两种结果:一种是某一企业依靠行政权力唯我独尊,一种是整体行业萎靡不振。

三、有效管理与管理细化:如何从部门管理走向产业管理

利益主导下的多部门的管理,使得一个数字出版企业在法律上合法,必须拿到三个以上的许可证。比如说,一个视频网站,就需要拿到网络出版许可证、视频传播许可证、新闻许可证等。许可证是一种实实在在的权力,任何部门都不愿轻易放弃。用业界的一句话说:"拿一个许可证,脱三层皮;拿三个证,脱九层皮,哪个企业有那么多的皮可脱?"网易目前已办理的牌照有十几个之多,分别为:ICP、互联网新闻刊登许可证、网络出版许可证、互联网广告刊登许可证、药品信息刊登许可证、医疗服务信息刊登许可证、网络文化经营许可证、教育信息刊登许可证、BBS经营许可证、移动短信经营许可证等,这些许可证分别颁自不同的管理部门,无形中增加了企业的审查手续和运行成本。数字出版企业,已经成了诸多管理部门利益的博弈场。其主要表现在:

1. 立法观念不一致,执法标准不统一。比如说,信息产业部和广电总局的现行制度法规源于不同的立法理念。广电总局更着重于"媒体"所应具备的舆论调控和舆论导向的监管职能;信息产业部则较少考虑法律许可和内容倾向,而更多地关注产业的发展。产生这种状况的原因涉及社会宏观环境因素的影响,也涉及部门本位和地方本位思想的影响。

2. 部门立法多,行业立法少。没有考虑数字出版作为新兴产业部门的特点,而只是从本部门的利益和管理便利出发进行立法。与此相反,国

外在数字出版产业上却制定了专门的法律,因为他们意识到数字出版是一个新兴的、将来会有巨大影响力的产业,跟传统出版相比具有本质性的不同。法规不应该是各个部门的利益诉求,也不应该是拿着国家的"公器"谋一己私利。以《电信条例》来说,事实上它保证了电信行业的垄断利润,却对数字出版的发展形成了重大的影响。修改前的《电信条例》在行政调解和裁决制度方面,对电信市场缺乏有效的行政监管,不利于电信运营商的公平竞争,修改后的条款仍然回避了三网融合的问题,没有对加快中国信息产业的进程起到良好的推动和保护,反而滞后于产业实践的发展。现在数字出版业的成本支出主要有三块:人员工资、版权购买、网宽购买。其中,网宽的购买是最令企业头疼的问题。因为一个企业发展了,要多买网宽,但是在数字出版产业发达的省市(如北京、上海等),买的带宽越多,每单位带宽价格也越高,这严重限制了企业的做大做强。对于这样一个违反经济学常识的问题,只能从有些行业存在着垄断来解释。

3. 管理规则、法律条例的细化问题。对于任何一个想做大做强的企业来说,都不愿去违反管理规则和法律条例,任何一种政策风险和法律风险对企业来说都是致命的。但有效地规避政策风险和法律风险的前提是必须有章可循,并且法律的规定能让企业明白法律的底线到底在哪儿。数字出版企业是内容企业,内容企业面临的一个共同情况是必须在自己确定该内容的生产之前,清楚哪些生产行为是违法的,哪些是受到鼓励的,这些需要相关的管理条例作出比较详细的可操作性的细则。在《出版管理条例》《互联网新闻信息服务管理规定》《互联网视听节目服务管理规定》《电子出版物管理规定》中,以下内容均是被禁止的:

(一)违反宪法确定的基本原则的;

(二)危害国家安全,泄露国家秘密,颠覆国家政权,破坏国家统一的;

(三)损害国家荣誉和利益的;

(四)煽动民族仇恨、民族歧视,破坏民族团结的;

(五)破坏国家宗教政策,宣扬邪教和封建迷信的;

（六）散布谣言，扰乱社会秩序，破坏社会稳定的；

（七）散布淫秽、色情、赌博、暴力、恐怖或者教唆犯罪的；

（八）侮辱或者诽谤他人，侵害他人合法权益的；

（九）煽动非法集会、结社、游行、示威、聚众扰乱社会秩序的；

（十）以非法民间组织名义活动的；

（十一）含有法律、行政法规禁止的其他内容的。

其实，在"淫秽、色情、赌博、暴力、恐怖"的判定上，不同的人对此感知和判定的标准完全不一致。按照学术界的研究成果，在电视中，每十个动作就有一个动作是暴力的；而色情，则比比皆是。既然这些东西都无法因为有法律的规定而消失，那么我们就必须承认其存在的合理性。承认其合理性，并不是什么内容都可以登载，而是应该对淫秽、色情、暴力、恐怖的内容进行分级处理。规定什么等级的内容在什么媒体上可以登载。但目前，我们在这方面的立法还十分地不系统。法条不细化，自然造成权力寻租和监管的随意性。由于不细化，中国出版业最常规的一个企业行为是寻找边缘并"智慧地"突破边缘。因为规则不细化，在事后的裁定上，也就存在了各种可能性。在我国，出版企业如何和政府打交道是一门学问，也是最为重要的企业行为，这与法律法规的不细化有着千丝万缕的联系。

四、结语

美国著名经济学家库兹涅兹（Simon Smith Kuznets）论述到制度调整对技术进步、从而对经济增长的重要作用时说到："先进技术是经济增长的一个来源，但是它只是一个潜在的必要条件，本身不是充分条件。如果技术要得到高效和广泛的利用，而且说实在，如果它自己的进步要受这种利用的刺激，必须作出制度和意识形态的调整，以实现正确利用人类知识中先进部分产生的创新。"[①]制度的惯性受传统文化的影响，受经验的支配。同时，经验和惯性又受制于社会价值、常规、信仰和习惯等所谓的

---

① 王宏昌：《诺贝尔经济学奖获得者讲演集（1969—1981）》，中国社会科学出版社1988年版，第97页。

信仰体系。但是,如果不能打破制度惯性对资源的不合理配置,则资源(包括技术)就不能充分发挥出最大的潜能。对于中国数字出版产业来说,它是由于新技术而产生的新的产业形态,制度的惯性及由此而来的一些管理规定,显然不能适应和促进该产业强有力的发展。事实上,不止在中国,世界上其他国家都在积极地调整相关的文化产业政策,来适应新技术带来的新问题。因此,技术的创新更需要制度创新的保障,技术的融合需要制度融合为先导。中国要想在数字出版领域处于世界的前列,就必须进行制度的创新。

信息技术挑战下的欧盟版权一体化[*]

《欧共体条约》是由6个欧洲国家于1957年3月25日创立的,它是欧盟版权法的基础性文件。作为基础性法律,《欧共体条约》可以直接在成员国的法庭上作为审判的依据,也直接对欧盟的公民和法人产生直接的约束力,其效力等同于成员国国内法。欧盟的二级立法则是《欧共体条约》规定中派生出来的特定法律形式,主要包括规则、指令、决定、建议和意见。二级立法的法律依据是《欧共体条约》第249条(原第189条),该条规定"欧盟议会、理事会、委员会可以制定规则(regulation)、发布指令(directive)、采取决定(decision)、提出建议(recommendations)或意见(opinion)"。欧盟法律体系中,版权二级立法主要通过欧盟理事会发布。欧盟理事会发布的版权法律,主要由指令形式来表现,这种性质的版权指令通过并颁布后,要由成员国自己再以实施条例的形式把它们转为国内法,作出相应具体措施后才能实施。从第一次佛德汉姆会议至今,欧盟的版权协调进程已经持续了20多年,在此期间,欧盟陆续出台了20多项与版权相关的指令。这些指令很好地协调了欧盟各成员国在版权和邻接权的差异,积极面对新技术产生的新服务等核心产品对原有法律体系的冲击,为欧盟内部市场自由流通创造了良好的条件。

---

[*] 本文为研究报告。

一、欧盟版权一体化拟解决的主要问题

20世纪80年代末以来,工业化国家已经充分认识到创意产业和新兴服务业将成为区域竞争力的主要产业形式,这对当时的欧盟来讲是机遇也是挑战。新信息技术对欧盟的挑战主要表现在:(1)新信息技术产生的新产品和新服务处于信息技术、电信和电视的融合和交叉领域,其共同特点就是数字化,尽管技术发展路径颇为清晰,但其实际影响并不明确;(2)欧盟各成员国版权和其他知识及工业产品法提供的保护程度存在差异,这不仅影响着商品和服务贸易的自由流通,而且深刻地影响成员国内部对信息服务业和创意产业的投资。只有在统一的法制环境中,创造力和投资才能得到最大程度的保护和激发。欧盟充分认识到了在新信息技术环境下建立版权一体化的迫切性,一方面协调各成员国的版权规定,另一方面积极探讨新信息技术带来的版权难题,如计算机程序、数据库、电子商务、多媒体产品的版权保护问题。粗略来看,欧盟版权一体化拟破解的难题如下。

1. 市场问题:新产品和新服务市场的分裂。成员国对版权和邻接权保护程度的差异,对信息社会的创新发展带来阻碍。欧盟成员国必须达成足够的协调一致,否则开发新服务、新产品的市场会继续呈现分割状态。这种状况会阻碍一些产业的发展,使之无法开发本国以外的更广阔的市场。欧盟版权法的一个重要目标就是移除这些差异,使欧盟成为"无国界的,商品、个人、服务和资金自由流通的区域"。

2. 社会问题:新信息技术环境中的利益平衡。技术创新的后果存在矛盾性。在带来新服务和新产品的同时,也为盗用他人成果提供了新便利,创造了新方法;版权持有人希望加强开发使用的法律规定,而信息社会的潜在服务提供商则将其视为一种障碍;私人使用和合理使用的评判标准愈加灵活,难以运用;数字识别技术有助于版权的监控,但无法保证合理使用;全媒体产品的授权明显滞后于产业需求,但强制许可会侵犯版权持有人的利益,阻碍创造力。所有这些问题要求建立利益平衡的版权法框架。

3. 文化问题:保护和激励创造力。知识和艺术创作是新兴产业最宝贵的资产,是新兴经济竞争力的基础,也是软实力的重要来源。只有对创

造力给予合理的保护地位,才能保护和刺激知识和艺术创造力。给予创造力合理地位意味着要寻求一种更快速、更广泛的适宜的传播方式;对创造力的刺激意味着版权持有人在版税、新的传播途径、利用方式以及新市场等方面享有额外优势。但二者之间的矛盾在于:过度的保护可能妨碍传播的可能性,并且会成为过高报酬的法律基础;不受控制的传播会使得版权保护变得不可操作,由此损害获取合理报酬的可能性。

4. 经济问题:保护和激励投资。在信息技术环境中,工业化国家经济从以生产大宗商品为主,转向生产应用技术、技能和创新的高附加值商品。这类商品具有优越的性能和一些非物质特性(例如其设计和形象),这构成了其主要的竞争优势。但是,如果这些特性中的一部分或全部能够很容易地被他人通过比生产原版花费少得多的成本进行复制,并用于商业目的,那么这种高附加值产品的生产和营销就受到了严重的威胁。创造新产品和新服务需要巨额投资,没有投资,实现新服务的范围非常有限。在数字化环境下,只有作品和其他客体的版权和邻接权得到充分保护,为新服务投资提供的创造性努力才有意义,对投资的保护和激励也才能得以实现。

二、欧盟解决版权一体化问题的理念和原则

欧盟理事会认为技术是公正的,但技术效用的发挥来自于建立利益平衡的法律框架,并且,"面对新技术挑战,若只限于共同体成员国内部作出版权回应,将只能解决一部分问题","新技术需要从实际层面超越国家边界,那些以领土范围制定的国内版权法越来越显得过时"。据此,委员会提出了推进欧盟版权一体化的两条原则:第一,对版权和邻接权的保护必须更强;第二,必须在欧盟所有成员国之间采取统一的全面行动。在总原则之下,欧盟理事会对版权问题的推进有如下的理念可供借鉴。

1. 市场理念:版权和邻接权事关单一内部市场的基础性利益。欧盟理事会认为:信息社会产生的新产品和新服务,必须处于一个与国家、共同体和国际层面一致的管制框架中,这一框架的核心是自由流动的市场。在尊重各成员国的基础上,为了保证商品的自由流动和提供服务的自由度,欧盟制定关于版权和邻接权的标准,标准的制定要避免扭曲新产品和

新服务产生的公平竞争,随着技术的变化,欧盟理事会必须进行规则的变动,且应有利于服务提供的自由度。

2. 社会理念:利益平衡是保护和激发创造力的正确途径。与国内的相关研究较多地关注新兴服务产业和新兴产品领域中的企业利益不同,欧盟理事会十分重视版权持有人的权利保护和利益平衡,认为这是创造力的源泉。不仅保护权利持有人的原有权利,也保护在新信息技术下产生的新权利,只对权利持有人严重不符合产业发展现状的部分权利加以限制,如对工业设计和计算机程序保护期的限制。

3. 文化理念:版权和邻接权是欧盟基础性的文化政策。与国内更多地从经济扶持新兴文化产业不同,欧盟理事会认为,版权和邻接权是最有效、最基本的文化政策。欧盟理事会认为版权持有人的收入,源自他们的作品促进了共同体思想和文化的传播与发展。为了保护信息社会与欧洲文化的和谐发展,必须要在欧洲文化遗产的保护、知识产权法以及可行的经济开发与利用之间达到一种良好的平衡,这一点至关重要。对文化遗产及其创造群体的有效保护主要由版权和邻接权实现,因此,版权和邻接权是欧盟文化发展的基础。

4. 经济理念:版权和邻接权是提升欧洲产业竞争力的关键。欧盟理事会在白皮书中得出结论:西方经济越来越趋向那些以技术、技术诀窍和创新的使用为基础的高附加价值的服务业;欧洲的竞争力越来越依赖于能够产生新产品和新程序的创新性想法,而这将产生新的就业。欧盟20世纪80、90年代新兴产业的发展表明,版权和邻接权受到保护的领域,其产量和附加值增长迅速,增长率常常高于经济整体的增长率。新兴产业发展的现状让欧盟理事会坚定地认为,只有版权和邻接权得到正当保护,投资创新和创意产业才有收获,这是提升欧洲产业附加价值和竞争力的关键。

三、欧盟版权一体化的对策

1. 重视"三种平衡"与"广泛、公开、透明"的原则。欧盟理事会在对版权一体化的推进中,十分重视经济、社会、文化的协调发展和平衡,十分重视产业链上各利益方的利益平衡,十分重视各成员国利益的表达与平衡。为了使信息社会充分发挥其潜力,欧盟理事会在"广泛征求、公开讨论、信息透明"的原则下,探讨在新技术环境下如何构建相关利益人之间(包括版权持有人、制造商、批发商、服务使用者以及网络运营商)利益平衡的法律框架。在尊重各成员国的基础上,渐进式地消除差异,移除因版权而阻碍单一内部市场形成的法律差异。

2. 跟踪技术发展,研判技术影响,适时发布指令。面对新信息技术的挑战,欧盟理事会并没有寻求一劳永逸的固定的版权框架,而是时刻关注技术发展趋势,研讨分析技术对经济、社会、文化带来的积极和消极影响,以年度为周期发布版权和邻接权相关指令,以此来协调欧盟成员国的行动,以灵活的方式应对技术对版权和单一内部市场自由流动的挑战。自20世纪90年代以来,共发布涉及版权和邻接权的指令20多项,这些指令不仅回应了"作者""创作""私人复制""公众传播权""精神权利""广播权"等版权核心概念在新信息技术环境下的变革,也回应了新产品和新服务的版权和邻接权界定,如计算机程序、数据库、电子商务、视听媒体服务等。相关法律的发布时间及主要内容见附录。

3. 调整和加强版税征收协会的功能。在新服务和新产品中,音频、视频、文本、图表、计算机程序和数据,都将越来越紧密地相连,需要调整原有版税的定价结构与授权范围。为了更好地处理信息社会出现的新权利,欧盟理事会重新考虑了版税征收协会的作用,对版税征收协会的角色、功能、组织和运行做出了适应性调整,扩大了版税征收协会的管理范围。调整后的版税征收协会没有采纳强制性授权体系的提议,而是以数字识别技术为核心,在自愿基础上建立版权管理中心。委员会认为数字技术的出现将改变权利管理的形式,自愿基础上的中心化方案,将是信息社会合适的权利管理方案。

4. 探讨"一站式授权服务体系"的可行性。新兴产业的发展由于获取权利的时间成本和经济成本而受到阻碍,多媒体作品的产生意味着要将版权管理合理化、便捷化。以"一站式服务"为形式结盟,将为作者、表演者和制作者提供一种可以识别多样性作品来源的方法,其实质就是将所有对新技术有价值的内容整合起来,使用者可以获得多媒体产品所需求的所有版权信息,比如价格和权利持有人等。身份识别技术使版权集中化成为可能,但"一站式授权服务体系"并不意味着权利管理应该脱离个人而被集体化,只是通过建立身份识别文件之间的相互联系,可以简化授权步骤,减少管理成本。在向多媒体作品转让权利时,版权持有人可以将版权中心机构作为中介。这个中心机构可以协商合同,也可以向使用者收费来引导其与版权持有人协商。这种"一站式"的中介也不取代版税征收协会。

附录:欧盟现行知识产权法律目录

版　　权

颁布时间	指令名称	主要内容
1989年10月3日	关于协调各成员国针对电视广播领域的法律法规以及行政规定理事会指令第89/552/EEC号	
1991年5月14日	关于计算机程序法律保护的理事会指令第91/250/EEC号	该指令规定计算机程序和文学作品一样受到版权的保护。指令在实现版权持有人所商议的大量专有权利的协调一致的同时,也对程序开发中必要的行为和未授权的行为作出界定
1992年11月19日	关于出租权和出借权以及关于知识产权领域内某些与版权有关的权利的理事会指令第92/100/EEC号	该指令规范了适用于受到版权和相关权利保护的所有类型的作品及其他受到保护的客体的普遍权利。它也在更高层面上对相关权利进行了协调。该指令规定了版权保护的所有作品和客体的出租权与借阅权;在《罗马公约》之后,在统一基础上协调相关权利。它还提供了一个框架,可以作为视频点播或类似新服务的先例
1993年9月27日	关于协调某些涉及版权和与版权相关的权利、适用于卫星广播和有线转播的规则的理事会指令第93/83/EEC号	该指令在版权和相关权利范围内为欧洲卫星和有线电视发展提供了一个统一的法律框架,由此完成了第89/552/EEC号指令定义下为广播创造单一试听领域的法律框架
1993年10月29日	协调版权和某些相关权保护期限的理事会指令第93/98/EEC号	该指令对共同体内版权和相关权利保护的所有作品和其他客体的期限作出协调,并达成一致。这是对信息高速公路中传播的作品和服务提供法律保护体系的基础。版权保护期限统一定为70年,相关权利保护期限为50年。该指令的保护水平非常高

(续表)

颁布时间	指令名称	主要内容
1996年3月11日	欧洲议会和理事会关于数据库法律保护的指令第96/9/EC号	指令的主要特点在于设立了一项新的经济权利,保护数据库建立者的巨额投资。未授权进入数据库并提取其信息资源将承担技术和经济上的严重后果。该指令旨在在数据库建立者、使用者、中小型企业以及版权和相关权利的版权持有人的各方利益间维持平衡
2000年6月8日	关于一些信息化社会服务的法律事务,特别是内部市场中电子商务的欧洲议会与欧盟委员会指令第2000/31/EC号	该指令规定了一些与欧盟内部市场相关的信息化社会服务的国家立法条款,如建立服务供应商、商业通讯、电子合同、中间商的责任,行为准则,非诉讼纠纷解决机制,法庭诉讼以及成员国之间的合作
2001年5月22日	欧洲议会和理事会关于在某些方面协调信息社会中的版权和相关权利的指令第2001/29/EC号	该指令是欧盟针对信息社会技术变迁对现有版权保护体系的冲击而作出的积极应对和适时调整
2001年9月27日	欧洲议会和理事会关于使美术作品原件作者受益的转售权的指令第2001/84/EC号	该指令指出绘画、雕塑艺术品的原始作者,其继承人或其他受益人在其作品被艺术市场专家、画廊、拍卖场等主体转卖时,有权从转卖价格中获取一定比例的价款
2004年4月29日	欧洲议会和理事会关于知识产权执法的指令第2004/48/EC号	本指令旨在消除成员国立法体系中在知识产权执行方面的差异。指令要求成员国采取立法行动达到预期的目标
2007年12月11日	修订理事会指令89/552/EEC(关于协调各成员国针对电视广播领域的法律法规以及行政规定)欧洲议会与欧盟委员会指令第2007/65/EC号	
2010年3月10日	关于协调成员国针对视听媒体服务的法律法规与行政行为的规定欧洲议会与欧盟委员会指令第2010/13/EU号	该指令尝试规制IP电视、互联网广播电视、播客广播、手机电视和移动多媒体广播等新兴视听节目服务,实行统一监管与分层监管相结合的原则,规定了视听媒体应尽的义务。一方面限制不适应的内容和广告,确保信息接近权的最大化,促进文化多样性;另一方面也部分考虑到言论自由、市场竞争和创新的需要,力图维持政府干预和自由市场之间的平衡

专利

颁布时间	指令名称
1996年7月23日	欧洲议会和理事会关于授予植物保护产品补充保护证书的条例第(EC)No 1610/96号
1998年7月6日	欧洲议会和理事会关于生物技术发明法律保护的指令第98/44/EC号
2006年5月17日	欧洲议会和理事会关于生产供出口有公众健康问题国家的药品的专利强制许可的条例第(EC)No 816/2006号
2009年5月6日	欧洲议会和理事会关于药品补充保护证书的条例第(EC)No469/2009号（编纂本）

工业品外观设计

颁布时间	指令名称
1996年2月5日	关于欧盟内部市场协调局(商标与工业品外观设计)上诉委员会的程序细则的委员会条例第(EC)216/96号
1998年10月13日	欧洲议会和理事会关于外观设计法律保护的指令第98/71/EC号
2002年10月21日	实施关于欧共体外观设计的理事会条例第(EC)No 6/2002号的委员会条例第(EC)No 2245/2002号
2002年12月16日	关于就欧共体外观设计注册应向内部市场协调局(商标和外观设计)交付费用的委员会条例第(EC)No 2246/2002号
2006年12月18日	修改2001年12月12日关于欧共体外观设计的理事会条例第(EC)No 6/2002号的2006年12月18日理事会条例第(EC)No 1891/2006号

商标法

颁布时间	指令名称
1988年12月21日	使成员国有关商标的法律相互趋同的首个理事会指令第89/104/EEC号
1996年2月5日	关于欧盟内部市场协调局(商标与工业品外观设计)上诉委员会的程序细则的委员会条例第(EC)216/96号
2004年12月6日	修改1996年2月5日规定内部市场协调局(商标和外观设计)上诉委员会程序规则的委员会条例第(EC)No 216/96号的2004年12月6日委员会条例第(EC)No 2082/2004号
2005年6月29日	修改1995年12月13日实施关于欧共体商标的理事会条例第(EC)No 40/94号的委员会条例第(EC)No 2868/95号的2005年6月29日委员会条例第(EC)No 1041/2005号
2005年10月14日	修改1995年12月13日关于应向内部市场协调局(商标和外观设计)交付费用的委员会条例第(EC)No 2869/95号的2005年10月14日委员会条例第(EC)No 1687/2005号

(续表)

颁布时间	指令名称
2009年2月26日	修改1993年12月20日关于欧共体商标的理事会条例（EC）No 40/94的2009年2月26日理事会条例第（EC）No 207/2009号

半导体电路拓扑图

颁布时间	指令名称
1986年12月16日	关于半导体产品拓扑图法律保护的理事会指令第87/54/EEC号

包含知识产权条款的一般法

颁布时间	指令名称
1997年10月6日	修订条例第84/450/EEC号（关于统一各成员国针对误导性广告的法律法规以及行政规定）的欧洲议会与欧盟理事会指令第97/55/EC号
2003年7月22日	关于防止涉嫌侵害某些知识产权的货物的海关行动以及防止被查明已侵害上述权利的货物而应采取措施的理事会条例（EC）No 1383/2003号
2004年4月29日	欧洲议会和理事会关于知识产权执法的指令第2004/48/EC号
2004年10月21日	规定防止涉嫌侵害某些知识产权的货物的海关行动以及防止被查明已侵害上述权利的货物而应采取措施的理事会条例（EC）No 1383/2003号的实施条款的委员会条例第（EC）No 1891/2004号
2004年10月27日	关于各国消费者权利保护法执行机关之间的合作的欧洲议会与欧盟委员会条例第2006/2004号
2006年12月12日	关于误导性与对比性广告（合并版本）的欧洲议会与欧盟理事会指令第2006/114/EC号
2007年5月23日	关于建立共同体海关行动计划的理事会指令第624/2007/EC号

第四辑

出版与技术

数 字 版 权

——互联网精神和版权管理制度*

互联网提升了人类交往的层次,使得全球化的、互动性的、社会共享性的交往成为可能。这种交往形式蕴含着人类无障碍交流的梦想——平等和无差异的交流——这就是互联网的精神实质。从这个意义上来讲,互联网精神和版权管理制度之间存在着天然的矛盾。从人类交往本性和人类文明的发展来看,知识和信息应该得到尽可能广泛的传播,智力成果应该得到尽可能广泛的应用,即需要强调智力成果的社会共享性。版权则必须承认著作权人的"私权""占有权",从根本上说是一种文化话语权。从经济学的角度来讲,只有对"私权"的充分尊重和保护,才能有效地激发个体的创造性,并最终推动社会的发展和进步。数字出版经济,说到底是版权经济。版权管理体制如果不能平衡这两者的关系,就会要么阻碍数字出版产业的发展,要么破坏社会的公共利益。目前,有关数字版权的研究文章,绝大多数都认为切实保障"著作权"的权益、有效制止盗版是促进数字出版产业健康发展的重要措施,而在严格管理版权的呼声中,我们同样不应该忽略如何保障实现人类的无障碍交流,也就是说,必须对版权保护和合理使用进行明晰的界定。

在我看来,既要有效地保护数字版权,又要积极地促进人类的交流,就必须处理好以下几方面的关系。

---

* 原文载《国际新闻界》2009 年第 9 期。

一、社会共享与个人权益

　　法哲学十分强调法律的基本价值,而"公平正义"原则是法律的基本原则。在数字版权保护中,"公平正义"的体现就是"利益平衡"原则。从"公平正义"的原则来看,版权属于私权,法哲学将这种权利分为应有权利、法定权利和实有权利。应有权利因立法转化为法定权利;只有在良好的法制环境中,法定权利才能成为真正的实有权利。在中国,对"私权"的保护一直比较落后,我国正处在一个从偏重"公权"保护,向"公权"和"私权"保护并重的转型阶段,"版权"越来越受到"权利意识"觉醒的个体的重视。保护版权是为了鼓励人们进行创造性的脑力劳动,最终目的在于实现全社会的科技、文化进步,人类文明的繁衍和发展。因此,在一定时间和一定范围内,赋予智力成果创造者支配、控制其成果的传播和被使用的权利,也就是承认其对自己的智力成果享有一定限度的垄断权。

　　首先,从"社会共享"的互联网精神来看,为了社会的民主和进步,为了人类平等地获得对未知世界的理解,表达自己对世界的观点,监控社会的进程和环境,知识和信息应该得到尽可能广泛的传播,智力成果应该得到尽可能广泛的应用,强调信息和知识的社会共享性。网络能够成为民意的表达领地、获取信息的源泉、结交朋友的途径,说到底是人类从心里的深处对充分交流的生活方式充满渴望,网络无非是人类愿望达成的一种技术手段。其次,从科学、技术、经济和文化的发展的规律来看,科学、技术、经济、文化都是在前人的基础上不断发展起来的,没有"前浪",也就无所谓"后浪",任何"创造性"都是在前人基础上的创造性。从这个角度来讲,无障碍的充分交流,有利于智力成果的累积和人类整体素质的提高。

　　不同国家的法律在处理社会共享和个人权益之间的关系时体现出很大的差异。美国众议院在就美国 1988 年《伯尔尼公约》实施法令所作的报告中宣称:"版权立法须作出如下考虑:除作品创作及专有权的保护期限外,国会尚须权衡公众因对个别权益的保护所付出的代价和取得的利益。宪法规定设立版权的目的在于促进思想的传播以推广知识。……版权的根本目的不在奖励作者,而在于保障公众从作者的创作中受益。"[1]1998年《美国数字千年版权法(DMCA)》[2]第108条承认非营利性图书馆、档案馆和教育机构可以避开版权的技术保护措施,获得著作权作品的权利。DMCA第404条对图书馆的免责条款作了修订,扩大了图书馆数字化复制的范围。英国知识产权局局长Lord Triesman提议让消费者享有更多的"格式转换"的自由权利,以促进文化产业的发展。德国的《多元媒体法》强调保护个人信息,对网络应用过程中侵害个人隐私的信息加以规定。另外,德国版权法对软件独创性的要求较高,相应地,在德国能够得到版权保护的软件比美国少得多。

数字化时代,作者权利和公众权利之间的利益平衡常常因为立法的考虑不当而被打破。2007年中国版权局总结的网络侵权盗版十大案例分别是:金互动公司侵权案、玖玖音乐网侵权案、邻会来私服案、济宁信息港侵权案、吉亚特电影网侵权案、"四海影院"网站侵权案、"江汉宽频""辉煌网络"侵权案、"书香门第"网站侵权案、丽声影院网站侵犯影视作品著作权案、"中天在线影院"网站侵权案。比较这些盗版案例,我们就会发现,数字版权保护在更多的时候是企业之间的一种利益博弈,大众的利益仍然缺乏代言人。从行政保护的角度来说,管理者的管理目标主要是为了促进产业的发展;技术保护措施是为了保护企业和版权人的商业利益,这些利益明显地带有和大众利益背道而驰的现象。作者的"垄断权"与公众的"共享权"在版权领域始终是一对矛盾,协调、解决、规范这一矛盾的基本原则只能是"动态的利益平衡"。之所以是"动态的利益平衡",是因为随着传播技术和手段的发展,原有的法律所体现的利益平衡和公平正义开始不断受到冲击与挑战,"平衡"变得"不平衡",甚至"失衡",因此不断修正既有的版权法律是势所必然的。

二、"公力"保护和"私力"保护

与传统出版业相比,网络环境下的数字版权保护有以下特点:(1)网

---

[1] 转引自吴东汉:《著作权合理使用制定研究》,中国政法大学出版社1996年版,第47页。
[2] The Digital Millennium Copyright Act of 1998.

上作品传播简单、快捷、广泛;(2)任何人都可以向大量的受众发布作品;(3)通过网络得到复制品的质量和原作品相差无几;(4)网上发行的成本极低,几乎为零;(5)利用者可以轻易、廉价地从因特网上获取一些受著作权保护的作品。① 一方面,大量的作品被盗版、侵权;另一方面,互联网经济主要以海量的信息为基础,著作权集体管理制度和版权交易平台却不完善,那些想获得授权许可的互联网企业,却很难通过合法的渠道获得所需要作品的所有版权。版权保护可以通过法律途径(公力),也可以通过版权人和商业网站采取的技术保护措施(如水印技术和加密技术)和数字权利管理信息(Digital Right Management),这些措施本身也应受到法律保护(私力)。在互联网上,版权交易成本主要有这样几个方面:(1)公开、宣传其作品的费用;(2)谈判、订立合同的费用;(3)监督合同执行的费用;(4)对违约人的诉讼费。一旦这种费用大于维权所获取的收益时,他们的个人收益就被"社会收益"所挤占,权益的分配就失衡了。"公力"保护和"私力"保护的目标,就是降低这种维权成本。

在中国数字版权的保护中,"公力"的执行受到了各种因素的阻碍。这主要表现在:许可制度和有效监管制度是中国新闻出版业的重要特点。如果这两项制度不能得到有效的执行,相关部门和负责人因此而受到惩罚,"版权"所体现出来的"私权"特点,使得版权的保障体制更多地体现为个体利益,与相关部门的绩效和工作考核之间并没有必然的联系,因此,也很少有相关行政单位下大力度进行版权治理工作。传统出版业部门的归口管理相对来说比较清晰,但新兴的数字出版产业,因其媒介融合的特点,产业的介质边界很难确定,造成了部门管理的重叠。在利益主导下的多部门管理背景下,管理永远与利益存在着千丝万缕的联系。版权管理相比其他管理来说,部门很难获得现实利益,而管理成本则非常之高。正是以上几方面的原因,中国的版权管理工作长期以来并没有有效地保障著作权人的利益。

---

① Dan Thu Thi Phan, Will Fair Use Function on the Internet? *Columbia Law Review*, vol. 98, p. 190 (1998),转引自冯晓青:《知识产权法前沿问题研究》,中国人民公安大学出版社2004年8月版,第128页。

"私力"的保护仍然受到技术本身的限制。IDC 在 2003 年的调查数据显示,DRM 是未来最有前景的十大 IT 技术之一。DRM 技术保护的对象是所有带版权的数字内容,包括声音、图像、文件、影像、数字文件、软件程序等等。但其缺点在于,DRM 运用的密码学能保护传输中的内容,但内容一旦揭秘就不再有保护作用了。① 相比来说,数字水印技术甚至在内容被解密后也能够继续保护内容,但因为其将一些标示信息直接嵌入内容当中,或多或少地影响了内容的使用价值。"公力"和"私力"保护的缺陷,使得中国数字版权的司法保护更多地是一种被动的救济手段,行政保护则具有更大的主动性,相对来说也更有效。

三、地域性与全球性

版权的保护,都必须经过各个国家的司法部门有效执法才能实现,这就决定了版权所固有的"地域性"。在各个国家的发展过程中,智力成果的累积是不相同的,版权的拥有量也有很大的差异。版权是西方资本主义国家兴起之后的产物,版权的国际性保护,在一定程度上也保证了发达国家的话语垄断权和信息垄断权。因此,在很长一段时间内,中国并没有参加国际版权条约。加入 WTO 后,尤其是网络技术的发展和普及,版权的国际性保护开始凸显。在文化和经济的全球一体化进程中,法律保护内容、保护水平因网络带来的"互联性"而逐步走向趋同,法律也开始探讨如何把版权意识建立在对人类社会普遍适用的信念或价值的基础之上。1886 年签订的《伯尔尼公约》、1952 年签订的《世界版权公约》,均大大拓展了版权在世界上普遍受保护的领土范围。世界贸易组织(WTO)1994 年的《与贸易有关的知识产权协议》(TRIPS)、世界知识产权组织(WIPO)1996 年的《版权条约》(WCT)和《表演和录音制品条约》(WPPT)的精神,都使得版权的地域性削弱②。在发达国家,关于地域性和国际性的问题,在100 多年前就已基本解决,但在我国还存在不同的认识。

---

① 郝振省等:《2005—2006 数字出版产业年度报告》,中国书籍出版社 2007 年版,第 209 页。
② 张平:《网络知识产权及相关法律问题透析》,广州出版社 2000 年版,第 17 页。

在数字版权的保护中,存在着两种观点。一种观点认为,国际范围内的版权保护,更多地保护了发达国家的利益,因此,应该坚持版权的"地域性"。这种认识反映在实践中,是立法与执法上否认版权保护"国际标准"的存在,片面强调本国的所谓特殊情况和区域的不平等。另一种观点则认为,经济和文化的一体化,必然要求版权的"国际保护"。这种认识在实践中并无市场,因为截至目前,各个国家的版权法律都存在着很大的差异。"地域性消失论"是网络环境下弱化地域性要求的一种体现。

中国对数字版权的认识,有一个从"地域性"向"国际性"转变的过程。如表1所示:

表1 我国近几年颁布实施的有关著作权保护的法律法规

时间	著作权相关法律、法规、司法解释
2000年11月22日颁布	《最高人民法院关于审理涉及计算机网络著作权纠纷案件适用法律若干问题的解释》
2001年10月27日修订	《中华人民共和国著作权法》
2002年9月15日修订	《中华人民共和国著作权法实施条例》
2002年10月12日颁布	《最高人民法院关于审理著作权民事纠纷案件适用法律若干问题的解释》
2003年12月23日修订	《最高人民法院关于审理涉及计算机网络著作权纠纷案件适用法律若干问题的解释》
2005年5月30日实施	《互联网著作权行政保护办法》
2006年7月1日实施	《信息网络传播权保护条例》
2007年1月11日颁布	《关于全面加强知识产权审判工作为建设创新型国家提供司法保障的意见》
2007年4月5日颁布	《关于办理侵犯知识产权刑事案件具体应用法律若干问题的解释(二)》
2007年6月9日加入生效	《世界知识产权组织版权条约》《世界知识产权组织表演和录音制品条约》

2007年6月9日,中国加入了《世界知识产权组织版权条约》《世界知识产权组织表演和录音制品条约》,这标志着中国在"地域性"和"国际性"之间最终做出了一种选择。地域性与国际性之争,其实质是"利益平衡"原则在空间效力上的分歧。国际公约的条文实体部分分为"最低要

求"条款、"可选择"条款,只有"最低要求"才属于版权保护的"国际标准"。事实上,除了法语非洲国家、北美自由贸易区及欧盟国家外,版权保护的"国家标准"只是"最低要求",而不是要求以国际条约来取代国内法。极力否定"国际性"和"国际标准"的人,主要是把国际版权公约中的所有条款,都当作"国际标准",这是一种误解。

四、结语

"著作权法每一次与新技术的遭遇,都会打破当时的利益平衡状态。经过著作权法的修改使得矛盾趋于缓和而达到新的平衡状态。"[①]新技术环境下,数字版权立法必须处理好的几层关系,都有不同的指向。社会共享与个人权益所要求的"利益平衡"原则,说到底是不同利益主体,即社会公共利益和个体利益之间的分歧;"公力"保护和"私力"保护的配合问题,说到底是"利益平衡"实现的方式问题;地域性与国际性的内在矛盾,说到底是"利益平衡"原则在空间效力上的分歧。对于版权保护来讲,不管时空如何变换,科技如何创新,利益的分配永远都要在动态中保持平衡。正如经济学家纳尔森所认为:"从一个角度看,技术进步在过去的200年里一直是推动经济增长的关键力量,组织变迁处于附属地位。但从另一个角度来看,如果没有能引导和支持制度的变革、并使企业能从这些投资中获利的新组织的发展,我们就不可能获得技术进步。"[②]我们必须时刻警惕原有的版权制度对资源的不合理配置。事实上,不止在中国,世界上其他国家都在积极地调整版权管理制度,来适应新技术带来的新问题。技术的创新,更需要制度创新的保障。

[①] 袁咏:《数字著作权》,载郑成思主编《知识产权文丛》第二卷,中国政法大学出版社1999年版,第19页。
[②] [美]理查德·R.纳尔森:《经济增长的源泉》,中国经济出版社2001年版,第135页。

大数据时代下的利益均衡*

在自由竞争的市场上,只要买卖行为出于双方自愿,价格的涨跌只是供需关系的体现,政府没有进行干预的合法理由。为了达到利润最大化,获得垄断市场地位成了企业发展的目标,但垄断定价必然遭受反垄断法的拷问。从表面看,"中国知网"经过将近二十年的发展,无疑已成为中文论文数据库的"大哥大",专业性用户对其依赖性一直在增强,这也是"知网"尽管屡受舆论谴责,仍然我行我素、年年加价的原因所在。从"知网"成长史和法律的角度来看,"知网"涨价既缺乏历史合理性,也缺乏法律的正当性。"知网"以非合法、非完全市场方式获得的市场地位以"自重",是中国特殊版权环境和市场环境长出来的又一个怪胎。

从"知网"成长史看,据其官网介绍,CNKI(China National Knowledge Infrastructure)是在教育部、中宣部、科技部、新闻出版总署、国家版权局、国家计委的大力支持下,在全国学术界、教育界、出版界、图书情报界等社会各界的密切配合和清华大学的直接领导下,由清华大学、清华同方发起的国家知识基础设施工程,始建于1999年6月,"知网"的目标是实现全社会知识资源传播共享与增值利用。事实上,在屡次遭受版权危机时,"知网"常以"服务国家科技发展的公益事业"为挡箭牌。"知网"的成长史让人不禁生发出这样的问题:"知网涨价"事件难道是"知网"改变了其"公益初衷",抑或其所谓"服务国家科技发展的公益事业"只是

---

* 原文载《社会科学报》2016年5月19日。

其市场化运作的节省成本的一贯伎俩？客观来讲，"知网"取得的市场地位，一方面与其市场化运作有关，另一方面也离不开国家对信息产业的支持，离不开相关部门对相关社会力量的动员。由于有相关部门的支持，"知网"几乎网罗了我国各大学和科研机构的专业期刊，"知网"并不需要主动进行技术创新，就能从庞大的下载量中获取巨额收益。利润的已获得性，必定磨损技术创新的动力，降低个性化知识服务的主动性和服务质量。因此，以公益为旗号实现利润最大化的企业，阻碍了充分竞争的、有活力的市场的形成，最终会把获取垄断利润，而不是提升服务质量作为自己的发展战略。

从法律角度来看，"知网涨价"以社会版权意识提升、版权获取成本增加为由头，让人佩服"知网"说话的勇气。试问普中国之大，又有几个版权人获得知网的稿酬，几个期刊获得作者的合法授权？有些作者把论文授权给"知网"，报酬又有几何？数以万计的硕博士论文授权是出于自愿吗？非自愿性授权有充足的法律基础吗？在知识经济、创新经济时代，中国仍然无法建立兼顾作者、出版商、内容平台商、读者的利益平衡机制，未能在"知识经济"时代尊重知识。

破解类似事件其实很简单，原因在于其市场垄断地位并非基于市场竞争方式。一是政府要构建公平竞争的市场环境；二是中国的出版界、学者、图书馆界应该联合起来，只有联合起来，才有望构建利益公正平衡的数字出版体系。

数字时代中国出版业"生存战略"的双重误区*

中外学术界在出版领域研究上出现强烈反差:在中国学术界还在大谈特谈"数字出版""出版的数字化转型"的时候,国外学术界于2012年之后已经很难搜索到以"数字出版"或相关主题为研究题目的出版研究文献了。如果仔细阅读中外的数字出版相关研究文献,不难发现,这并不是因为国内研究界在"数字出版研究领域"有什么独特的发现,而是"出版业的数字化转型"在理论分析和实践探索了将近20年之后,回头一看,我们仍被最初探讨的一些问题所困扰,比如,如何在数字出版领域建立盈利模式,成了传统出版业无法回避的难题。相反,20世纪90年代以来,西方主要发达国家的出版界以"电子出版"(Electronic Publishing)概念为讨论热点,重点讨论在"新技术时代如何构建适应技术发展需求的出版生态系统"。"电子出版""数字出版"这些概念在2012年之后在西方学术文献中便已难觅踪迹,其根本原因在于西方主要发达国家的出版业在此之前已顺利完成出版业的数字化转型,并在"数字出版业务"方面赚得盆满钵满。

近年来,"知识传播的精准化"成为西方出版学术研究的热词,旋即成为中国出版研究界学术热词,再次演绎了学术热词从西方到中国的"热词传递效应"。问题在于,西方学术界"数字出版"(电子出版)热词的消退,

---

* 原文载《编辑学刊》2018年第2期,合作者为张涛甫。

与之伴随的是数字化转型的成功,但中国学术界仍需面对中国出版业转型的痛楚。

20世纪我们探讨"新技术与出版业数字化转型"问题时,我们耳熟能详的一种表述是"危机与机遇并存"。20年之后,我们再次回想走过的转型之路,发现我们过多地强调了危机,却并没有抓住机遇。国内出版业的转型之路和学术界的研究视野更多地被危机下的"生存战略"所裹挟,缺乏抓住机遇的"发展战略"。本文将着重厘清"数字出版"20多年来在实践和研究领域的误区。

一、生存战略下的"实践误区"

中国出版界的数字转型误区,主要体现为心理误区、技术误区、投入模式误区。这三种"误区"的表现特征有以下几个方面。

(一)心理误区:抗拒—惶恐—坦然

面对新技术,中国出版界整体上经历了"抗拒—惶恐—坦然"的心路历程。在世纪之交,中国出版界抗拒技术变革的口号是"内容为王"。这一观点在全媒体的环境来看,自然有其合理性,但由传统媒体人时常挂在嘴边,事实上已经变成了抗拒技术变革的一种"理论法宝",其保守心态昭然。我们一直认为:在内容和技术深度融合、互为表里的知识传播界,如果一家技术公司开始重视内容,且不以"技术为王"而沾沾自喜,这个公司就有可能在新媒体环境中做大做强;相应地,如果一家内容生产商开始重视技术,且不以"内容为王"为盾牌抗拒改变,则这家内容生产商可能会抓住技术变革所带来的发展机遇。问题在于,在"内容为王"这一完全正确的"保护罩"下,中国出版界丧失了最佳的转型机遇期。

进入21世纪的第一个十年,经历了互联网泡沫的阵痛,幸存下来的技术公司已经发展壮大。当当、卓越的背后是传统书店落寞的身影;盛大文学几乎在短短几年里吸引了上千万的作者;中国知网几乎囊括了中文价值较高的所有学术文献;百度文库尽管因为过于贪婪最终功亏一篑,但也昭示了技术公司的"发展雄心"。短短十年的发展,让传统出版单位丧失了和强大的技术公司讨价还价的能力。这也许是中国出版界最为惶恐的十年,人人都在谈"数字出版",但都惶恐于"如何建立数字出版的盈利模式",反而忽视了技术公司已经在数字出版领域不但赚足利润且逐渐向传统出版领域渗透的事实。在主流舆论(官方文件、学者论文、新兴企业发展规划等)认为"数字出版将是代表着未来的一种出版形式"的背景下,传统出版业"内容为王"的口号不再那么嘹亮,倒显出几分悲凉的气氛。在惶恐中,中国传统出版社纷纷投入资本进行数字化转型,但这些转型努力在现在看来,整体上存在误区。

数字化转型战略从一开始,就是中国出版业的"生存战略"。仿佛在新技术环境中不能完成数字化转型,企业就难以生存下去。事实情况是,尽管数字化转型从整体上来说不成功,也很少有出版社从"数字出版业务"中赢利,但传统出版社依然"活着",有些出版社甚至活得"十分滋润"。这种状况使得传统出版社自然而然产生了一种对"数字出版"不以为然的态度。面对新技术的挑战,不再是抗拒、惶恐,而是越来越"坦然"。问题在于:这种坦然心态,可能让中国出版业彻底丧失抓住新技术机遇的所有可能性。

(二)技术认知误区:数字技术工具论的负面效应

长期以来,中国出版界对新技术的认知存在一种影响深远的误解:只要找到一种合适的技术,然后对原有的内容进行数字化的格式转变,就算完成了出版业的数字化转型。这正如一位业界人士所讲:"数字出版是内容提供商将著作权人的作品数字化,经过对内容的选择和编辑加工,再通过数字化的手段复制或传送到某种或多种载体上以满足受众需要的行为。这里的载体可以是光盘、互联网、电视,甚至是纸质载体。"[①]对"数字出版"的这种理解实质上只是把新技术看作是"一种工具",言下之意,只要传统出版社掌握和运用了这种"工具",出版业的数字化转型便得以完成。同样地,也可以把转型失败的原因归结于"新技术"运用的不合理、不娴熟,直至今日,这种观点仍然可以找到知音。与这种误解紧密相关的是:长期以来,中国出版界把知乎、果壳网,甚至盛大文学、百度文库都排斥在"数字出版业务"可资借鉴的案例之外。具体在操作层面,各出版社都成立了专门的"数字出版部

---

① 祁庭林:《传统出版该如何应对数字出版的挑战》,载《编辑之友》2007年第4期。

门"(小型出版社也有专门负责数字出版业务的人员)。各出版社数字出版部门尽管名称不尽相同,但大多数与传统出版社内部各部门之间的关系是可以清晰分割的。

问题在于,新技术不仅仅是工具。数字技术要求企业文化和内部管理制度适应数字技术的变革。① 传统出版社必须做出适合新技术需要的管理结构、人才结构、企业文化的调整和变革,顺应技术改造及其生产流程,才有可能获得真正意义上的数字化转型。正如麦克卢汉所言,"一旦一种新技术进入一种社会环境,它就不会停止在这一环境中的渗透,除非它在每一种制度中都达到了饱和"。② 尽管麦克卢汉预言的是整体的社会结构,但企业内部的管理结构其实在新技术环境中仍必须做出相应的调整,这在西方转型成功的案例中并不鲜见:为了抓住新技术带来的机遇,培生教育缩小了业务范围,用专业化、核心化的内容打造了富有影响力的数字平台。专业化的并购之路,让"培生的营业利润率从 10.6% 增长到 15.8%,平均运营费率从 29.4% 降至 26.1%"。③ "约翰·威利的出版理念也由'以产品为中心'(Product-Centric)转变为'以客户为中心'(Customer-Centric):网络技术创新使出版方能够为客户提供更加符合他们需要的内容和服务,同时客户也通过网络技术让出版方更多地了解到他们的需求和市场的趋势。这种出版理念使原来'单一直线式'的知识出版转变为'交流互动式'的共同创造。"④施普林格完成了从学术出版到精准知识服务的转型升级,通过更新生产流程,实现了一次创建多次使用,提高了内容生产速度,降低了生产成本;通过完善优先出版、精准推送等内容服务,大大提高了用户获取内容资源的效率和精准度。新技术只有在新的管理结构中才会发挥应有的作用,新技术也必然对企业管理结构和产业流程产生深刻影响。

---

① 夏德元:《中国出版数字化转型中的文化冲突》,载《学术月刊》2010 年第 4 期。
② Marshall Mcluhan, *Understanding Media: The Extensions of Man*, McGraw-Hill, 1964, p. 177.
③ 刘益、赵志伟、杨卫斌:《培生集团的经营管理与发展战略研究》,载《出版发行研究》2009 年第 12 期。
④ 王志刚:《约翰·威利父子出版公司数字出版发展探究》,载《编辑之友》2010 年第 8 期。

（三）投入模式误区：数字出版的"外援模式"

权属关系和惯性思维决定了我国的数字出版扶持基金和优惠的财税政策，首先被传统出版社和传统媒体机构所享有。也许正因为此，许多出版社领导的数字出版发展思路可纳入"申请专项资金——比照内地经验复制案例——在实践中出现不足继续寻求帮助"的"外援式"模式。基于这一发展模式的诉求，必然呈现为对国家新闻出版广电总局、文化部、科技部、国家民委、地方自治政府等多重上级管辖部门持续的"呼吁"与"希望"。诉求集中体现为减少数字出版项目审批和扶持的不确定因素、更迅速地下放款项资金，但其内部的人才、运营结构却难以发生根本性的、符合数字出版要求的变化。一方面，目标宏大的"数字出版工程"所产生的社会效益和经济效益并没有达到预期的目标；另一方面，中国出版业的数字化却一直在低水平徘徊。我国出版社的数字化转型离不开规则明晰的外部环境与运行有序的内部机制，但因为过于依赖外部环境，却忽略了对内部机制的积极调整。

二、生存战略下的"研究误区"

我国出版业数字转型研究，缺乏对新技术的深刻认知和对出版实践的深入调研，也缺乏建立数字知识生态的理论框架。

（一）西方概念的再扩散：对新技术的认知表层化

目前，国内的数字出版相关领域研究者以人文学科背景为主体，本身对新技术缺乏深入而系统的认知，因此，对于新技术有可能带来的出版业革命绝大多数是"象牙塔中的想象"。新技术带来的出版研究热词，一直是先由西方学术界提出，而后在国内的学术界得以广泛扩散开来。新的"热词"往往预示着新一轮的论文发表热潮，但这些新的"热词"并不能给出版业的数字化转型带来现实的可供操作的路径。出版研究界逐渐成为"概念生产工厂"，[①] 也有成为西方出版研究的简单传声筒之嫌。

---

① 张大伟：《数字出版即全媒体出版——对于数字出版概念生成语境的一种分析》，载《新闻大学》2010 年第 1 期。

数字出版是实践性很强的领域,但研究者基本上远离具体的出版实践,对新的出版相关技术也缺乏系统的了解。一些比较深入的研究还能对相关出版社进行比较深入的调查、访谈,绝大多数研究对"技术与出版业发展"的问题往往限于想象。因此,尽管在新技术环境中,出版业仍需要迫切解决技术问题,因技术带来的产业流程、利益协调问题层出不穷,但相关研究很少在这些方面展开。总体来看,出版研究者和出版从业者之间的对话能力在丧失,这就造成出版业的数字化转型中所需要的智力支持严重不足。

(二)理论的贫瘠:缺乏建立数字知识生态的理论框架

我国的出版研究者在"狼来了"的整体氛围中,研究取向也被"生存战略"所裹挟,如何找到出版业的"生存对策"成了研究的主要目的,放弃了作为研究者更高的使命,这一使命的核心是如何构建利益均衡、高效且公正的数字知识生态。自新技术产生以来,从《骑弹飞行》的可观收入,到kindle的商业成功、iPad的强势入市;从全球信息技术领导者谷歌、微软、亚马逊、索尼等纷纷进入内容市场,到互联网无处不在的盗版电子书,标志着以印刷机和纸张为媒介的知识生态已经在数字时代悄然改变。由数字技术引发的知识生态变革刚刚发生,且在加速度发展。知识生态系统的改变,不仅仅是美国和发达国家的问题,也是全球性的问题。传播学研究者已经注意到了电子阅读与纸质阅读的差异,并对二者的优劣进行了比较。但从根本上来讲,数字技术改变的是整个知识生态,包括知识生产、传播、消费和管理规则的改变,阅读体验只是其中的一个方面。在这个知识生态系统中,我们仍然需要弄清楚的是,在知识生产领域,相比印刷时代,数字时代创作者的地位和心态发生了哪些变化,由过去以出版者为中心的时代,转变为现今人人皆有可能和能力成为出版者的时代,人们将讨论如何重新定义出版商和技术商的角色,以及生产组织的规则发生了哪些变化;在知识传播领域,如何重新定义图书营销人、图书馆、书店的角色,搜索引擎对重构知识地图起到了什么作用;在知识消费领域,即时获取和随地下载是否影响了阅读的心理期待和注意力投入,如何重构作者和读者的精神性交流,超文本结构和知识的碎片化是否影响了读者的思维习惯;在知识管理领域,盗版使知识产权法律有所调整是否促进了新型知识生态的健康发展,企业所构建的数字权利管理系统是否不合理地阻碍了数字型知识生态的成长。对环境的理解事实上也是对人自身的理解,数字型知识生态系统将是我们的生存环境和生活方式。出版业是数字型知识生态系统的重要组成部分,对新技术环境下出版业生产、传播、消费、规则的研究,有助于我们厘清数字型知识生态系统和印刷型知识生态系统的本质差异。对知识生态的理解也有助于我们正确地评价我们当前的文化,避免我们单纯地陷入"技术膜拜"或"技术排斥"的陷阱中。目前,有关数字出版的相关研究,很少触及构建合理均衡的知识生态的核心命题,这也理应成为研究者必须反思的起点。

三、结语

在数字时代,知识资源是一个国家重要的战略资源。一个国家想获得世界领先地位,也必须把知识生产作为重要的战略资源。在诺曼底登陆的当天,罗斯福给美国战略情报局长交待了一件任务,让其研究如何把战时体制用到科学传播、文化传播和经济发展中,这应该是对知识传播与国家创新十分清醒的认识,也催生了《科学永无止境》这份影响世界知识传播中心和创新中心转向美国的重要政策性文件。知识分享、精准化、互动与创新,已经成为数字时代知识传播的新趋势,中国理应顺应技术发展潮流,抓住建设世界知识和生产信息传播中心的历史机遇,重新勾画世界知识版图。

检视我国出版业数字化转型的20年,数字化转型之难一直困扰着出版界的实践者和研究者。以"生存战略"代替"发展战略",说到底就是只关注到了数字技术对出版业带来的挑战,而忽略了数字技术对出版业带来的机遇。客观来讲,中国出版业已经错过了数字技术带来的转型机遇。那么中国从经济中心向知识创新与传播中心转变过程的机遇,中国出版界又能否抓住呢?

"谷歌侵权案"判决中的"合理使用"：新技术、新市场与利益再平衡*

一、引言

（一）研究背景：长尾市场对图书版权体系的冲击

凯文·凯利较早注意到了在网络经济中存在着边际收益递增的现象①。与传统的关注有限资源的合理分配的经济学理论截然相反的是，资源的稀缺性不再是网络经济的基本假定，资源的稀缺性与需求的无限性并不构成矛盾。安德森以长尾市场来描述边际收益递增的市场现象：文化和经济重心从需求曲线头部的少数大热门（主流产品和市场）转向需求曲线尾部的大量利基产品②。

传统出版业解决版权问题的一般路径是：先解决版权问题，再通过销售内容或版权贸易获得收益。这一路径显然无法满足互联网企业短时间内获取大量内容，进而形成长尾市场的商业需要。在海量著作面前，一对一的授权方式将产生极大的人力和财力成本；即使有大量投入，授权效率也难以跟上市场需求。

在此条件下，有些企业在传统的版权路径上作出了一定的创新，比如

---

* 原文载《新闻大学》2016年第6期，合作者为于成。
① ［美］凯文·凯利：《失控》，东西文库译，东西时代数字科技有限公司2015年版，第544—545页。
② ［美］克里斯·安德森：《长尾理论》，乔江涛译，中信出版社2006年版，第83页。

超星公司就提出:当无法获得版权集体授权时,尽量与每一个作者签约,尽可能用作者对超星数字图书馆的使用权置换作者的版权,尽可能与出版社合作①。而像谷歌等企业则认识到,现行的版权规则难以适用于网络时代的作品传播,新的版权利益分配方案和商业模式并不会因诉讼受挫而搁浅②。于是,它们完全背离了传统出版业的版权路径,走了一条先获取内容、后解决版权问题的道路,从而引发了网络环境下复杂的版权问题。

(二)"谷歌侵权案"始末

谷歌图书馆"先获取内容,后解决版权"的版权解决思路,从产生伊始就面临着侵权的指责。十二年后,其"版权和解协议"才得到了广泛的认可,如表1所示:

表1 谷歌图书馆版权问题演化

2004	2005	2008	2011	2013	2016
谷歌启动数字图书馆计划	美国作家协会和美国出版商协会提起集体诉讼	提出"和解协议"	美国纽约法院否决"和解协议"	美国巡回法官驳回原告诉讼请求,支持谷歌扫描计划	美国最高法院认定谷歌图书馆计划系"合理使用"

2004年12月,谷歌宣布与哈佛大学、密歇根大学、纽约公立图书馆、牛津大学和斯坦福大学合作,开始"Google Print"计划。谷歌宣称该计划的使命是:使全世界的信息组织在一起,并使全世界的人们都能访问和使用这些信息。2005年,谷歌将"Google Print"重命名为谷歌图书搜索(Google Books),以更准确地反映它的用途。

谷歌图书搜索包括两个部分:合作商计划和图书馆计划。

在合作商计划中,谷歌收集出版社已出版或即将出版的出版物,同时与作者建立联系,收集他们出版或不再出版的出版物。通过版权人授权,谷歌将扫描图书全文存于检索数据库中,当用户进行检索时显示相关书目及链接信息。用户可通过此链接信息阅览某些特定页面,不仅可以浏

---

① 赵展:《"超星"之路——超星公司成功经验探索》,中央民族大学硕士论文,2012年。
② 肖冬梅:《谷歌数字图书馆计划之版权壁垒透视》,载《图书馆论坛》2011年第6期。

览相关出版社网址,还可以直接从书商、出版商处购买图书,并且出版商有权利随时退出该计划。参与该计划双方按照合约办事,争议较少。

谷歌致力于让信息查找更加方便,而图书馆计划正是其中的重要组成部分。谷歌开发出创新技术,可在不损害图书的情况下扫描其内容。谷歌希望通过与图书馆建立合作伙伴关系将图书馆的图书数字化,让用户能够更加方便地查找印刷书籍中的信息。用户可以通过图书馆计划在谷歌上搜索各种不同语言的数百万本图书,其中包括珍本、绝版或者一般情况下不得借出图书馆的书籍。

谷歌图书馆计划从2004年启动,欧美的图书馆界、出版界和作者纷纷给予质疑。可事实上,来自图书馆界的抵制声音很有限。这是因为,谷歌图书搜索给图书馆界带来的冲击未尝不是好事,即传统图书馆正好可以借此机会实现数字化转型,改变落后的信息组织方式,更何况图书馆的空间环境的价值和印刷型文献的影响是数字图书馆所无法取代的。关于数字图书馆和传统图书馆的对立,纽约公共图书馆前馆长保罗·勒克莱克(Paul LeClerc)就认为:"这并不是一个非此即彼的问题,图书馆还是要继续增加藏书,进行分类,积累信息,电视并没有取代广播,而录像带和DVD也不妨碍人们去电影院看电影,毕竟读书远比盯着计算机荧幕要舒服得多。"①因此,可以认为实体图书馆的社会功能,在短期内不会为谷歌这种虚拟的数字图书馆所取代,选择与技术商合作未尝不是明智之举。

相比于图书馆界的不温不火,作者-出版商阵营对谷歌图书馆计划的态度可谓群情激愤,"先斩后奏"这一违反常规的做法,使得谷歌的图书馆计划面临严重的版权问题,遭到"作者-出版商"阵营的猛烈阻击。在2005年,美国作家协会和美国出版商协会就图书版权保护问题向谷歌提起集体诉讼,认为谷歌在未经许可的情况下将一部完整的著作扫描上网,这一行为已经构成侵权。该诉讼历时两年之久,美国法院一直未予定案。2008年,在法院尚未就谷歌的行为是否构成"合理使用"作出判决的情况

---

① 秋声:《建虚拟图书馆:这些人是怎么想的?》,http://news.xinhuanet.com/newmedia/2005-01/11/content_2444999.htm,20050111。

下,谷歌与原告达成了第一次"和解协议"。根据美国民事程序法律的相关规定,集团共同诉讼性质的案件所达成的"和解协议"必须得到法庭的同意才能生效,鉴于美国联邦司法部与很多利益相关方对此协议提出了质疑,谷歌与原告方协商后又给出了修改后的第二份"和解协议"。2009年11月19日,美国纽约州南部联邦地区法院授予第二次"和解协议"初步许可,并于2010年2月18日召开听证会①。

根据美国民事诉讼法规定,该协议一旦生效,也会对中国的著作权人产生法律效力。因涉及中国等其他国家版权人的利益,该协议遭到中国文著协及欧洲出版商联盟等其他国家相关组织的反对。2011年,美国纽约法院以不够合理为由否决了谷歌的这份"和解协议"。之后,谷歌继续谋求和解,但利益相关方无法达成共识。质疑和声讨中,谷歌一直没有停止挑衅性的扫描行为。据2011年数据,谷歌的扫描行动侵犯了数百万件作品的版权,一些观察家估计谷歌的侵权总额超过3.6万亿美元。②

2013年11月,美国巡回法官陈卓光(Denny Chin)将原告的诉讼请求予以驳回,并在其30页的决议中表示谷歌的侵权行为属于"合理使用",支持谷歌的扫描计划。至此,本案终于告一段落。2014年,作家协会向纽约第二巡回法院上诉,2015年10月16日,法院驳回了作家协会和个别作者的侵权诉讼请求,认为谷歌图书计划是在没有侵犯智慧财产权的情况下提供公共服务。③ 2016年4月18日,美国最高法院以简短命令维持了上诉法院的原判:谷歌计划系"合理使用",从而为这一持续十多年的法界传奇画上了句号④。

(三)研究问题

在长达11年的诉讼过程中,"谷歌侵权案"充分体现了以下问题:网

---

① 汪雪:《数字图书馆之法律问题分析——从 The Authors Guild v. Google 之修正"和解协议"谈起》,复旦大学硕士论文,2010年。
② 任晓宁:《谷歌数字图书馆:下一步怎么走?》,载《中国新闻出版报》2011年4月14日。
③ Joseph Ax. Google book-scanning project legal, says U.S. appealscourt[EB/OL]. http://www.reuters.com/article/usgoogle-books-idUSKCN0SA1S020151016,20151016.
④ Adam Liptak & Alexandra Alter. Challenge to Google Books Is Declined by Supreme Court [EB/OL]. http://www.nytimes.com/2016/04/19/technology/google-books-case.html?_r=0,20160418.

络时代,如何平衡著作权人的利益和社会公共利益?谷歌一再提出的"和解协议"主要就是为了解决这一矛盾。通过文献回顾我们也看到,鉴于技术和市场的变迁之迅速,事实上,很难提出平衡个人利益和社会利益的最佳解决方案。"和解协议"在利益相关方的博弈下一变再变,始终没能达成共识。

在庭下和解无法达成的情况下,法院需要就谷歌侵权行为是否为"合理使用"作出判决,最终,法院支持了"合理使用"的抗辩理由。虽然反对者依然可以提起上诉,经过多年酝酿的最终判决无疑为网络时代"合理使用"的性质奠定了基调:"合理使用"是一项公众的积极权利。本研究要探讨的问题就是,在新的技术环境下,(1)如何参考美国版权法第107节"合理使用"四项原则,在一般性指导原则(General Guidance)下阐释谷歌的"合理使用"行为?(2)这一阐释是否意味着著作权所有者与谷歌图书(Google Books)已经达成了合理的利益关系?

(四)研究方法

国内外文献分析。本研究的着眼点是传播科技(及其商业应用)与版权法体系的互动。国内外与本研究相关的文献主题包括产业经济学、版权法、谷歌侵权案等。资料来源包括与以上主题相关的理论著作、期刊、报纸和网络资料等,文献的语言为中文和英文。

个案研究法。本研究采用质性研究中的个案研究法,即将注意力集中在社会现象的一个或几个案例上。本研究试图通过描述谷歌数字图书馆与法律体系的博弈过程,来理解新的传播科技及其商业运作对版权法体系所造成的影响,以及版权法体系对新传播科技所作出的回应。

(五)研究范围与限制

本研究针对的是"谷歌侵权案"引出的利益平衡问题。选择这一研究范围,理由主要有二:第一,谷歌是最大的互联网企业之一,无论从技术还是经营上看,谷歌数字图书馆都可以被看作有代表性的传播科技;第二,虽然在"谷歌侵权案"之前已有不少网络版权侵权案,但"谷歌侵权案"的影响无疑更为深远,无论是谷歌提出的"和解协议"还是法院的最终决议,都为全球解决类似问题提供了宝贵的经验。

本研究的限制主要有三：第一，本研究属于质性研究，在对谷歌解决方案涉及的利益问题进行分析时，只能作宏观分析，无法细致到具体的决策过程；第二，谷歌的技术和财力远非一般企业可比，案例具有一定特殊性，因此在解决相关问题时，思路虽值得借鉴，具体做法不一定具有推广意义；第三，限于研究者之研究资源，没有访谈国外出版社及英美法系版权法专家。针对不同发展程度和不同法律体系的国家对"合理使用"态度的比较，有待学者进一步深入研究。

二、谷歌数字图书馆侵权原因：产业经济学视角

谷歌之所以走了一条先获取内容、后解决版权问题的道路，可以利用产业经济学框架加以宏观的把握，即探讨产业的市场结构与厂商的市场行为，如何共同影响厂商的经营绩效。另外有一些学者针对 SCP 模式提出了一些补充，如认为原料供应、生产技术、季节波动等有关产业发展的基本条件，也对产业发展具有极大的影响。在本案例中，技术条件为谷歌数字图书馆的市场发展奠定了基础，因此笔者将分别对基本条件、市场结构、市场行为和市场绩效进行以下分析。

（一）基本条件

在谷歌图书馆计划启动之前，数字图书馆的概念早已提出[1]，但没有哪一家企业敢于在全世界范围内扫描图书，并建立包括所有语种在内的数字图书馆。原因之一在于扫描技术的不完善。

通常，纸质文献的扫描使用光学字符识别[2]软件来实现。这种方法要求图书的每一页都要平整放置，这有可能会破坏图书的装订和完整性，而且效率很低。谷歌开发了一种能够实现图书批量化扫描的技术。"批

---

[1] 20 世纪 80 年代末，"电子图书馆"和"虚拟图书馆"的概念就在发达国家引起重视。进入到 20 世纪 90 年代以后，美国的信息高速公路实现了真正意义上的资源共享，由此产生了数字图书馆的雏形。见过仁明、杨晓秋：《数字图书馆概论》，黑龙江科学技术出版社 2006 年版，第 1 页。

[2] 光学字符识别（Optical Character Recognition, OCR）是指电子设备（例如扫描器或阅读器）检查纸上打印的字符，通过检测暗、亮的模式确定其形状，然后用字符识别方法将形状翻译成计算机文字的过程。见朱范德：《多媒体技术概论》，东南大学出版社 2006 年版，第 166 页。

量化扫描技术通过用红外摄像头探测图书每页的三维形态和角度,将探测到的信息传输给光学字符识别软件,实现图书数字化。这样既不会破坏图书装订,也不用一页页地翻开书进行扫描,从而实现了快速的图书批量扫描。"①可见谷歌图书馆计划能够启动的重要条件之一在于技术的完善。

(二)市场结构

即使有了批量化扫描技术,要实现所有图书的数字化也是项耗费巨大的工程。最初,谷歌与五大图书馆合作,预计扫描藏书1500多万册。采用谷歌的无损伤、高速扫描技术,扫描一本书的成本要在10美元左右,扫描1500万卷图书至少需要10年时间,费用高达1.5亿美元②。那么,谷歌为何敢于投入巨资呢? 这与数字图书馆市场结构密切相关。

在谷歌实施图书馆计划之前,数字图书馆项目早已存在,世界上第一个数字图书馆项目古登堡计划(Project Gutenberg)早在1971年就已发起。可由于技术及资金的限制,这些项目并没有形成规模,也未造成广泛影响。而技术先进、财大气粗的谷歌恰好能解决技术瓶颈和经费问题。斯坦福大学图书馆馆长认为:"多年来,图书馆一直在努力数字化图书。但限于技术和资金的双重原因,速度非常缓慢。Google数字图书馆计划的实施使数字化产品的输出从小作坊规模进入真正的工业化生产。通过这个项目的合作,提升了斯坦福大学数字图书馆建设进程和服务水平。"③曾极力反对Google数字图书馆项目、倡导建设欧洲数字图书馆的法国国家图书馆也不得不在高昂的成本面前低头,转而与谷歌合作。2009年,法国国家图书馆收藏部主任德尼·布鲁克曼在接受采访时表示,仅将该馆收藏的法兰西第三帝国时期的作品进行数字化处理,就需要大约5 000万—8 000万欧元的资金,而国家图书馆每年在此方面的预算仅有500万欧元④。

---

① 周小文:《谷歌数字图书馆的运作模式对我国数字图书馆发展的启示》,载《新世纪图书馆》2011年第1期。
② 付晨普:《Google数字图书馆发展综述》,载《情报探索》2010年第6期。
③ 同上。
④ 李学梅:《法国国家图书馆与Google商洽合作事宜》,http://news.xinhuanet.com/world/2009-08/19/content_11908977.htm,20090819。

总之,谷歌凭借先进的扫描技术和巨大的资金量等优势,独占了全球性数字图书馆市场。

(三)市场行为与市场绩效

谷歌宣称,图书馆计划的目标很简单:在切实尊重作者及出版商版权的同时,让读者可以更容易地查找相关图书——特别是那些通过其他任何方式都无法找到的图书(例如已绝版的图书)。谷歌的最终目标是与出版商以及图书馆合作,为各种语言的所有图书建立一个全面、可搜索的虚拟卡片目录,通过它用户能够找到新图书,而出版商则能够找到新读者。

从谷歌呈现给我们的目标来看,谷歌图书馆计划承担起了整合全球知识的使命,使边缘性的知识成果储存于网络,从而起到了拯救文化遗产的作用;另外,通过将各语种的知识聚集于谷歌数据库,世界各地的人们可以利用网络检索实现信息获取,从而利于知识在世界范围内的传播。在与图书作者和出版商对簿公堂时,谷歌也一直坚持自己提供图书的网络检索是免费的,目的在于造福读者,属于版权法规定的"合理使用"范畴。那么,我们是否能够就此认定,谷歌图书馆计划的基本动因就是为了人类的文化利益?我们当然不能只听谷歌的一面之词。将谷歌告上法庭的作家和出版商认为,谷歌对在版图书进行复制并提供检索违反版权法,目的是获得巨大的广告收益。虽然从谷歌图书馆的最终效果上看,谷歌并没有演砸文化遗产拯救者和知识传播者的角色,但这一角色的成功扮演与其说是源于整合人类知识文化的雄心壮志,毋宁说是由于谷歌清醒地认识到,海量图书内容将在未来给这家信息技术公司带来巨大的商业利润。

谷歌的侵权行为实质上透露出了技术型企业对内容资源的极度渴求。作为一家技术型企业,谷歌清醒地认识到自己的劣势所在:缺乏内容。正是因为这一先天劣势,谷歌在实施图书馆计划时才会不顾版权问题,急功近利地搜罗内容资源。试想,如果谷歌图书馆计划启动伊始就与著作权人慢慢谈判,谷歌数字图书馆在很长时间内恐怕只会是个内容匮乏的小仓库。而通过"先斩后奏"的方式,谷歌为自己赢得了时间。在短短几年内,谷歌图书馆的内容资源足以吸引网络用户访问,足以引起世界范围内的研究机构的重视。尤其那些根本无法购买、借阅到的"孤版图书"(Orphan Book),它们是谷歌图书馆最吸引人的地方。

总之,先进的技术条件、雄厚的财力让谷歌有能力独占全球性数字图书馆市场,而要在短时间内建立起长尾市场并获得独占地位,必须走先获取内容、后解决版权问题的道路。新的商业形态与原有版权法体系的冲突,是"谷歌侵权案"发生的根本原因。

三、"合理使用"——新技术条件下的重新阐释[①]

谷歌侵犯版权的做法并不值得其他企业效仿。不过,我们应当认识到,谷歌的版权实践其实成了网络图书侵权现象的替罪羊。谷歌的宏大目标和实际行动使自己成了显眼的网络侵权行为主体。看到谷歌这样的大财主为法律所困,被侵犯版权的著作权拥有者和谷歌的竞争者当然会群起而攻之。这些利益集团发出的不满声音,未必就是正义与真理的化身,他们也不过是想从网络创造的财富中坐收渔利。

谷歌侵权案主审法官陈卓光就在判决中多次强调,谷歌搜索实际上也给作者和出版商带来了利益上的好处,不过这些反对者更愿意强调谷歌的获利违背了"合理使用"中的第一条原则——非营利性的教育目的。那么,法律如何解释事实和法条之间的矛盾呢?要判定谷歌数字图书馆对版权保护作品的使用是否属于"合理使用",需要参考美国版权法第 107 节"合理使用"四项原则作具体分析(Case-by-case Analysis):

使用的目的和性质包括:是否属于商业性质或非营利性的教育目的;受版权保护作品的性质;相较于整体内容,所使用部分的内容数量和内容实质;使用对受版权保护作品的潜在市场或价值的影响。

(一) 使用的目的和性质(Purpose and Character of Use)

对于第一条,原告认为,谷歌是营利性实体,谷歌图书馆是商业性企

[①] 本节 Denny Chin 对"合理使用"的阐释见:Denny Chin. (11/14/13), "Case 1: 05-cv-08136-DC. Document 1088," Page1of 30. United States District Court.

业,因此谷歌的商业行为与第一条相抵牾。陈卓光认为,判定谷歌"使用的目的和性质"的关键不在于谷歌的行为是否具有商业性,而在于使用受版权保护之内容是否具有"转变性"(Transformative),即是说,新作品是否仅仅改良(Supersede)或移植(Supplant)了原作,还是增加了某些新的东西(Add Something New)。陈卓光写到,谷歌对受版权保护之作品的使用具有高度的转变性(Highly Transformative)。理由是谷歌将图书内容转变为文字索引(Word Index)和数据(Data),不仅可以帮助人们找到想要的图书,而且有助于研究时的数据挖掘;也就是说,谷歌实现了前所未有的使用文字的方式,它增加了原作品的价值,创造了新信息、新美学和新的直觉方式。转变性的使用方式说明,谷歌并不是直接地利用受版权保护的图书进行营利。当然,陈卓光不是想用转变性来回避商业营利的问题,他认为,从谷歌图书搜索吸引了大量用户光顾网站这一点来看,谷歌当然获益良多。然而,尽管谷歌的主要目的在于营利,也应该看到谷歌图书在教育上的重要作用。

总之,陈卓光认为谷歌非常符合(Weighs Strongly in Favor of)"合理使用"的第一条原则。

(二)受版权保护作品的性质(Nature of Copyrighted Works)

在本案中,作品是指图书。谷歌所扫描的大部分图书都是非小说类(Non-fiction)且已公开出版(Published)的,这一点有助于"合理使用"的判定,因为小说类(Fiction)和未公开出版(Unpublished)的作品受版权保护的程度更高。

(三)所使用部分的内容数量和内容实质(Amount and Substantiality of Portion Used)

尽管谷歌限制了可展示的文本内容量,但谷歌图书发挥作用的关键在于对作品的完全再生产(Full-Work reproduction)。不过,美国的判例中也存在全部拷贝依然构成"合理使用"的判例。因此,综合来看,陈卓光认为谷歌的行为与"合理使用"的第三条原则稍有不符(Weigh Slightly Against)。

（四）使用对潜在市场或价值的影响（Effect of Use Upon Potential Market or Value）

原告认为，谷歌扫描的图书会成为图书的替代品，且用户可以通过多次检索或改变搜索词获取整本图书内容，从而对图书市场产生负面影响。陈卓光认为以上都是无稽之谈（Neither Suggestion Makes Sense）。有坚实的证据表明，在网络购物时代，谷歌图书增加了图书销量，对版权所有者有利。因此，谷歌图书非常符合"合理使用"的第四条原则。

综上，陈卓光认为谷歌图书对公共利益具有重大意义。尽管原告证明了谷歌构成了表面上的侵权案例（Prima Facie Case of Copyright Infringement），谷歌的行为仍属于"合理使用"。

四、再思利益平衡——"合理使用"意味着利益平衡吗？

Jerry Jie Hua 指出，知识产权和版权体系不仅用来保护财产权，更重要的目的是：用来促进公共利益和社会经济发展。有关于无形财产（Intangible Property）的哲学和经济学理论显示，知识产权体系在满足公共利益和保障社会公正方面具有重要功能。然而，在网络环境中对专有权利的过度保护牺牲了公共利益，造成了利益不平衡（Imbalance of Interests）。因此，政策制定者必须考虑重新修订版权体系，以适应新的环境，重回利益平衡（Restore a Balance of Interest）①。不难发现，陈卓光对"合理使用"的阐释，正是"重回利益平衡"的尝试。

然而，我们还必须反思这样的现象，尽管法院认定谷歌的行为属于"合理使用"，且达到了共赢的局面，但反对者还是会不屈不挠地继续上诉。也就是说，以公共利益为着眼点阐释"合理使用"是否就一定合理？"合理使用"的判决到底意味着利益平衡，还是以损害出版商与作者的利益为代价保证公共利益？这些问题实际上并没有解决。

我们认为，"合理使用"的判决并不意味着合理利益关系的最终达到，

---

① 汪雪：《数字图书馆之法律问题分析——从 The Authors Guild v. Google 之修正"和解协议"谈起》，复旦大学硕士论文，2010年。

利益平衡需要的是人们在环境的变动中不断协商。事实上,这样的协商模板并不是不存在,谷歌的"和解协议"就并不是只对自己有利的协议,而是兼顾到了出版商与作者的利益。它提供了在权利人控制许可和定价的前提下,授权读者付费阅读和下载书籍电子版本的机制;并且由于其并非独家授权的性质,权利人还可以以更加优厚的条件与谷歌的竞争对手合作①。

五、研究结论:"合理使用"的新特点及合理的利益关系

综合相关文献,我们可以发现新技术条件下"合理使用"有以下新特点。

强调使用文字内容要具有"转变性"。"转变性"这一概念在网络侵权案中虽早已有过应用的判例②,不过在本研究案例中还应强调,新技术实现了前所未有的使用文字的方式,这一点成为了谷歌赢得官司的关键点。在传统技术条件下,书籍内容和载体(纸质书)不可分离;而在新技术条件下,媒介内容和它们的物理载体相分离③,谷歌不再像纸质书那样编排内容,而是转变性地使用内容。陈卓光对"合理使用"的阐释,顾及了新传播科技影响下的内容使用方式的转变,具有重要的参考价值。

倾向于将"合理使用"看作积极权利。像美国这样的发达国家,由于在世界版权贸易中占据优势地位,长期以来在版权保护的问题上采取比较严苛的态度,不承认"合理使用"可以用于未经许可获得的作品④。但是,新技术的商业应用改变了这一态度,当全球性数字图书馆已然投入使用时,如果再单方面强调版权所有者的利益,一方面会限制新科技的创造性应用,另一方面会损害公众享有新科技带来的便利的权益。因此,综合

---

① Jerry Jie Hua, "Toward A More Balanced Approach: Rethinking and Readjusting Copyright Systems in the Digital Network Era," *Springer*, 2014, pp. 41—42.
② 如 1999 年 Kell v. Arriba Soft Corp 案,该案涉及网络中图片的使用。一审判决见 Kelly v. Arriba Soft Corp., 77 F. Supp. 2d 1116(D. Cal. 1999);二审判决见 Kelly v. Arriba Soft Corp., 336 F. 3d 811(9th Cir. 2003)。
③ 参见:Lister, Dovey, Giddings, Grant, & Kelly, "New Media: A Critical Introduction(2nd edition)," *London and New York: Routledge*, 2009, p. 18。
④ 王迁:《网络版权法》,中国人民大学出版社 2008 年版,第 327—335 页。

来看,将"合理使用"看作是积极权利是网络时代的大势所趋。

然而,我们也发现"合理使用"的判决并不意味着合理的利益关系。得出合理利益关系的关键,在于解决版权所有者与数字图书馆之间的利益分配问题。尽管数字图书馆客观上增加了纸质图书的销量,但与数字图书馆所获的巨额利润相比,版权所有者的利益相对来说确实受到了一定损害。"作者-出版商"毕竟是内容的起点,通过协议的方式对原创内容予以一定程度上的补偿①,更有助于达到利益平衡:版权所有者愿意将原创内容数字化,数字图书馆以少部分资金为代价获得拓展长尾市场的机会,读者因此拥有更多选择。

因此,尽管法院已作出判决,重提当初为解决利益平衡问题所提出的"和解协议",依然具有现实意义,并不能因为法律对"合理使用"的支持,就放弃以协商的方式达成利益平衡的努力。总之,不论是法院判决,还是诉讼过程中的"和解协议",都为解决数字图书馆侵犯版权问题提供了原创并具有建设性的思路,在解决相关的利益平衡问题时,需要综合起来参考。

---

① 2008年,Google接受庭外和解,赔付1.25亿美元,并设立了一个图书版权登记机构(Book Rights Registry),征得版权人许可并支付收入分成。不过这份和解并未完全解决问题,于是2009年11月修订后的和解协议推出。修改后的协议规定支付版权所有人60美元,作品的销售、广告费用按照大约三七分成。2011年3月,这一份和解协议再次被法院驳回。2012年,Google与美国出版商协会达成和解协议。美国出版商可以自主决定出版的图书是否允许融入Google图书馆计划之中,已经扫描上传的图书也可以在其要求下移除。见何宗丞:《八年抗战史被告Google打赢了图书扫描官司》,http://www.ifanr.com/374026,20131115。

第五辑

出版与阅读

国际全民阅读相关立法的
具体措施及其启示[*]

阅读是提高个人素质的基本途径,也是孕育民族精神的必经之路。加强阅读立法工作,推动全民阅读活动,培养社会阅读氛围,提高公民文化素养,有助于我们更好更快地实现中华民族伟大复兴的中国梦。2011年11月,党的十七届六中全会首次将"开展全民阅读"写入全会决议,十八大报告和2014年3月的政府工作报告再次提及"开展全民阅读"。

习近平和李克强同志也分别在2009年和2014年谈到读书对我国社会发展的重要性。以此为契机,国务院立法工作计划2013年、2014年连续两年将《全民阅读促进条例》列为研究项目类"有关保障和改善民生、维护社会公平正义与和谐稳定的项目"。2014年1月,《全民阅读促进条例》还列入了中宣部有关文化立法规划。这些举措表明,国家领导人和相关部委已经充分认识到全民阅读及其立法的重要性。本文通过对美国、俄罗斯、日本、韩国、德国、瑞典、印度、英国、法国、以色列、加拿大、智利等国家全民阅读相关立法的文本细读,从九个方面梳理了各个国家相关立法的具体措施及立法精神,以期对正在进行的国内立法提供参考。

一、国外提升全民阅读率的具体措施

为了提升国民阅读能力和培养国民阅读习惯,尽管各国的发展阶段、

---

[*] 原文载《中国编辑》2016年第2期,合作者为刘轶。

政治制度、地域、教育水平、文化心理存在着较大的差异,但是各国根据具体的国情,采取了一些具有普遍意义的措施。这些措施如下。

(一)财税支持

一是财政预算。为推广国民阅读,提升国民素质,保障公民阅读权利,很多国家通过财政拨款来推动阅读相关活动。美国《不让一个孩子掉队法案》制定了"阅读优先计划""早期阅读优先计划",两个计划实施后至2010年,美国每年投入大量财政经费。奥巴马总统于2009年签署《美国复苏与再投资法案》,其中50亿美元作为加强儿童早期教育的投入[①]。日本在颁布《少年儿童读书活动推进法》后,政府为少儿阅读活动大量投资,使得少儿读书工作有了质的飞跃。2002年起,政府分5年投入650亿日元给学校改善少儿读书环境;2007年又开始为期5年的"学校图书馆充实计划",投入1 000亿美元购买约2 600万册图书充实和完善图书馆馆藏[②]。2008年,西班牙教育与科学部与各自治区政府通过决议,投入900万欧元用于学校的图书馆建设,并要求各地教育部门也投入同样的资金改善学校图书馆[③]。法国政府每年均有一部分财政预算用于帮助公众阅读,且逐年提高,2009年用于帮助公众阅读的预算为1 390万欧元[④]。财政预算保障了全民阅读活动的持续性。

二是财税优惠。为促进阅读相关产业的发展,多国政府为出版等行业提供财税政策优惠,通过降低税率等手段,保护出版等行业的发展。法国的出版业产值位居法国文化产业第一,法国政府一直扶持出版业、独立书店的发展,通过下调图书增值税、图书价格统一定价,扶持出版业的发展。1995年起,法国政府每年从连锁书店上缴税费中提取3亿法郎来资助小书店[⑤];2013年,法国通过一部规范图书网购的法律来保护法国实体书商,迫使亚马逊等网上书店调整在法运费及定价结构;2014年,法国又

[①] 中国新闻出版研究院、江苏省全民阅读办:《国外全民阅读法律政策译介》,译林出版社2015年版,第206页。
[②] 万亚平:《日本"儿童读书推进运动"评析》,载《新世纪图书馆》2010年第1期。
[③] 中国新闻出版研究院、江苏省全民阅读办:《国外全民阅读法律政策译介》,译林出版社2015年版,第98页。
[④] 文庭孝、李彬彬:《中法社会阅读比较研究》,载《高校图书馆工作》2013年第5期。
[⑤] 同上。

出台了一项针对独立书店的资助计划,总金额1 800万欧元①。

三是财政补贴。政府为参与全民阅读推广活动的相关组织提供财政补贴,保证阅读推广活动顺利进行。瑞典2010年颁布《文学、文化杂志与阅读提高活动国家财政补贴条例》,为促进文学与文化杂志发展的多样性、质量与深度,促进文学与文化杂志的传播,为出版者、文化传播者、阅读活动组织者提供财政补贴②,规定"除印刷版的文学作品之外,国家财政补贴的对象还包括电子版的文学作品与文化杂志(2012年70号条例)"③。美国《卓越阅读法案》规定,对每个选定接受补助的阅读与读写能力合作伙伴关系每个财年内可接受不低于10万美元的补助额度,并对参加阅读辅导的高校勤工助学学生提供补偿,补偿份额超过75%。1998—2000年,每年拨款2.6亿美元用于各州提高孩子和家长的阅读技巧。

四是建立国家阅读基金。智利建立了国家促进书籍和阅读基金,由教育部通过文化推广部门来管理,规定符合条件的资源需要每年通过国家预算法的审核④。

(二) 图书馆

图书馆是以知识传播为目标,收集国内外出版物,主要供社会使用的非营利机构,在推动全民阅读活动中作用重大。纵观各国图书馆在推动全民阅读发展中的具体措施,以下几个方面值得我们关注和借鉴。

一是设置代表图书馆或地区分馆,配置流动图书馆车。韩国通过按照地区或图书分类设置的代表图书馆和地区分馆,帮助促进知识的传播和图书馆的均衡发展⑤。日本则采用配置"流动图书馆车"的方式,为家离图书馆较远的少年儿童提供阅读的便利⑥。同样,墨西哥也采用移动

---

① 中国新闻出版研究院、江苏省全民阅读办:《国外全民阅读法律政策译介》,译林出版社2015年版,第197页。
② 瑞典:《文学、文化杂志与阅读提高活动国家财政补贴条例》(2010年1058号)。
③ 同上。
④ 智利:《建立国家促进书籍和阅读基金》(1993年19227号)。
⑤ 韩国:《首尔特别市图书馆及阅读文化振兴条例》(2012年5272号)。
⑥ 日本:《推进少年儿童读书活动基本规划》(2002年8月)中的第三章"少年儿童读书活动推进政策"的第二条(关于设施机构相关条例)。

图书馆的方式,方便居民随时随地进行阅读①。读书条件的便利使阅读成为一种习惯。

二是扶持公共图书馆,支持学校图书馆。在加拿大,不仅公共图书馆系统十分完善,而且也十分重视公共图书馆和学校图书馆的发展,通过图书馆推广阅读是图书馆的核心工作②。日本对公共图书馆以及学校图书馆的完善和管理则做得更加细致,涉及基础设施建设、管理员岗位安排、引进人才等方方面面③。尽管经济不发达,印度仍要求应在全国所有幼儿园和小学建立图书馆,从小培养阅读习惯④。

三是推进图书馆信息化。新的信息和通讯科技在如何提供基本公共服务的形式上产生了决定性的影响,图书馆在一定程度上也有利于促进信息技术和通讯的发展。在实现和推动图书馆信息化方面,日本法律规定向图书馆引入最新信息系统,实现网上图书检索,同时配置读者专用电脑,方便读者查询,使读书更加便捷⑤。大多数国家的法律也注意到,图书馆的信息化还可以确保子孙后代访问数字材料,保留和储存信息能够避免珍贵内容的丢失。

四是完善图书馆资料配备和相应设施。振兴阅读文化,促进全民阅读积极性,必须确保读书资料的完善和相应设施的完备。韩国首尔法律规定,市长应考虑为图书馆设施改善和资料购入提供一部分的经费保障⑥。日本以国家拨款形式完善图书馆资料和设施⑦。

五是加强图书馆之间的合作,与其他图书馆及文化教育机构保持专业联系。日本的公共图书馆支持向学校图书馆出借图书,还会组织图书馆职员参观学校或让学生儿童参观图书馆并开展各类活动。在儿童图书

---

① 墨西哥:《促进阅读和图书法》(2008年7月24日联邦官方公报公布)。
② 加拿大:《全国阅读规划》。
③ 日本:《少年儿童读书活动推进法》(2001年154号)。
④ 印度:《全国图书推广政策》中的第六章"图书馆运动"。
⑤ 日本:《推进少年儿童读书活动基本规划》(2002年8月)中的第三章"少年儿童读书活动推进政策"(关于公立图书馆的相关条例)。
⑥ 韩国:《首尔特别市图书馆及阅读文化振兴条例》(2012年5272号)中的第二章"代表图书馆相关条例"。
⑦ 日本:《推进少年儿童读书活动基本规划》(2002年8月)中的第三章"少年儿童读书活动推进政策"(关于公立图书馆的相关条例)。

资源方面,实施共同利用及协作查询业务。印度在社区和街区都构建起了联系紧密的学术图书馆和公共图书馆网络。西班牙则是通过建立专门的图书馆合作理事会来推动图书馆之间的合作,以此优化资源配置和发展图书馆服务。而在德国,许多大学图书馆与州立或市立图书馆合一,实现了节约经费与扩大社会服务的双赢。

六是设立儿童专区及残障读者专区,并完善相关图书馆服务。优秀的阅读推广实践不能忽视少年儿童和残障人士的读书需求,如今,很多国家的图书馆都开设了儿童和残障读者专区。在日本,不仅图书馆有儿童专区,还设立了专门的儿童馆来推进少年儿童的读书活动。同时,图书馆还会开展以家长为对象的座谈会,来指导家长如何读书给孩子听以及如何为孩子选择和推荐书籍。在韩国,有专门的财政支持来完善对于知识弱势群体的服务。瑞典的学校和幼儿园可以通过电邮邀请"儿童流动图书馆"进入校园,方便儿童阅读。同时,瑞典还会在图书馆中推行名为"苹果图书馆"的特殊服务,为视障、精神发育迟滞等有阅读障碍的人群提供图书和多媒体资料。

七是完善图书管理员培训。图书管理员需要选择、收集和提供图书馆资料,为用户提供读书建议,指导少年儿童的读书活动,在全民阅读活动中的作用至关重要。因此,应当提高对图书管理员素质重要性的认识,完善相关培训,以帮助图书管理员掌握相应知识和技能。在德国,图书管理员作为儿童阅读能力的主要培育者,被纳入阅读促进基金会的项目中,该项目致力于促进国民阅读和读写能力的提升。在印度,法律建议举办图书馆员研讨会,探讨图书馆能以何种方式为社会更有效地作出贡献。

八是积极开展与促进全民阅读相关的活动。图书馆利用自身资源不定期向公众开展读书活动,可以调动读书热情,增加全民阅读积极性。以色列国家图书馆就以自有馆藏和外借馆藏为公众举办长期展览和临时展览,同时还为全体或部分公众开展文化、文学和教育活动。在印度,图书馆会组织假期读书俱乐部。智利则通过富有特色的"地铁图书馆"组织读书会、电影展播等文化活动。澳大利亚在2012年开展的全国阅读年活动成效更大,每一座州图书馆和领地图书馆都相应举行各具特色的活动,极大地增加了公共图书馆的会员数量,帮助人们发现书的魔力,进一步推动澳大利亚成为一个书香之国。

(三)学校教育

一是加强校图书馆建设。加拿大法律中明文规定:"在民主国家中,中小学是所有孩子拥有同等机会进行阅读的场所,因此也是任何全国性阅读战略的关键组成部分。"①韩国将其作为教育部长的工作内容,规定:"为了振兴学校读书文化,教育部长必须制定并施行相关各项举措(关于学校图书馆的举措)。"②各国在建设学校图书馆的过程中,如何确保阅读资源的有效利用是重点:一方面要确保有必要的资金和其他相关资源,比如韩国立法"为保障学生将读书活动日常化,学校负责人必须鼓励各项阅读活动的展开,并提供以及运营图书馆所需要的各项资源"③;另一方面,学校图书馆要配备相关的管理和教育人员,例如,韩国规定:"为保证学校阅读的日常化,学校负责人要在学校内配备一名以上的图书管理员或者专门负责阅读活动的老师。"④

二是推广校园阅读课程。设置阅读课程是推进全民阅读的重要一环。设置阅读课程由老师进行科学指引,并确定专门时间进行阅读。近邻日韩都有类似的法律条款,比如韩国规定:"研发并普及阅读教育相关的教育内容和课程。"⑤

三是研发科学的阅读教育方法和评价标准。关于科学的阅读方法,俄罗斯有法律条文对此进行保障并开展课题研究:"从阅读水平和文化水平的角度,制定学生成果评价标准体系。研究教育与培训机构的阅读问题。"⑥科学的阅读方法和阅读体系,以及如何科学地引导少儿对阅读产

---

① 加拿大:《全国阅读规划》中"计划和资源的适应对象"中关于"学校"部分。
② 韩国:《阅读文化振兴法》11690 号法律。
③ 韩国:《阅读文化振兴法》11690 号法律,2013 年 3 月 23 日,他法修订中第四章第十条(关于学校的阅读振兴)。
④ 韩国:《阅读文化振兴法》11690 号法律,2013 年 3 月 23 日,他法修订。
⑤ 韩国:《阅读文化振兴法》11690 号法律,2013 年 3 月 23 日,他法修订中第四章第十条(关于学校的阅读振兴)。
⑥ 俄罗斯:《国民阅读扶持与发展纲要》第一阶段的主要方向举措中,关于教育的相关法律。

生兴趣,这对全民阅读,尤其对青少年阅读至关重要。

四是学校阅读课程与家庭、社区积极开展互动。学校教育的成功离不开家长的积极配合,与社区其他组织积极配合也可以放大活动的正面效应,营造良好的阅读氛围。日本规定:"通过家庭、地区的合作,推进读书活动,即通过合作,促进读书活动,推进政策的顺利实施,培养少年儿童生存能力;同时,介绍和普及各地区有代表性的案例,实施地区一体化,共同推进儿童读书活动的开展。"①应该说此类立法正视了阅读习惯的养成是学校、家庭和社区互动的结果。

五是关注幼儿园阅读启蒙教育。培养孩子对于阅读的兴趣,需要从低龄儿童做起,日本对此有较为完善的法律规定,其所推行的《幼儿园教育方针》《保育所保育指南》中指出,应提高教师以及保育员对读书活动的认识,积极组织活动,提供幼儿亲近绘本、故事书的机会,让少年儿童在幼儿期就能享受读书的快乐。此外,幼儿园、保育所也在开展学龄前儿童的读书活动,如读故事给孩子听等②。

(四)监护人

一是监护人对于全民阅读,尤其是少年儿童阅读的影响力和重要性。父母或者其他监护人的阅读习惯往往会影响孩子终身的阅读习惯,所以国外诸多法律对此进行了明确规定。以日本为例,其法律中明确规定:"少年儿童的阅读习惯是日常生活中形成的。父母的关注对少年儿童是否把读书作为生活的一部分的态度有至关重要的影响,在家庭中,可以通过父母读故事给孩子听,或是和孩子一起读书来为少年儿童创造接触书籍的机会;也可以通过制定'读书时间表'来让孩子养成读书的习惯;或者通过和孩子交流在读书过程中的想法和感受来激发孩子对于读书的兴趣。"③

二是鼓励监护人参与与少儿阅读相关的政府或者非政府活动。相关立法认为政府应当组织或帮助少儿阅读的相关推广活动,比如童书会、讲

---

① 日本:《推进少年儿童读书活动基本规划》(2002年8月)关于学校法案。
② 日本:《公立图书馆设置和管理标准》(2001年文部省告示第132号)。
③ 日本:《推进少年儿童读书活动基本规划》(2002年8月)中的第三章"少年儿童读书活动推进政策"的第一条(关于监护人相关条例)。

座会等。日本法律就规定:"图书馆举办以父母为对象的系列讲座,市町村政府举办的以少年儿童在胎儿期、幼儿期、青春期等不同的成长阶段所对应的不同家庭教育为内容的讲座等。"①活动应该丰富多样,鼓励非政府组织参与,比如加拿大法律规定:"公共健康部门、儿童救助团体、儿科医生和一般医师、图书销售商以及所有可能的社区资源,可以携手来确保所有儿童获得同等机会享受阅读乐趣。"②

(1) 以家庭为单位,分发科学阅读的资料。日本政府向有幼儿或者小学生的父母分发《家庭教育手册》《家庭教育笔记》,以养成每天固定时间读书的习惯,并借此提高对阅读习惯重要性的认识③。因为该规定的目标群体明确,效果明显。

(2) 培养父母或其他监护人的阅读能力。培养孩子阅读习惯之前,需要提高监护人的阅读能力。美国不仅对于阅读能力较差的监护人进行培训,还对其子女进行培养,培训内容主要有:"父母读写能力训练,包括有益于经济自足的培训;对接受父母读写能力服务的父母的孩子进行的适当指导。"④

三是立法鼓励父母与孩子之间进行互动。父母对孩子有潜移默化的影响作用,有些国家立法鼓励父母和孩子相处的时间。例如加拿大规定:"应该支持所有家庭营造家庭阅读文化。父母给孩子读故事,孩子享受阅读过程,当家人一起阅读时,一种稳定的阅读模式就建立起来了。每个人都获得了来自阅读的快乐,也获得了分析和批判思考的能力。"⑤美国立法规定,通过"亲子间互动读写能力活动","培养父母在学习方面与孩子成为伙伴"⑥。

(五) 社会组织

一是积极举办有利于营造全民阅读氛围的读书活动。社会组织的行

---

① 《推进少年儿童读书活动基本规划》(2002年8月)中的第三章"少年儿童读书活动推进政策"的第一条。
② 加拿大:《全国阅读规划》。
③ 《推进少年儿童读书活动基本规划》(2002年8月)。
④ 美国:《卓越阅读法案》第十五章"阅读补助"第15102节(家庭读写能力服务部分)。
⑤ 加拿大:《全国阅读规划》。
⑥ 美国:《卓越阅读法案》第十五章"阅读补助"第15102节。

为活动,可以有效地和政府活动形成互补,日本的民间团体主办的阅读推广活动就非常丰富,如立法鼓励"在全国范围内举办读书周等宣传活动、在全国各地巡回举办给孩子读故事等活动、召开辩论会、培养阅读指导员"等;"地区性活动是由约5 000个团体自发参与,举办各种草根文化活动以及给孩子读故事"①。德国的阅读促进基金会②也做了非常多有益的活动:基金会的工作得到了无数社会名流和阅读大使的支持,通过体育赛事、电视节目、政治活动和时事新闻而广为人知,志愿者成了基金会各项活动的代表③。

二是重视对志愿者的培养。社会组织的工作人员是活动的细胞,有一支高素质的工作团队,对于活动的效果至关重要,德国阅读促进基金会招用志愿者,并且对其中表现优异者进行重点培养。此外,"基金会阅读俱乐部让15万名志愿者结合在一起,他们在图书馆、幼教机构和学校中组织读书会。基金会把这些志愿者培训成了项目导师"④。

三是建立公共论坛,利用网络完成信息交流。社会组织和读者——即我们全民阅读的推广目标——之间的有效沟通至关重要,加拿大规定:"运用简报、博客、谈话等沟通机制,提供具有附加值的活动。"⑤日本规定:"为促进少年儿童读书活动的推进,民间团体在丰富和完善各项活动的同时,还构建公共论坛,利用网络完成信息交流和合作培训。"⑥

四是与政府展开积极合作,积极配合政府工作。加拿大规定:"利用'全民阅读运动'支持公共图书馆、学校和其他机构,使阅读推广成为他们的核心工作。"⑦政府和非政府组织有效配合、扬长避短,是全民阅读活动取得成功的全球经验。

---

① 日本:《推进少年儿童读书活动基本规划》(2002年8月)中关于民间团体法案。
② 德国阅读促进基金会:创立于1988年,由三位董事领衔负责。由科学专家组成的一个跨学科小组分析阅读和媒介能力方面的新趋势,为基金会制定新的研究主题、设立新的项目提供支持。
③ 德国:《促进阅读基金会章程》中关于架构与组织部分。
④ 同上。
⑤ 加拿大:《全国阅读规划》。
⑥ 日本:《少年儿童读书活动推进法》中第三章关于民间团体对活动的支援部分。
⑦ 加拿大:《全国阅读规划》中合作伙伴和地方社区的事项安排部分。

（六）阅读推广活动

一是制定正确的阅读推广指导思想。阅读活动的推广必须有正确的指导思想，国外所开展的阅读推广活动中，指导思想大体类似，可看作是以定期或者不定期的阅读月、阅读日、阅读比赛、图书节等形式引起国民对于阅读的兴趣，使得阅读便利化、生活化和常规化。

二是对有卓越表现的单位或者个人进行表彰。大多数国家对于在阅读推广活动中有突出贡献的组织或者个人进行奖励，激发阅读积极性。例如，韩国规定："国家以及地方自治团体对于振兴阅读活动作出贡献或者有实际业绩的人可以进行表彰或者颁发奖金。"[1]

三是定期或非定期举办有利于阅读的活动。定期举办阅读活动的国家中，韩国规定把每年的9月设立为国民的阅读月；日本把4月23日设立为少年儿童读书日[2]。也有国家会举办不定期的阅读活动，比如埃及在2006年举办了口号是"文化——和平的语言"的全民阅读活动[3]；澳大利亚在2012年举办了多场活动，其中有一些得以延续成为定期活动。各国政府也根据需要设立长期专门机构进行活动管理。笔者认为韩国所举办的以下活动，就富有代表性：

A. 有关阅读文化振兴的研究、讲座等学术活动；

B. 举办作文大赛；

C. 振兴阅读文化的各种活动；

D. 通过大众媒体进行启蒙和宣传活动；

E. 打造阅读环境的活动。[4]

需要注意的是，读者的自主参与权应该被尊重，比如日本就十分重视读者的自主参与权[5]，强制性参与有损活动质量和活动形象，活动组织者应以奖励为主，来激发国民参与。

---

[1] 韩国：《阅读文化振兴法》11690号法律，2013年3月23日。
[2] 日本：《少年儿童读书活动推进法》第十条。
[3] 埃及：《2006年全民阅读节报告》。
[4] 韩国：《阅读文化振兴法》11690号法律，2013年3月23日。
[5] 日本：《少年儿童读书活动推进法》众议院文部科学委员会附带决议。

四是科学研究阅读推广方式,培养阅读推广人才。俄罗斯注重研究阅读推广理论与方法,构建阅读效果监测系统及人才培养体系,其法律规定:

A. 发展劳动报酬体系,制定扶持与发展阅读领域机构工作人员的扶持计划;

B. 为奋斗在扶持和发展阅读领域的大学生、年轻专家、优秀的专家和管理人员提供支持;

C. 制定为扶持与发展阅读基础领域专家提供培训的中长期方法、方式和技术;

D. 加强扶持与发展阅读基础领域专家培训学校的物质技术基础;

E. 为扶持和发展阅读基础领域专家的培训工作提供人员、信息、科学方法的保障;

F. 扶持与发展阅读基础领域后备人才培训系统的状态监测①。

(七)数字阅读

目前,在国外全民阅读推广立法的相关文件中,与数字阅读相关的内容并不多,这主要有两方面原因:一方面是数字出版领域虽然已经有了长足的进步,但是否适合深度阅读还未有定论;另一方面,少年儿童尤其是低龄儿童,并不适合长时间使用电子设备进行阅读。只有极个别的国家鼓励数字阅读,相关规定如下:

一是举办研讨会。印度规定:"支持学术会议、讨论会、圆桌会议和从事扶持与发展阅读活动的人员的其他交流形式。"②俄罗斯规定:"创造信息交流的未来模式和机制,目的是加强与阅读相关的团体内部以及他们和需求者之间的交流。"③

二是加强对于数字作品的保护。合理的版权保护制度,可以有效促进出版市场的繁荣,这无疑对于全民阅读有至关重要的意义。

---

① 俄罗斯:《国民阅读扶持与发展纲要》第一阶段的主要方向。
② 印度:《全国图书推广政策》。
③ 俄罗斯:《国民阅读扶持与发展纲要》。

三是纸质内容的数字化存储。关于纸质内容数字化,西班牙法律阐明其意义:"为全体公民、研究者和企业提供网上搜索信息的便捷途径;加强信息的数字化,使其在当今信息社会发挥更大作用;为确保我们的子孙后代可以访问数字材料,并防止珍贵内容的丢失,保存和储存信息。"①这表明,纸质内容的数字化存储有三点意义:首先,数字化纸质内容可以永久保存图书内容;其次,丰富数字阅读读者的阅读内容;最后,对于很多版权保护过期的书籍,可以免费提供给读者。

(八) 特殊人群

一是改善阅读障碍者的阅读环境,完善阅读资源。为了提高知识信息弱势群体的知识水平,韩国规定:"对公共图书馆为阅读障碍者提供服务、制作或购买资料、改善设施、购入机器等方面给予财政上的支援。"②在加拿大,鉴于穷人、残障人士、处于特殊社会困境中人士的阅读机会大大降低,法律要求安排特别的资源来确保他们获得阅读材料和技巧,以享受阅读乐趣③。

二是图书馆设立残障读者专属区域。大多数国家法律规定,图书馆应设立专区为特殊读者提供服务,例如瑞典在图书馆中专门推行名为"苹果图书馆"的特殊服务④,为视障、精神发育迟滞、有诵读困难症等有阅读障碍的青少年儿童提供丰富的图书资源和多媒体资源。

三是扶持特殊人群学校中读书活动的开展。日本要求进一步推进在盲人学校、聋哑学校以及残疾人院校中对残障少年儿童的阅读支持,根据残障情况选择相应的书籍,创造良好阅读环境,有效利用视听辅助器等。此外,盲人学校还利用盲文信息网络,促进各盲人学校间盲文图书以及全国盲文图书馆盲文书籍资料的相互交流,让残障少年儿童体验到丰富多彩的读书活动⑤。

四是通过立法减少由于阅读障碍而被不当归入特殊教育范畴儿童的

---

① 西班牙:《阅读、图书和图书馆法》第五章第十四条。
② 韩国:《首尔特别市图书馆及阅读文化振兴条例》(2012 年 5272 号)中第四章第二十三条。
③ 加拿大:《全国阅读规划》中有关阅读障碍的加拿大人的部分。
④ 董倩、宫丽颖:《瑞典青少年儿童阅读推广研究》,载《出版参考》2014 年第 11 期(上)。
⑤ 日本:《少年儿童读书活动推进法》中第三章有关残障少年儿童读书活动的推进部分。

数量。美国《卓越阅读法案》中关于阅读补助的条例认为:"有必要通过阅读训练,减少因阅读障碍而被纳入特殊教育范畴儿童的数量。"①。

(九)儿童

关于儿童的相关法条,在"图书馆""学校""监护人"等相关内容中都有涉及,在此不加以赘述,仅总结归纳前面内容未涉及部分。

一是确保儿童的识字能力。识字能力是阅读的基础,因此大力培养儿童的阅读能力至关重要,美国在《卓越阅读法案》中明文规定:"通过使用源自可靠的、可复制的阅读研究(包括自然拼读法)的发现,改进学生的阅读技巧,以及阅读课教师的在职教学实践。"②

二是开设儿童专用阅读学习场所。日本所设置的儿童馆比较有特色,"儿童馆是以为少年儿童提供益智游戏、促进儿童身心健康发展、提高少年儿童道德修养为目的的机构"③。在日本的全民阅读推广过程中,儿童馆起了非常大的作用,经常是活动的场地和交流的场所。

三是直接向儿童发放阅读材料。该项措施为瑞典特有。瑞典政府在2008—2012年投资约150亿瑞典克朗(约20.67亿美元)实施"阅读—书写—算数"计划,2012—2014年预计投资4 800万瑞典克朗(约661.5万美元)支持"社会性别计划"活动等。针对不同年龄段的青少年儿童,瑞典推行分级阅读推广策略,免费发放婴儿阅读包、图书礼包等④。

二、国外全民阅读相关立法的启示

纵观国外全民阅读相关立法的具体条文,其立法尽管因国情而异,但也表现出一些共性特征,总体而言"同"大于"异"。其"同"体现在立法精神大致相同,这也是我国全民阅读立法应该借鉴的。具体如下。

一是儿童优先。国外推行的全民阅读行为,注重落实"儿童优先"原则。儿童时期的习惯和心理结构,对一个人的习惯和修养有终身的影响。

---

① 美国:《卓越阅读法案》第十五章阅读补助第15101节(4)。
② 美国:《卓越阅读法案》15101节(2)。
③ 日本:《推进少年儿童读书活动基本规划》(2002年8月)。
④ 董倩、宫丽颖:《瑞典青少年儿童阅读推广研究》,载《出版参考》2014年第11期(上)。

奠定良好的阅读习惯，就为一个人一生的发展奠定了良好的基础。此外，儿童期的智力发展，有利于提高劳动生产力、就业质量、工资报酬、资产占有率，有利于社会消除贫困、降低失业率与犯罪率。国外立法在合理范围之内，对儿童阅读进行一定程度的侧重（有些阅读法案就是儿童阅读法案），以得到最好的社会长期效应。

二是保障特殊。特殊人群在社会之中处于弱势，对于弱势人群展开特殊的照顾，可以体现对人格的尊重，是一个文明社会应该有的气度，也可以增加社会稳定和谐程度。国外全民阅读相关立法倾向于保障老年人、视力障碍者以及阅读能力障碍者。从长远来看，提高特殊人群的阅读能力，有利于减轻社会福利开支的压力。

三是资金扶持。为推广国民阅读，提升国民素质，保障公民阅读权利，很多国家通过财政拨款来推动阅读相关活动。我们可以看到，越是经济发达和国民素质较高的国家，对于阅读的资金扶持力度越大。主要的发达国家，在国民阅读力提高和阅读习惯的培养上均投入一定资金。

四是活动助力。定期或者非定期地举办相关的活动，对于全民阅读推广来讲，是不可或缺的部分，其目的在于引起国民对于阅读的兴趣，使得阅读便利化、生活化和常规化。活动形式有书展、读书会、写作大赛或者阅读心得交流会，政府经常对表现优异的团体或者个人进行奖励。无论政府还是非政府组织，都会通过招募志愿者和培训推广人员，提高活动的吸引力。

五是教育为基。学校是少年儿童受教育的关键场所。阅读习惯和能力的培养，学校理应发挥重要的作用。以上多国均十分重视学校在全民阅读中的关键作用，注重加强学校图书馆的建设，阅读课老师的培训、阅读课的设置以及读书笔记大赛等。

六是硬件配套。一些国家，如以色列、加拿大、美国、日本、英国等都十分重视图书馆的场馆数量和质量、人均图书拥有量、借还书的方便程度等。图书馆，仅仅作为一个单纯的借还书的场所的概念，已经远远过时，其更应当被视为一个文化场所，以举办讲座、图书交流会等一系列的文化活动，成为全民阅读向外推广的坚实据点。

全民阅读立法的价值理性与工具理性*

一、全民阅读立法的"价值理性"和"工具理性"

我国的全民阅读立法提案初登历史舞台在获得支持的同时,质疑声从未绝于耳。支持全民阅读立法者认为:"个人的精神发育史就是他的阅读史,一个民族的精神境界取决于这个民族的阅读水平,一个没有阅读的学校永远也不可能有真正的教育,一个书香充盈的城市才能成为真正的家园。"这一观点是 2003 年 3 月第十届全国政协常委朱永新与全国政协委员赵丽宏等人在两会上提出的关于设立"国家阅读节"提案中的表述,具有强烈的价值理性,也引起了社会的普遍共鸣。从 2003 年以来,推动全民阅读立法的不仅仅是两会的提案,也逐渐成为政府工作报告中的内容。全民阅读立法从 2013 年被列入国家立法计划起,一直到 2018 年,连续 6 年,每年都被列入国务院立法工作计划,立法的紧迫性层级也不断提升。国务院年度立法工作计划的项目一般分为三档:一档项目为"年内力争完成的项目",这类项目需要力争在当年完成;二档项目为"预备项目",这类项目需要抓紧工作,适时提出跟进;三档项目为"研究项目",该类项目需要进行积极的研究论证。处理这三档项目的原则为:在力争完成一档项目、抓紧做好二档项目的前提下,兼顾三档项目。国家层面的《全民阅读促进条例》从 2013 年至 2015 年连续三年一直被归为三档项目,即

---

* 原文载《编辑学刊》2019 年第 3 期,第 6—11 页,合作者为周月如。

"研究项目",2016年全民阅读立法被归为二档立法项目,即"预备项目",而2017年《全民阅读促进条例》项目被划归为一档项目,力争年内完成,但截至目前仍未正式公布。从每年的全民阅读立法项目归档情况可以看出:国家层面推进全民阅读立法工作进展比较缓慢。

从推动全民阅读立法的主体而言,全民阅读立法主要由原国家新闻出版总署广电总局进行推动,各省市新闻出版局为了配合全国性的全民阅读立法工作,也积极地在本省市推动全民阅读立法。从一定意义上讲,在全国性的全民阅读立法进入立法规划的背景下,各省市能够通过本省市的全民阅读立法对全国性的全民阅读立法具有一定的推动意义。

与此同时,全民阅读立法也受到一定的质疑。这些质疑者的一种观点是:推动全民阅读必然需要财政的支持,财政支持的产出效益如何评估。这种质疑的声音要求全民阅读的立法效果是"可见"的、可评估的,但任何一个读过书的人都明白,阅读对于一个人成长的重要性不言而喻,但这种重要性却缺乏科学的衡量手段。不仅重要性无法衡量,另外一些与阅读相关的社会问题也难以量化,比如说无法量化阅读是否造成犯罪率下降了,也无法量化阅读是否促进社会文明程度进步了,更无法量化阅读是否促进了经济的发展。说到底,全民阅读的推广需要"钱",没有财政的支持,立法的意义确实不大,但资金投入产生的效用,却在"价值理性"和"工具理性"的视野中是迥然不同的。

二、全民阅读立法中"工具理性"考量"价值理性"的内涵及弊端

全民阅读立法需要国家财政的投入,更需要社会资本的参与,这是中国当前经济发展现状——经济结构、区域发展不平衡、农村和城市发展不协调所决定的。客观上讲,一是特殊人群(尤其是阅读障碍群体)的阅读权利需要保障;二是经济不发达地区仍然需要资金投入,建设相应的阅读设施和阅读内容,为保障基本的阅读需求和提升阅读率奠定基础;三是在发达城市中,需要避免因城市快速发展而对阅读空间的迅速挤压,为城市中的人提供心灵憩的空间。从这几个角度来讲,不管如何肯定"全民阅读"对个体发展、城市发展、民族发展、国家发展的重要性都不为过,以"可

见"的"投入—产出"思维,单向度地思考全民阅读的意义,其弊端也显而易见。

(一)"工具理性"考量"价值理性"的内涵

工具理性和价值理性是马克斯·韦伯在考察社会行为和人类理性时提出的一对相对概念。工具理性又称"自我利益的理性",是指以可计算的目标和可预测的后果为前提,并致力于选择实现这一目标的最佳手段和最佳途径的一种理性主义[①]。价值理性又称为"非自我利益的理性",是指作为主体的人在实践活动中形成的对某些价值信念绝对地、不计后果地追求的思维取向[②]。工具理性注重过程,注重手段,注重方法,注重技术,注重实证,注重量化,把实现目的的工具及其效用作为考量的重心;而价值理性注重目的,注重结果,把行为本身的绝对的、无条件的价值追求作为关注焦点,方法和技术只是达成目的的手段。

全民阅读立法也存在工具理性和价值理性的分野。全民阅读立法的工具理性主要表现为:立法者为了实现全民阅读立法目标寻找最佳方式、最高效率的一种自觉判断;全民阅读立法的价值理性主要表现为:以阅读主体的权益为终极价值目标,研究如何在全民阅读立法中用"人的尺度"引导和把握"物的尺度",重视情感的、道德的、审美的价值观和价值实现方式。

(二)"工具理性"考量"价值理性"的弊端

从理性自身分解出的工具理性和价值理性,在本质上是辩证统一的。价值理性为工具理性提供精神动力,工具理性给价值理性带来现实支撑,两者有着各自的作用特点和范围,又相互作用。对于当下的全民阅读立法来讲,全民阅读立法既需要经济的支撑,也需要对全民阅读立法的实际效应密切关注,在实践中不断总结经验,逐步营造全民阅读氛围,提高全民阅读率。对全民阅读立法的效果,切莫"操之过急",因为阅读对人、对社会、对国家发展的效应总是滞后的,"十年树木,百年树人",全民阅读立

[①] [德]马克斯·韦伯:《经济与社会》(下卷),商务印书馆1997年版,第65页。
[②] [德]马克斯·韦伯:《经济与社会》(上卷),商务印书馆1997年版,第98页。

法是一个需要社会广泛参与的长效工程。

1. 人的发展很难用"工具理性"来衡量。人的发展与经济的发展存在着一定的联系,原因在于人的创造性越来越成为经济发展的核心动力源泉。由于人的个体差异,阅读对个体的人来讲,到底造成了什么样的影响,仍然是一个众说纷纭的话题。因此,我们只能说阅读有可能提升民族的创造力,进而提升国家的创造力,但具体的量化事实上是难以做到的。除了个体的创造力之外,一个人的道德素质、情感塑造、人际交往、生活方式事实上都与读书存在着或多或少的联系,而这些整体构成了民族素质的核心组成部分。在这些素质的养成中,学校教育、家庭教育、社会环境自然是必不可少的环节,但读书的重要性同样不言而喻。问题在于,我们无法预知哪一本书、哪一个观点,或者只是因为良好的阅读习惯,最终从根本上影响了一个人的道德观念、情感表达以及生活和交往方式,也就很难回答"工具理性"提出的"投入—产出"直接效应问题。甚至我们可能面临的一个问题是:一个农村的图书馆,只有一个小孩来借书,并且因为读书,这个小孩改变了自己的价值观和生活轨迹,最终成为对社会十分有用的人(比如成为一个著名的科学家),而这个图书馆对这个村庄的大部分人来说实际上是"无用"的。我们如何以"工具理性"的思维来评价这个图书馆的实际效用?事实上,阅读人群中的弱势群体,如未成年人、残障人士、阅读障碍者、农村和偏远地区的居民等,与一般性阅读主体相较而言,在对阅读资源的接近、占有、使用等方面处于劣势,这也直接导致了他们阅读资源的天然不足。这种阅读资源的缺失直接导致这些群体阅读能力的相对低下和思维能力的弱化,同时也囿于地理位置偏远等客观原因,这些群体对自身阅读权利的伸张和维护的意识明显欠缺,如果不从国家、政府及法律层面加以干预,国民的阅读差距将逐步拉大。

2. 人与社会发展之间的关系,也很难用"工具理性"来衡量。阅读对个人的重要性不言而喻,但对如何量化人的发展到底在多大程度上促进了社会发展、城市发展和民族发展,同样是无法完成的任务。在全世界十分普遍的现象是:世界主要城市都在抢夺优秀人才,发达城市往往是高素质人才的聚集地。城市作为人类社会发展的缩影,不仅是国家和地区主要的经济中心,同时也是文明的重要载体,城市文化和城市精神的塑造也可以推动城市中的人创造更高的经济价值。要促进一座城市的精神文化发展,全民阅读的推广是必不可少的环节。以深圳为例,曾以经济快速发展获"深圳速度"称号的深圳,如今凭借全国范围内全民阅读各项活动的积极开展,如构建图书馆之城、市民文化大讲堂等文化活动,成为以推崇阅读而闻名的城市。另外,在国家层面,倡导全民阅读从一开始就被提升至提高民族精神境界,以及国际竞争力的至高地位。通过全民阅读,传播优秀文化,提升国民的精神文化素质,继而增强并坚定群众的文化自信,能够让民族和社会保持向上的精神力量和活力。

精神是个人、城市与民族的灵魂,是推动各主体不断前进的支撑和动力,而阅读是培育人类精神的重要途径。目前,国家层面全民阅读立法的顶层设计尚不明朗,这不利于全民阅读的推广设计,同时将影响到个人、城市乃至民族精神的培育。全民阅读立法的制定需要考量经济投入与产出的实际效益,同时也要始终坚持以人为本的价值目的,不断满足广大人民群众的文化需求。

三、国家层面全民阅读立法新思路:工具理性和价值理性的整合

无论是工具理性,还是价值理性,都有明确追求的目标,但两种理性主义追求目标的手段和方式不太一样。价值理性重视理想和信念的终极效用;工具理性力求用最高效、最功利化、技术化的手段实现目标,所以最优化的制度和体制成为工具理性的重点考量对象。在国家层面的全民阅读立法中,需要发挥价值理性的效用,即为了建设"书香社会"不一味追逐效率,但是仍然不能忽略工具理性所强调的制度和体制的完善,这也是工具理性和价值理性整合所能带来的理想状态。目前,有不少学界和业界的专家学者对我国全民阅读立法和规划提出了建设性建议,本文在梳理这些现有提议的基础上,设计了全民阅读立法规划路线图,并做了进一步的阐述。

全民阅读立法作为一项国家战略,需要从国家层面统筹规划全国上下各行各业的阅读推广工作,协调分配好各相关单位和主体的权责关系,

并始终要以促进全民阅读、保障公民的基本阅读权利为根本立法目标。为了推动国家层面阅读立法的建设步伐,本文在总结分析现有国家层面阅读立法建议和规划的基础上,尝试着设计了一个立法规划路线图(如图1所示),希望为全民阅读立法工作提供思路上的参考。

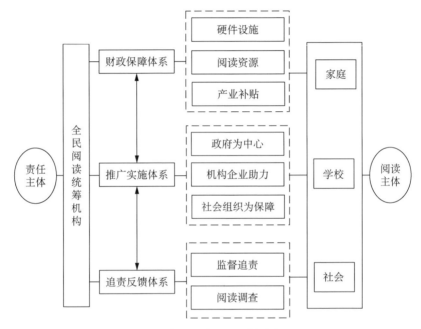

图1 全民阅读立法规划路线图

本文规划的全民阅读立法规划路线图构建了以责任主体为起点,阅读主体为终点,阅读统筹机构和三大体系为保障,推动家庭、学校及社会共建阅读环境的运作机制。图中各部分和环节的职责如下。

(一)责任主体

关于全民阅读中的具体推广主体,学界和业界已有详细探讨,目前较严重的问题是全民阅读推广过程中推广主体间实力相差较大,对政府的依赖度过高,群众的实际参与度较弱,不免流于形式主义[①]。所以在国家层面的全民阅读立法中,首先,必须明确全民阅读推广中的责任主体具体

---

① 黄冬霞、白君礼:《我国阅读推广主体关系分析》,载《图书馆》2016年第10期。

包括哪些,比如我们可以将全民阅读推广中的各大责任主体大致概括为各级政府、相关机构企业和社会民间组织三类,其中相关机构企业又包括出版、图书馆、教育、媒体等行业的相关单位与个体。其次,在明确责任主体后,需要相对合理地厘清各责任主体在促进全民阅读中的权利、职责和应承担的义务,形成良性的合作与竞争机制。更为重要的是,无论是具体责任主体的明晰,还是各主体间的权责关系的确立,都需要在反复实践中完善,不能指望在阅读立法中一蹴而就。

(二)统筹机构

由于阅读推广涉及多部门、多层级行政机构,为避免在全民阅读推进过程中政府各部门和各层级权责不分,设立各级全民阅读统筹机构极有必要。这个机构作为全民阅读活动的主要统筹者,联合不同层级的政府组织管理机构和阅读领域专家,专门负责全民阅读相关事宜,包括资源的配置、阅读活动的组织宣传、阅读活动的评价监督等。另外,该部门也负责为全民阅读推广的各责任主体搭建合作的平台,是各责任主体及活动信息的汇集地。通过平台与数据库的搭建,更为系统便捷地促进全民阅读活动的长期良性开展。

(三)三大体系

全民阅读立法必然涉及三大体系:财政保障体系、推广实施体系和追责反馈体系。财政保障体系是三大体系的基础和保障,推广实施体系统筹各推广主体促进阅读推广活动的开展,追责反馈体系既监督各责任主体也反馈阅读主体的切实需求。这三大体系共同作用,确保全民阅读文化建设的可持续发展。

财政保障体系主要负责阅读推广活动展开过程中的财政投入和开销,包括图书馆等硬件设施及阅读空间的搭建、各形式的阅读资源开发与服务、阅读推广相关行业的补贴等;推广实施体系应形成以政府为责任中心,相关机构企业助力,社会民间组织为保障的权责机制,力求多方责任主体共同促进全民阅读的推广,该体系侧重阅读推广活动的具体全面展开;追责反馈体系侧重于对阅读推广活动的事后反馈,包括对活动中各责任主体的权责督查、对活动取得具体成效的跟踪性评估、对阅读推广活动的现状与展望研究,是阅读推广体系中至关重要的一环。

(四)阅读主体

阅读主体可以根据主体的阅读能力和阅读特征划分为一般阅读群体和特殊阅读群体。一般群体指有正常阅读能力的成年阅读者,而特殊群体包括未成年人尤其是儿童、残障人士、农民等阅读的弱势群体。在国家层面阅读立法中,要以一般阅读群体的阅读需求为基准,重点关注特殊群体的阅读需求和阅读权益的保障。同时,由于我国存在明显的城乡差距、地域差距和社会阶层差距,阅读水平较低的乡村、地区以及社会阶层也需要重点关注。

针对不同的阅读群体,阅读推广活动的侧重点和风格也应有所区别,要逐渐形成分龄分众的阅读服务。这方面,国外已经有不少成功的经验,如美国在1975年、2002年分别通过的《残疾人教育法》和《不让一个孩子落伍法》侧重保障残疾儿童和学龄前儿童的阅读权利;而国内很多图书馆也开始推进阅读推广模式变革,如湖南图书馆自2013年以来已形成了"三馆+工作室+小组"的分龄分众阅读推广模式[①]。这些有益的尝试都更好地满足了各阅读群体个性化的阅读需求,从而提高全民阅读水平。

---

① 蔡家意、姜进:《公共图书馆分龄分众阅读推广模式初探——以湖南图书馆阅读推广为例》,载《图书馆界》2017年第3期。

第六辑

出版与文化

民国教育状况与"左联"文学读者分析*

20世纪30年代,意识形态的传播是关乎两个政党命运的,在军事战场之外的另一块至关重要的战场。意识形态传播的最大使命在于争取最大多数人对自己政党的支持与忠诚,在30年代,国共两党都不约而同地把意识形态传播的对象设定为"大众"。

1932年8月25日国民党宣传委员会制定的《通俗文艺运动计划书》(国民党第四届中央执行委员会三十五次常务会议通过)中强调:"最近一般所谓左翼作家,已鉴及通俗文艺之急切需要,以着手提倡其所谓'大众文艺',想把知识程度尚在水平低下的民众,引诱到他的阶级斗争的路上去,故本党要铲除根深蒂固的封建思想及遏止共产党之恶化宣传,而使民众意识有一种正确的倾向——三民主义的倾向。在党的文艺政策上,对于通俗文艺的提倡,实为当今最紧要而迫切的工作。为欲使此种文艺的影响能普遍地及于全国,应有一个具体的计划,由全国各级党部一致动员,从事于有计划、有步骤之活动,以期造成一个大规模的通俗文艺运动。"①从这段文字来看,国民党把"大众文艺"看作是"当今最紧要而迫切的工作",因为这关乎到所谓"遏制共产党之恶化宣传"。

在"左联"最初的理论纲领中,并没有谈到"大众化"的问题,但在

---

* 本节曾以"30年代教育状况与'左联'文学读者分析"为题发表于《文艺理论与批评》2006年第4期,内容有补充。
① 中国第二历史档案馆:《中华民国史档案资料汇编·文化(一)》,江苏古籍出版社1994年版,第321—322页。

1931年11月的《决议》中,却强调"文学大众化问题在目前意义的重大,尚不仅在它包含了中国无产阶级革命学目前首要的一些任务,如工农兵通讯员运动等等,而尤在此问题之解决实为完成一切新任务所必需的道路"①。此后,"大众化"成了"左联"工作的重要内容,也是"左联"工作的指导方针。为了统一盟员的思想,"左联"执委会让它的盟员这样认识"大众化"的意义:"只有通过大众化的路线,即实现了运动和组织的大众化,作品、批评以及其他一切的大众化,才能完成我们当前的反帝反国民党的苏维埃革命的任务,才能创造出真正的中国无产阶级革命文学。"②在"左联"看来,"大众化"是完成"当前的反帝反国民党的苏维埃革命的任务"的必要手段之一,其重要性自然是不言自明的。

从以上的角度来分析,"大众化"的问题更多地是一种革命意识形态传播的问题,发挥着鼓动与宣传的作用。由于"文革"期间知识分子都有自觉地接受改造的惨痛经历,使得后来的研究者在反思"大众化"问题时,都习惯于从"大众化"所带来的知识分子的身份(从"启蒙"向"被启蒙")的转变及文学的自由性的丧失来看待这一问题。与此同时,我们就把另外一个问题遮蔽了,那就是大众本身。而在我看来,对于"文艺大众化"运动成败得失的探讨应首先建立在对当时的"大众"进行分析的基础上,本文搜罗了一些原始资料,从受众的角度对"大众化"问题加以分析,力图厘清"左联"所说的"大众"到底是什么样的,"左联"的作品是否适合于这些"大众"的阅读。

一、民国教育状况与"大众"的含义

"左联"力图通过自己的文艺作品,把左翼意识形态深入到"大众"心目中去,但"左联"所设想的"大众"是什么样的呢?钱杏邨曾说:"现在的中国农民第一是不像阿Q时代的幼稚,他们大都有了很严密的组织,而且对于政治也有了相当的认识;第二是中国农民的革命性已经充分表现

---

① 《中国无产阶级革命文学的新任务(1931年11月中国左翼作家联盟执行委员会的决议)》,载《文学导报》1931年第1卷第8期。
② 同上。

了出来,他们反抗地主,参加革命,而且表现了原始的 Baudon 的形式,自己实行革起命来,绝没有像阿 Q 那样屈服于豪绅的精神。"①历史证明,钱杏邨大脑中的"大众"只是一个美妙的幻想,如果当时他说的是事实,那么左翼文艺界再去对这些"大众"进行意识宣传和动员就显得多此一举了。谈论"大众化",不能抛开一定的社会文化语境,尤其是不能抛开"大众"受教育的程度。在不同的时间与空间,与不同的政治、经济、文化等条件相联系,所谓"大众"可以呈现出不同的形态、品质以及特点,单是着眼于人口统计中的多数,并不能给大众赋予多少意义。

我在这里准备通过对民国时期中等、高等教育状况的分析,来展现20 世纪 30 年代受众的一个侧影。民国时期的中等教育情况如表 1 所示。

表 1 民国十九年度至二十六年度全国中等学校毕业生累计数②

年度	高级中学	初级中学	师范、简师、简乡师	职业学校	共计
1937	9 701	38 563	9 396	7 623	64 683
1936	13 270	63 594	24 162	10 294	111 320
1935	13 161	60 717	22 493	11 764	108 135
1934	13 161	60 717	22 493	11 764	108 135
1933	9 606	58 332	25 729	8 824	102 581
1932	12 240	61 662	22 450	8 268	104 620
1931	10 761	64 104	22 711	9 015	106 591
1930	7 846	50 384	23 402	7 756	89 388
总计	89 826	458 064	172 936	24 708	795 453

从这张表里我们可以看出,20 世纪 30 年代,每年中等学历毕业的人也仅有 10 万人左右,这还是把初级中学和高级中学的人加起来一起算的

---

① 钱杏邨:《死去的阿 Q 时代》,载《太阳月刊》1928 年第 2 期。
② 中国第二历史档案馆:《中华民国史档案资料汇编·教育(一)》,江苏古籍出版社 1994 年版,第 531 页。

结果,如果顾及初级中学的部分毕业生最终还要上高级中学,那么这个人数还要小。根据统计,1936年,全国共有中等学校3 264所,其中公立2 064所,私立1 200所;在校学生人数共计627 246人,其中公立学校352 445人,私立学校274 801人①。也就是说,在民国成立四分之一个世纪之后,中国基础教育的基础还是十分薄弱的。在广大农村,文盲和半文盲占着绝大多数,就像茅盾所说:"当时的工农大众每天十二小时以上的劳动,他们的半饥饿的生活状况,使他们既无时间、亦无余钱购买那些登载革命文学的刊物和单行本。"②在这些文盲和半文盲中,通过文艺来进行"无产阶级意识"的宣传几乎是不可能的。

中等教育的基础薄弱,高等教育的规模也不容乐观,如表2所示。

表2 历年专科以上学校毕业生统计表(1930—1937年度)③

年度	文类	实类	师范	共计
1937	2 692	2 445	—	5 137
1936	6 118	3 036	—	9 154
1935	5 745	2 837	91	8 673
1934	6 729	2 834	59	9 622
1933	5 982	2 584	99	8 665
1932	5 173	2 074	64	7 311
1931	4 996	1 987	51	7 034
1930	3 576	1 007	—	4 583

备考:民国元年以前毕业生总数为3 184人,1912年学生总数为490人,其中文类361人,实类129人;1914年首次突破1 000人;1923首次突破2 000人,1928年首次突破3 000人,1929年突破4 000人。

通过备考中的比较资料,我们可以看出,在20世纪30年代,中国的高等教育还是处在不断的发展中,但这种发展由于受到整个政治环境的

---

① 中国第二历史档案馆:《中华民国史档案资料汇编·教育(一)》,江苏古籍出版社1994年版,第519页。
② 茅盾:《我所走过的道路》(中),人民文学出版社1984年版,第23页。
③ 中国第二历史档案馆:《中华民国史档案资料汇编·教育(一)》,江苏古籍出版社1994年版,第335页。

影响,速度比较缓慢。截至1936年,全国共有大学42所,其中国立大学13所,省立大学9所,私立大学20所;共有专科学校30所,其中国立专科学校8所,省立专科学校11所,私立专科学校11所。学生总数为29 416人,其中本科生28 530人,专科生886人;应届毕业生6 011人,其中,大学生5 798人,专科生213人①。高等教育的规模是比较小的。在教育部1935年编制的28个国家高等教育对比一览表里(有些国家排名并列),中国也排在最后,见表3。

表3　20世纪30年代初世界主要各国每万人中所占大学生数之比较

国别	调查年次	人数	位次
中华民国	1931	1	19
美国	1931	73	1
俄国	1931	17	9
德国	1928	24	6
法国	1929	17	9
加拿大	1929	57	2
英国	1931	12	14
西班牙	1929	24	6
意大利	1931	11	15
波兰	1929	14	12
日本	1931	6	17
罗马尼亚	1928	18	8
奥地利	1930	38	3
比利时	1928	23	7
匈牙利	1930	17	9
瑞士	1930	28	5
荷兰	1929	14	12

---

① 中国第二历史档案馆:《中华民国史档案资料汇编·教育(一)》,江苏古籍出版社1994年版,第297页。

(续表)

国别	调查年次	人数	位次
瑞典	1930	16	10
丹麦	1931	24	6
澳大利亚	1930	13	13
印度	1929	0.3	20
希腊	1928	13	13
南非洲	1930	38	3
葡萄牙	1928	10	16
纽西兰	1929	36	4
挪威	1929	15	11
土耳其	1928	3	18
纽芬兰	1929	3	18

从表 3 可以看出,20 世纪 30 年代初每万人中的大学生数,美国(1931 年)居第一位,每一万人有大学生 73 人;加拿大位居第二,每万人中也有 57 名大学生;而日本居倒数第三,每一万人有大学生 6 人。排在倒数第二的土耳其(1928)和纽芬兰(1929),每万人中也有 3 个大学生。而中国每万人只有大学生 1 人①。这说明,在中华民国成立 20 多年之后,教育仍然是一个十分薄弱的环节。

从以上各表所列的数据可以看出,"左联"文学之所以难以深入"大众",其主要原因是"大众"文化素质低下与大众对新文化本身的隔膜。问题在于,对于"左联"文学未能深入到读者中去的现实,"左联"作家显得忧心忡忡。阳翰笙这样谈到大众的"文学读本":"一般的工农大众享受着一些什么样的东西呢? 文化水平高一点的,他们读张恨水、徐卓呆之流的半新不旧的东西,低一点的看看连环图画,哼哼时事小唱,听听大鼓说书,看看文明新剧,这些就是他们日常所享受的大众文艺。"②瞿秋白则痛心地

---

① 中国第二历史档案馆:《中华民国史档案资料汇编·教育(一)》,江苏古籍出版社 1994 年版,第 243—244 页。
② 寒生:《文艺大众化与大众文艺》,载《北斗》1932 年第 2 期。

指出:"拿新文言的作品和旧小说比较起来,旧小说在识字的下层群众中占着统治的地位,像'五四'以前古文文言在士大夫式的知识分子中占着统治的地位一样,这是事实。""中国的劳动群众还过着中世纪的文化生活。说书、演义、小唱、西洋景、连环图画……到处都是,中国的绅士资产阶级用这些大众文艺做工具,来对劳动民众实行他们的奴隶教育。这些反动的大众文艺,不论是书面的口头的,都有几百年的根底,不知不觉深入到群众里去,和群众的日常生活联系着。"①郑伯奇说:"中国的工人,决不会欢迎张资平的小说。然而,《火烧红莲寺》《江南廿四侠》《七侠五义》《施公》《彭公》,却得到大众热烈的欢迎和拥护。"②

但是如何去解决这一问题呢？当有人提出"文艺大众化"的障碍在于"大众"自己还缺乏接受文艺作品的准备的时候,瞿秋白严厉地指出:这是一种"知识分子脱离群众的态度,蔑视群众的态度",是"企图站在大众之上去教训大众",并且认为这是实现大众化的"深刻障碍",必须"彻底铲除"③。瞿秋白在追溯"文艺大众化"只停留于"空谈"阶段的原因时说:"最主要的原因,自然是普罗文学运动没有跳出知识分子的'研究会'的阶段,还只是知识分子的团体,而不是群众的运动。这些革命的知识分子——小资产阶级,还没有决心走近工人阶级的队伍,还自以为是'大众'的教师,而根本不了解'向大众去学习'的任务。因此,他们口头上赞成'大众化',而事实上反对'大众化',抵制'大众化'。"④这样,就把"受者"没有准备好接受文艺作品的问题,转变成了"传者"发出的信息不符合要求的问题。在有些"左联"领导人看来,"传者"只能根据"受者"口味、接受水平来"调制"适合于"受者"口味的东西。产生这种倾向的原因在于,在当时的"左联",对"大众"是缺乏具体的分析的。说到"大众","左联"的很多论者很显然是把它抽象化了。由于对"受众"缺乏具体的分析,"大众"的概念显得过于笼统,在一定意义上它变成了一个经济、文化、道德的符

---

① 宋阳:《大众文艺问题》,载《文学月报》1932创刊号。
② 何大白:《文艺的大众化与大众文学》,载《北斗》1932年第2期。
③ 瞿秋白:《瞿秋白文集》,人民文学出版社1953年版,第875页。
④ 同上书,第878页。

号,"大众"几乎一直是贫困、悲惨命运的同义语,也与勤劳、诚实、朴素的美好道德有着紧密的联系。但问题常常是在宏大的概念背后具体的所指却很难确定。当"大众"被具体化的时候,总是带有这样那样的区别。"五四"后成长起来的青年,即使只读了小学,却与在私塾里泡了几年的不同;能听懂说书的就和能看懂通俗小说的不同。而对这一切,"左联"领导人似乎很轻易地便漏了过去。但在如何解决这一问题的方法上,却片面地强调作家向"大众"学习的重要性,也就是说,把"大众"的教育素质的问题归结为作家的思想认识问题。

对"大众语"的探讨,事实上也是对"大众"缺乏具体分析的一种表现。穆木天曾经感慨:"我现在痛感的,就是现在我们所写的语言,与大众相去太远,我们的言语的写实的力量太少,不能把大众捉住,不能感动人,总嫌现在的作品或译品,因为语言的写实力量不够,只能注入读者一种概念,不能感动大众以一种力量。以后要用大众嘴说的言语,固然要把大家的言语一方面提高的,要丢掉智识阶级的言语这个皮囊。"[①]任白戈说:"文言是贵族的语言,白话是市民社会的语言,这是在'五四'时代的'文学革命'当中分划得很清楚的。那末,现在的所谓'大众语',自然是市民社会以下的成千累万的大众的语言了。这种语言,必然是为大众所有,为大众所需,为大众所用。即是说,这种语言,必然是拿来为大众服务而且很适于为大众服务的。"[②]但很显然的是,"左联"对于大众的语言也缺乏具体的分析,因而所谓"大众语",在当时的语境中还是幻想多于实际。茅盾做过具体的调查,发现工人中间"流行着至少三种形式的'普通话'。一种以上海土白为基础而夹杂着粤语、江北话、山东话。第二种以江北话为基础,而夹杂着山东语和上海语。第三种是北方音而上海腔的一种话"[③]。且不管茅盾的调查有多少的广泛性和可信度,只这三种"普通话"统一起来也不是那样简单的,语言并不是一张随时可以脱去的"皮",也并非某一阶级的专利品,但要利用一种语言,不经过教育是不行的。

---

① 穆木天:《我希望于大众文艺的》,载《大众文艺》1930 年第 2 卷第 4 期。
② 任白戈:《"大众语"的建设问题》,载《新语林》1934 年创刊号。
③ 止敬:《问题中的大众文艺》,载《文学月报》1932 年第 2 期。

在《文艺大众化》一文中,鲁迅对受众的实际状况作了自己的估算,由于对现实的深刻体认,他非常清楚"文艺大众化"在具体实施上的艰难。鲁迅指出:"现在是大众能鉴赏文艺的时代的准备","倘若此刻就要全部大众化,只是空谈"。他在文中谈到,要想做到"文艺大众化","读者也应有相当的程度。首先是识字,其次是普通的大体的知识,而思想和感情,也许大抵达到相当的水平线。否则,和文艺即不能发生关系"。这里提出了文艺鉴赏的三个起码的条件,而在这三个基本条件中,我国的大众在其首要的一条上确是"大多数人不识字;目下通行的白话文,也非大家能懂得的文章;语言又不统一……",所以,鲁迅认为,"在现下的极其不平等的社会里,仍当有种种难以不同的文艺,以应各种程度的读者之需。不过多有为大众设想的作家,竭力来做浅显易解的作品,使大家能懂,爱看,以挤掉一些陈腐的劳什子"。在鲁迅这儿,"大众"并非铁板一块,而是依其知识水平的不同,可以分为不同的层次的。"大众"的文化素质不可能在很短的时间内迅速提高,尤其是这些"大众"还处在饥寒交迫的时代。

二、"左联"文学的实际读者

既然"左联"心目中的"大众"受自身条件的制约,不可能成为"左联"文学的读者,那么"左联"文学的读者到底是哪些人呢?对于这个问题,我们可以在一些回忆录中找到答案。

据徐懋庸回忆,20世纪30年代"在青年知识分子中间大部分倾向马克思主义,国民党反动派办了宣传'三民主义'的书刊,却很少人予以理会,而只要带点'赤色'的书刊,却大受欢迎"①。在具体的创作中,一些出自革命作家手笔的作品,如《山雨》《子夜》"这两部作品都是足以显示30年代初期革命文艺的创作成果的",它们因"反映当时农村和城市的斗争生活"而"成为我们一些青年读者议论的中心"②。蒋光慈继《少年漂泊者》《鸭绿江上》《短裤党》和《冲出云围的月亮》在青年学生中简直风靡一

---

① 徐懋庸:《徐懋庸回忆录》,人民文学出版社1982年版,第64—65页。
② 王西彦:《回忆王统照先生》,载《新文学史料》1979年第3期。

时①。1928年至1930年间,蒋光慈的作品成为青年的圣经,其作品也一版再版,一年之内就重印了好几次。他的书被改头换面不断盗版;别人的作品也会被印上蒋光慈的大名而畅销,比如,邹枋的短篇小说集《一对爱人儿》出版不到一年,就被换上蒋光慈的名字出版,甚至茅盾出版于1929年7月的短篇小说集《野蔷薇》中的作品,1930年1月也被包装成蒋光慈的创作,以《一个女性》为名出版。蒋光慈的作品确实写出了当时青年人的苦闷,陈荒煤曾这样谈到他青年时代读蒋光慈作品时的感受:"蒋光慈的《少年漂泊者》使我感动得落下泪来。"②蒋光慈作品的热销似乎持续了很长的一段时间,郁达夫在《光慈的晚年》中说:"在1928、1929年以后,普罗文坛就执了中国文坛的牛耳,光慈的读者崇拜者,也在两年里突然增加起来了","同时他那部《冲出云围的月亮》在出版的当年,就重版到了6次","蒋光慈的小说,接连又出了五六种之多,销路的迅速,依旧和1929年末期一样"③。

  与蒋光慈在一段时间内热得发紫不同,鲁迅作品的销量一直很可观,这些情况我们可以从鲁迅的书信中得知一二:《准风月谈》最初是"几个小伙计私印的",但很快"一千本已将售完"④;"新出的一本,在书店的已售完,来问者尚多,未知再版何时可出?"⑤《二心集》"出版后,得到读者欢迎,旋即告罄。同年11月再版,又销售一空,历年一月又出第3版,8月又出第4版"⑥。鲁迅作品被广大读者喜爱,使得许多不法商贩常常通过翻印来谋取利润,对于这种情况,鲁迅不但不以为意,而且还持欢迎的态度:"《准风月谈》一定是翻印的,只要错字少,于流通上倒也好;《南腔北调集》也有翻版。"⑦"《南北集》翻本,静兄已寄我一本,是照相石印的,所以略无错字,纸虽坏,定价却廉,当此买书不易之时,对于读者也是一种功德,而且足见有些文字,是不能用强力遏制。"⑧销量一直居高不下的还有

---

① 王西彦:《船儿摇出大江》,载《新文学史料》1984年第2期。
② 荒煤:《伟大的历程和片断的回忆》,载《人民文学》1980年第3期。
③ 郁达夫:《光慈的晚年》,载《现代》1933年第3卷第1期。
④ 鲁迅:《350126 致曹靖华》,《鲁迅全集(13)》,人民文学出版社1981年版,第32页。
⑤ 鲁迅:《350312 致费慎祥》,《鲁迅全集(13)》,人民文学出版社1981年版,第77页。
⑥ 周国伟:《略论鲁迅与书局(店)关系》,载《出版史料》1987年第7期。
⑦ 鲁迅:《350207 致曹靖华》,《鲁迅全集(13)》,人民文学出版社1981年版,第46页。
⑧ 鲁迅:《340619 致曹靖华》,《鲁迅全集(12)》,人民文学出版社1981年版,第460—461页。

茅盾的作品,"《子夜》出版后3个月内,重版4次:初版三千部,此后重版各为五千部;此在当时,实为少见"。在《子夜》遭删后,更有进步华侨以"救国出版社"名义,"特搜求未遭删削的《子夜》原本,重新翻印"①。既然鲁迅和茅盾被看作是青年人的导师,那么他们的作品经常被什么人阅读也是不言自明的事。再说了,像鲁迅那样的作品,就是给"左联"心目中的"大众"去读,也未必会受他们的欢迎。

20世纪30年代,不仅"左翼"作品受到青年知识分子的青睐,"左翼"革命文学杂志也受到青年知识分子的欢迎。据王西彦回忆:"正当我耽读俄罗斯和其他外国作家的作品时,也受到了左翼文艺运动的猛烈冲击。""鲁迅主编的《萌芽》和蒋光慈、钱杏邨主编的《拓荒者》"以及"一大批发表革命文学作品的刊物,如《北斗》《大众文艺》《文学月刊》等等"都是很受欢迎的②。鲁迅曾在20世纪30年代初给友人的信中说到,"近颇流行无产文学,出版物不立此为旗帜,世间便以为落伍",当时杂志中"销行颇多者,为《拓荒者》《现代小说》《大众文艺》《萌芽》等,但禁止殆将不远"③。

从以上的分析我们可以看出,由于战争的频繁、自然灾害的侵蚀、基础教育的薄弱,"大众"的绝大部分还是处于文盲和半文盲的状态,这造成的必然结果是:"当时阅读革命文学、普罗文学的读者,仍是革命的小资产阶级知识分子。"④这就形成了这样一种难以避免的矛盾:"左联"一方面希望能为大众创造出"看得懂、听得懂"的文学作品;另一方面,"左联"的文学作品确是被革命的小资产阶级知识青年们阅读。"左联"文学的预设读者("大众")和"实际读者"(青年学生)之间的分裂,究其原因,主要是因为"左联"没有对"大众"进行具体的分析,忽略了在当时的历史条件下"大众"是不可能成为左翼文学的读者的。

三、作者和读者之间的情感共鸣

到底是什么原因促使"左联"文学作品深受青年学生的欢迎呢?从传

---

① 茅盾:《我走过的道路》(中),人民文学出版社1984年版,第23页。
② 王西彦:《船儿摇出大江》,载《新文学史料》1984年第2期。
③ 鲁迅:《书信·300503致李秉中,鲁迅全集(12)》,人民文学出版社1981年版,第15页。
④ 茅盾:《我走过的道路》(中),人民文学出版社1984年版,第234—235页。

播学的角度来看,只有"传者"和"受者"有一定的情感共同性,"传者"发出的信息才能引起"受者"的反馈和共鸣。鉴于此,我对"左联"文艺家,主要是一些"左联"领导人作了一些考察,如表 4 所示:

表 4 "左联"领导人情况列表

姓名	出生年份	籍贯	家庭背景	学历
郭沫若	1892	四川乐山	中等地主兼商人	留学日本,1923 年毕业于九州帝国大学医科
茅盾	1896	浙江桐乡	中等商人	北大预科肄业。文学研究会主要发起人之一
瞿秋白	1899	江苏武进	破落家庭	1917 年入北平俄文专修馆
田汉	1898	湖南长沙	农民	留学日本,1922 年毕业于东京高等师范学校教育系
钱杏邨	1900	安徽芜湖	农民	20 世纪 20 年代在上海中华工业专门学校土木工程系就读。没有正式职业,以文艺批评为生
冯乃超	1901	广东南海	华侨资本家	1924 年考入日本京都帝大,后转入东京帝大
阳翰笙	1902	四川高县	丝茶商	就读四川省立一中,因学生运动而被迫离开。1926 年,被分配到黄埔军校政治部当秘书
胡风	1902	湖北蕲春	农民	1925 年进北大预科,次年进清华大学英文系,均未完成学业。1931 年留学日本,入庆应大学英文系,两年后因从事相关社会活动被驱逐回国
冯雪峰	1907	浙江义乌	农民	1921 年考入浙江第一师范学校。一度在北大旁听。无正式职业,以批评、翻译活动为生
周扬	1908	湖南益阳	地主	1928 年毕业于上海大夏大学,同年留学日本。1930 年辍学回国,无正当职业
任白戈	1906	四川南充		
夏衍	1900	浙江杭县		德清县立高小毕业后当过染坊学徒。1915 年入浙江甲种工业学校。1920 年赴日本,入明治专门学校学电机工程
丁玲	1904	湖南临澧	没落的封建世家	1923 年进共产党创办的上海大学中文系学习。1927 年发表小说《莎菲女士的日记》等作品,引起文坛的热烈反响
徐懋庸	1910	浙江上虞	农民	1926 年参加北伐战争,1927 年考入上海劳动大学中学部,1930 年毕业后到浙江省临海县中学任教,开始翻译外国文学作品
何家槐	1911			

(续表)

姓名	出生年份	籍贯	家庭背景	学历
沙汀	1904	四川安县	没落的封建世家	1921年起就读于成都省立第一师范学校,1926年毕业后在家乡参加革命工作。1929年流亡到上海,刻苦自学,1931年开始创作
周文	1907	四川荥经		
楼适夷	1905	浙江余姚	钱庄学徒	1929年留学日本,修俄罗斯文学
王尧山	1910	江苏溧阳		1927年到上海做学徒,后在浦东电气公司工作
朱镜我	1901	浙江鄞县		1927年毕业于日本东京帝国大学,获文学学士学位
任钧	1909	广东梅县		1928年来上海,同年秋考入复旦大学中文系

从表4也可以看出,"左联"重要领导人的家庭背景主要有两类:一是破落家庭;二是农民。"左联"作家出生的这样一个阶层,决定"左联"的主要领导人带有一种与生俱来的优点和缺点。其优点主要是:"左联"作家天生就和社会下层比较接近,对于社会下层的痛苦与悲惨生活比较同情,对于社会的不平等感同身受,这些复杂的感情在他们艰难的求学过程中不断地得以强化,求学对他们来说就是一种与苦难的斗争史。从一定意义上说,他们只是一帮幸运儿,出生于普通家庭而最终获得了读书机会,他们时常希望着自己能给苦难的"民众"(他们常常把此抽象化为"母亲""父亲")带去一点什么。他们中的绝大多数人都经历过"五四",许多人的回忆录中都承认,"五四"的书刊对他们产生了很大的冲击,正是在这些书刊的冲击下,他们许多人都自愿或被迫地走出了家门。正是因为这个原因,他们很容易接受马克思主义的"阶级"理论。在他们看来,社会存在着这么多不平等,他们有义务打破这种不平等,为此,他们把"动员"民众反抗现政权作为自己的神圣使命。同样,他们与生俱来的缺点也是很明显的:与顽强的奋斗精神伴随而来的就是他们都争强好胜,并且多少还有一点固执,长期的奋斗经历,养成了他们重视交情的秉性,"看人不看事"有时候便不能避免,这一切使他们在思想中带有了强烈的"小团体意识"。鲁迅曾在答复徐懋庸的文章中指出:"在'左联'结成的前后,有些所谓革命作家,其实是破落户的漂零子弟。他也有不平,有反抗,有战斗,而往往

不过是将败落家族的妇姑勃溪、叔嫂斗法的手段,移到文坛上。喊喊唧唧,招是生非,搬弄口舌,决不在大处着眼。"鲁迅这句话虽然有偏激的一面,但作为从中国传统家庭成长起来的"左联"作家,这种特点还是打上了中国传统文化深深的烙印,"人际关系"成了他们熟练的功课。黄药眠曾有这样一段回忆,也可以作为笔者的观点的佐证:"在出版社待的时间长了,我对于创造社出版部的情形也了解得多了一些。我知道他们是以日本东京帝大的学生作为骨干的。日本其他大学的学生,他们都有点瞧不起。例如,郑伯奇、穆木天等都是京都帝大的,他们都是属于次要的人物。西洋留学回来的,如果文学主张相同,也可以适当地把他们作为羽翼,至于国内的大学毕业生,则一律把他们看成为小孩子。"①优点和缺点并存的这批知识分子,就是我们的论述所面对的"传者"。他们很轻易地用"平等"代替了"民主"和"自由",这种替换在历史语境当中显得是那样自然,并且,这种替换使他们自己都有了一种正义感,他们的心中就时时充满着这种正义的自豪感。

从表4透露出来的另一个信息是:在他们的经历中,很多人都曾留学日本,但学习文学专业的人并不多,也就是很多人并非"科班出身"。我们现在来看一看民国时期的留学生分布情况,见表5。

表5　民国十八年至二十六年留学生统计表②

	十八年	十九年	二十年	二十一年	二十二年	二十三年	二十四年	二十五年	二十六年
英国	34	3	21	47	57	57	72	49	27
法国	163	137	103	101	39	40	54	17	24
美国	218	134	104	29	137	202	240	214	189
德国	80	61	69	58	51	50	81	3	45
意大利	1	1	—		2	9	2	6	—
比利时	55	42	25	7	13	14	10	7	
日本	1 023	556	79	225	211	340	444	481	49

① 黄药眠:《黄药眠口述自传》,中国社会科学出版社2003年版,第66页。
② 中国第二历史档案馆:《中华民国史档案资料汇编·教育(一)》,江苏古籍出版社1994年版,第394—395页。

从表中我们可以得知,中国留学生主要是去日本和美国,尤其是去日本留学的人数占留学生总数的一半左右,在20世纪30年代去日本留学是比较普遍的现象,这与去日本留学相对于去欧美留学花费较低有很大的关系。此外,在这些留学生中,国民党中央派遣和补助的留学生比较少,公费留学生绝大部分是去了英国和美国,见表6。

表6 国民党中央派遣和补助留学生在各留学国中现有人数统计(1930—1933年)[①]

国别	第一批	第二批	第三批	第四批	补助	总计
美	6	37	15	8	6	72
英	4	6	—	1	3	14
法	4	1	—	—	4	9
德	5	1	—	—	4	10
日	7	—	—	—	2	9
加拿大	—	—	—	—	1	1
总计	26	45	15	9	20	115

在1929年1月24日制定的《中央大学区制定的各项派遣留学生章则》中,"十七年度派遣出洋制原则:一、十七年度派遣出洋员生,以研究纯粹科学及应用科学为原则。二、十七年度派遣出洋员生,以赴法比二国为原则……七、官费生须入本大学所认可之学校,学习投考时所认定之科目。如有中途改入他校或改学他科时,须呈经本大学核准,否则停止给费。"[②]结合上表,我们可以清楚地看到,国民党是倾向于向英、美、意等国派遣公费留学生的,并且这些留学生"以研究纯粹科学及应用科学为原则"。既然政策导向如此,那么合理的想象便是从欧美回国的留学生或者"以研究纯粹科学及应用科学为原则"的留学生在一定程度上也容易受到重用。从日本留学回国的"左联"文艺家显然不属于这个范围。在当时,去日本留学虽然比去欧美留学花费较少,但投入对当时的人来说同样是

---

① 中国第二历史档案馆:《中华民国史档案资料汇编·教育(一)》,江苏古籍出版社1994年版,第380页。
② 同上书,第363—364页。

不少的,这从留学所需要的保证人资格要求中就可以看出:"保证人资格:(甲)殷实商号;(乙)有固定职业能担负该生经济及行为责任者。"而保证人的责任则是:"所有该生留学期内所需经费及其他行为均由保证人负完全责任,如在留学期内发生一切经济困难问题时,经国外留学管理机关报告国内留学管理机关,通知保证人后保证人立即筹款接济。"①花了钱,又不能受到重用,可以这样说,是国民党当局让他们游离于主流政治之外,产生"报国无门"的感觉也是极其正常的。

"左联"文艺家边缘化的社会角色,在一定程度上是当代许多知识青年的真实写照。"五四运动(1919)以后,学生运动一度成为国民政治中的重要因素,结果也遭到镇压,尽管其程度不像工会那样有效和持久。例如,1930年,国民党的训练部宣布禁止除了受国民党严格控制以外的所有非学术性的学生组织。同时,教导学生专注于其学习和不过问政治。然而,学生是这个国家最激烈的民族主义的群体。在1931—1932年和1935—1936年,当日本帝国主义步步进逼,而南京当局看来是在绥靖政策下一再退却时,学生的爱国主义曾几度爆发,演变成游行示威,抵制日货,甚至对政府官员进行人身攻击。南京政权对这些学生抗议最终无一例外地使用了暴力。出于对任何不是由政府发动和控制的政治运动的不信任,以及在学生中的少数共产党鼓动者的过分敏感,南京政府把至少一千名,也许是几千名学生投进了监狱。学生被班上出现政府密探、学生宿舍被突然搜查和同班同学无端失踪这类现象吓坏了。政府就这样在很大程度上成功地把学生运动作为一种政治力量控制住了。但同时,也把学生在政治上推向了左翼。他们中间的很多人最终变成了共产党人。"②共同的被边缘化的处境,共同的在民族危亡时的责任感和紧迫感,使他们的情感产生了广泛的共鸣,这也是"左联"文学作品之所以受到广大青年学生喜欢的真正原因。无论是"左联"作家,还是知识青年,他们显然把自己

---

① 中国第二历史档案馆:《中华民国史档案资料汇编·教育(一)》,江苏古籍出版社1994年版,第386页。
② 费正清主编:《剑桥中华民国史(第二部)》,章建刚等译,上海文艺出版社1992年版,第152—153页。

定位为"为广大劳苦大众谋福利"的一群。描述"大众"的悲惨生活,与阅读"大众"的悲惨生活,成了他们生活的一个不可或缺的部分,也是他们被边缘化之后,反抗统治阶级的一种手段。

"左联"组织结构的构成、缺陷与解体
——"左联"的组织传播研究*

对"左联"组织系统的研究,缘于这样一个想法:"左联"内部纷争不断、矛盾不断,这些论争与矛盾虽然一方面与当事人的个性、品行、办事的作风有关,另一方面则是在"文革"中许多人因这种复杂的人际关系而最终"蒙冤受屈",心中对许多事自然是"耿耿于怀"。当时间淡化了"怨气"后,我们必须去认真思考的一个问题是:难道一切的误会和矛盾都是由当事人的品行与作风造成的吗?在各种回忆录的叙述中,当事人仿佛都在党的指令下开展着自己的工作,他们当时的"错误"似乎不应完全归咎于他们本人。今天,当我们以一种"宽恕"的眼光去看七十年前的是是非非时,我们不禁要问:当年这些矛盾能够因为某一个人的出现和某一个人的不出现而避免吗?答案似乎并不像"品行论"者想象的那样简单。首先,组织系统结构的先天不足,往往会导致人事矛盾的产生和加剧。对"左联"组织系统本身的研究,很有可能使我们站在一个"圈外"的角度去审视以前一些暧昧不明的事情,有助于解答我们长期以来争论不休的一些问题,也能真正弄清楚"左联"领导人之间矛盾产生的组织结构根源。

一、"左联"组织系统分析

从图1我们可以清楚地知道,"左联"在中国共产党宣传系统中的确

---

* 原文载《文史哲》2007年第4期。

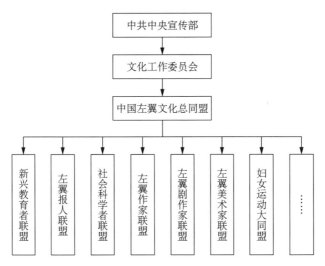

图1 "左联"在中共宣传系统中所处的位置

切位置:"文委"和"文总"是中共中央宣传部的下级组织,"左联"则是"文委""文总"领导下的"群众组织"之一。"左联"在中国共产党宣传系统中的"位置",决定了它必须和其他同盟(如"教联""社联")共同担负起党的意识形态传播使命,号召并组织青年反抗现实政权的重任。明白了这一点,我们就不难理解为什么当时革命文学的发起人毫不犹豫地宣称:"文学便是宣传。"从这个角度讲,"文学便是宣传"在一定程度上也就是"左联"作家的历史使命,他们不仅要用文学去宣传,而且要让宣传起到预期的效果,即革命文学发起者所说的"组织生活"。其次,"左联"所处的位置说明,它并不是"文委"和"文总"所领导的唯一组织,与它并列的还有"教联""社联""妇联"等组织。事实上,在中国左翼文化总同盟活动的大约六年时间里,各联盟的作用也各不相同。具体情况是,前期"左联"所起的作用比较大,而后期"社联""妇联"的作用明显增大,这种作用大小的变化,一方面使得"文总""文委"的工作重心有所转移;另一方面,"文委""文总"的领导大多数时候是从作用较大的联盟中产生的。后期"左联"在"文总"的地位相比前期有了显著的下降,在"左联"解散的时候,鲁迅的意见没有被充分重视,不知是否有这方面的原因。在"左联"后期,"左联"事实上只是"文委"的"普通一员",不再具有任何的特殊性,见图2。

下面我们来详细谈谈各种组织的具体功能。

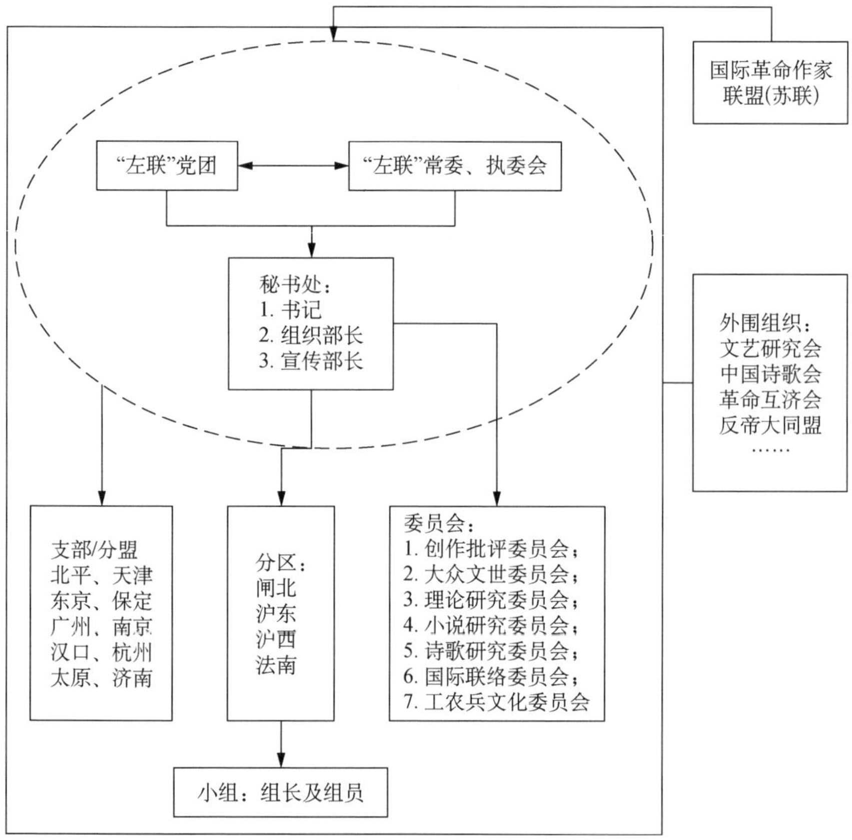

图 2 "左联"组织系统图①

（一）中共中央宣传部

1928年7月,中国共产党在莫斯科召开第六次代表大会。在"六大"通过的《宣传工作的目前任务》中,党中央指出要加强对革命文学运动和文化科学团体的领导,1928年12月底在中国共产党的组织下,成立了"中国著作者协会",发起人包括郑振铎、叶圣陶等四五十人,鲁迅却未参加。协会成立后,基本没有开展实际活动便自行解散了。1929年6月,

---

① 参阅王宏志:《鲁迅与"左联"》,新星出版社2006年版。

"左联"组织结构的构成、缺陷与解体——"左联"的组织传播研究

在上海召开了中国共产党六届二中全会并通过《宣传工作决议案》,鉴于"宣传工作的组织问题",会议决定成立中央宣传部,其职权是全国宣传教育工作的最高指导机关,它不只是对中央的宣传工作负责,还应当是对全国的宣传工作负责。中央宣传部由以下各科各委组成:审查科、翻译科、材料科、统计科、出版科、文化工作委员会①。文化工作委员会(简称"文委")是建党以来第一个党的文化领导机构,旨在"指导全国高级的社会科学的团体,杂志及遍及公开发行的各种刊物书籍"②。会后新当选的中央政治局常委兼中央秘书长和宣传部长李立三,将宣传部的文化党组扩大为"文化工作委员会",中宣部干事潘汉年任书记。鉴于中国著作者协会的短命,"文委"开始考虑用另一种形式团结广大的革命文艺界,不久便开始酝酿筹备成立中国左翼作家联盟。此后,"左联"对敌斗争的成功范例,使得"文委"更积极地组织了"社联""剧联"等相关组织。

(二)文化工作委员会、中国左翼文化总同盟

在图1中,中共中央文化工作委员会(简称"文委")是在中共中央宣传部的直接领导下,主管文化工作的部门;中国左翼文化总同盟也是协调各文化组织的部门,那么这二者之间的隶属关系到底如何?担任文委书记时间最长的阳翰笙曾说过,"文委"的成员同时也是"文总"的党团成员,即一套班子,两块牌子③。但胡乔木却并不这样认为④。我们现在可以知道的是,在"左联""社联""剧联"等联盟成立之前,"文委"已经存在,而"文总"则是在"左联""社联"等组织产生以后,"文委"为了更好地协调各盟的工作而设置的一个机构。但从组织传播学的角度来看,"文总"和"文委"所具有的功能是一样的,都是组织、指导各盟完成中国共产党的"文化斗争"。从机构的直接隶属来说,"文委"是中宣部的直接下设机构,是一个不折不扣的执行机构,而"文总"从其产生的过程来看带有明显的"统战性

---

① 中国档案馆编:《中共中央文件选编》第五卷,中共中央党校出版社1989年版,第273页。
② 中国档案馆编:《中共中央文件选编》第五卷,中共中央党校出版社1989年版,第273页。
③ 中国社会科学院文学研究所《"左联"回忆录》编辑组:《"左联"回忆录》(上),中国社会科学出版社1982年版,第66页。
④ 胡乔木:《1935年至1937年间上海坚持地下斗争的"文委"、"文总"和江苏省临委》,载《上海党史资料通讯》1987年第5期,第1—4页。

质",只是由于人员的重叠,这种区别就显得没有多大的意义了。"文委"和"文总"到底组织和领导哪些组织和团体,看法很是不同。

1. 夏衍说:"'文委'直接领导的革命文化组织,除了上述的四个联盟之外(指'左联''社联''剧联''美联'——引者注),1933年3月,还组成了'左翼电影小组'和'左翼音乐小组',由于当时这两方面的党员人数不多和便于公开,并转组成'电联',和'音联'。'文化大革命'中'四人帮'的专案组一口咬定说'文总'下面有一个所谓'八大联',也有些不了解实际情况的人也用过'八大联'这个名称,这一点我可以负责说明,他们把电影、音乐、教育、新闻都说成和'左联''社联'并列的联盟,这是不确切的。我是电影小组的组长,音乐小组则在1935年以前一直由'文总'委托田汉单线领导,影响较大的'侨联''新联''妇联'则都是'社联'的外围组织,不是由'文委'和'文总'直接领导的。"①

2. 阳翰笙说:"下面有九个组织,它们是'左联''剧联''社联''美联'、教育工作者联盟、新闻记者联盟、音乐小组、电影小组,还有一个叫苏联之友社(又叫'中苏音乐学会')。"②

3. 孔海珠根据第十一期《文报》上刊载的各个联盟的新纲领草案,认为以下的组织可能是平级的。这些组织是中国社会科学者联盟、中国新兴教育者联盟、中国左翼报人联盟、中国妇女运动大同盟、中国左翼作家联盟③。

由于各种说法存在着较大的差异,因而要弄清楚它们之间的组织隶属关系事实上已经很难。但是,透过这些研究材料,我们可以清楚地看到,"文委"和"文总"已经把它们的战线扩展到文化界的各个方面,也就是说,它们为了完成"文化斗争"的使命,试图把各个文化领域的人都组织起来。

在图2中,我们可以看到这样一点,椭圆形的虚线所围起来的部分——"左联"党团、常委会、执委会、秘书处,可以说是"左联"的领导核

---

① 夏衍:《懒寻旧梦录》(增补本),生活·读书·新知三联书店2000年版,第119页。
② 中国社会科学院文学研究所"左联"回忆录》编辑组:《"左联"回忆录》(上),中国社会科学出版社1982年版,第158—159页。
③ 孔海珠:《左翼·上海1934—1936》,上海文艺出版社2003年版,第76—77页。

心。从表面来看,"左联"力图去实现的是一种"集体领导",但由于各种主观的和客观的原因,这种"集体领导"却并没有实现。

下面我们对"左联"的这三个"领导部门"分别加以论述。

(一)"左联"党团

在党的任何一级组织机构当中,"书记"都是一个十分重要的职位,无论是其拥有的职权还是承担的职责都比较大。"左联"也设有"党团书记"一职,在这样一个"群众组织"里,"党团书记"的职权到底是什么?

从"左联"盟员的回忆中,我们可以看到在"左联"成立初期,"左联"党团书记的职权并不是很大[①]。但事实上,由于:(1)在"左联"内部有两类工作:一是创作,二是政治活动。鲁迅作为"盟主"并不经常参与"左联"内部许多事务的决议,也不去参与许多政治活动。(2)在当时的条件下,常委会的人常常碰头开会也没有现实可能性。(3)党团是"党"的唯一合法化代表,而"左联"内部成员绝大部分又是党员。在党内,党小组的活动是一项重要的活动内容,许多活动诸如游行、贴海报等都是由基层党小组完成的。(4)"左联"的党团书记又往往是由"文委"成员兼任,有时甚至是"文委"书记(即"左联"上级机关领导)兼任。(5)鲁迅与作为"左联"发起者的创造社、太阳社成员的矛盾并没有随着联盟的成立而消失。就产生了一个问题:"左联"在成立时的初衷,是由执委会、常委会进行协商的集体领导,"'左联'党团书记的主要任务是联系文委和'左联'常委,起个桥梁作用,不像现在某机关党委书记权力大"[②]。但是"左联"党团书记的职权也有一个逐渐增强的过程,到周扬开始担任"左联"党团书记的时候,"党团"在"左联"内部的地位已经举足轻重。理论上的"权力中心"("左联"常委会、执委会)角色的弱化,"党"的权力的逐渐增大,使得"左联"事实上产生了两个领导核心,一个是理论上的("左联"常委会、执委会、秘书处的集体领导),一个是现实的("左联"党团)。在笔者看来,正是因为在机构设置上的这种缺陷,为后来"左联"内部矛盾的激化埋下了种子。

---

① 吴泰昌记述:《阿英忆"左联"》,载《新文学史料》1980年第1期,第12—28页。
② 吴泰昌记述:《阿英忆"左联"》,载《新文学史料》1980年第1期,第12—28页。

(二)"左联"常委会、执委会、秘书处

在"左联"成立大会后,《拓荒者》上发表了一篇题为《中国左翼作家联盟的成立》的报道,报道称,"左联"成立大会选出了七名常务委员,两名候补委员,甚至有人认为在1933至1934年常委会还是存在的①。在一些文件材料中,也经常提到"左联"的执委会②。这些材料说明,在"左联"内部,常委会和执委会是同时存在的。那么,执委会和常委会之间到底是什么关系呢?冯雪峰便说过,"左联"最初成立时先有执委会,执委会开会成立常委会③。也就是说,常委会是由执委会选举产生的,这一回忆得到了其他盟员的证实④。这说明执委会和常委会确实是不同的组织,但由于常委会是由执委会选出,常委委员都身兼执委之职,因而,在实际的工作中,它们的区别并不是很大。

从常委会和执委会产生的过程来看,它们成立的目的是为了让不同的意见在"左联"内部得到充分的表达,一方面保证内部信息交流的畅通,通过民主化的协商形式达成共识,以便很好地完成任务;另一方面,常委会和执委会的集体领导对权力的过于集中也是一种制约,在一定程度上,它对党团的工作有一定的监督作用。但是,执委会和常委会的集体领导形式在事实上却没有发挥如此重要的作用。由于以鲁迅为代表的"非党派"在具体事务上参与较少,许多事情往往是在事后向鲁迅"汇报",因而,这种形式上的"集体领导"、形式上的"民主"便只能停留在理论上。准确地说,在当时的历史条件下,"左联"要实现"集体领导"是不可能的。与这种"集体领导"的机构设置紧密相关的是秘书处。在鲁迅保存下来的一期《秘书处消息》中,提到了秘书处的职权和职责,以及它的构成:

> "左联"秘书处仍由书记、组织、宣传三人组成。它在文总(中国左翼文化总同盟)和"左联"执委会的领导之下,经常执行"左联"执委

---

① 中国社会科学院文学研究所《"左联"回忆录》编辑组:《"左联"回忆录》(上),中国社会科学出版社1982年版,第301页。
② 《无产阶级革命文学运动新的形势及我们的任务》,载《文化斗争》,1930,1(1),第6—10页。
③ 冯雪峰:《雪峰文集》(第四卷),人民文学出版社1985年版,第549—550页。
④ 中国社会科学院文学研究所《"左联"回忆录》编辑组:《"左联"回忆录》(上),中国社会科学出版社1982年版,第472页。

会领导的任务，各小组经常直接受秘书处指导。加强动员小组履行一般斗争的工作，以及"左联"内部的教育和训练。①

这段话说明，秘书处受双重领导，即中国左翼文化总同盟和"左联"执委会的双重领导。作为一个执行机构，秘书处还必须动员和指导各小组的工作。但是在许多盟员的回忆中，1934年之后常委会似乎和秘书处也混同起来②。

二、"左联"的组织结构的特点与缺陷

从"左联"成立的初衷来看，它是想建立一套集体领导机构和领导方式。夏衍在《"左联"成立前后》中讲到，"左联"的筹备委员会曾经拟订了一份"组织关系"的草案，本来以鲁迅做领导，有人建议叫他做委员长，有人建议叫他做主席，但鲁迅都拒绝了，"左联"因而实行集体领导。这个集体领导机构，是一个执行委员会③。据钱杏邨回忆，常委会内部也分工明确④。但分工归分工，集体领导的方式显然是脱离当时的社会文化语境的。简言之，在当时的历史条件下，要想让执委会（或者常委会）的成员经常聚在一起开会是不可能的，加之文化人长期以来养成了相对散漫的性格，集体领导的方式从一开始就是个美妙的设想。事实上，作为集体领导的核心人物鲁迅就常常不出席"左联"的许多会议，后来的茅盾也是如此。"左联"后期，鲁迅被周扬等人看成是"懒"的代表，这个"懒"绝不可能指鲁迅的创作。一个不经常参加会议的人是很难领导"左联"的，鲁迅被尊称为"盟主"，只不过是一个"头衔"。就像当时被人称为"大先生""老头子"一样，他对"左联"更多地是从思想上来"影响"，并且这种"影响"作用的大小与"左联"对鲁迅意见的尊重程度紧密相关。也就是说，许多时候鲁迅

---

① 中国现代文艺资料丛刊编辑组：《中国现代文艺资料丛刊》第五辑，上海文艺出版社1980年版，第19—20页。
② 中国社会科学院文学研究所《"左联"回忆录》编辑组：《"左联"回忆录》（上），中国社会科学出版社1982年版，第301、307页。徐懋庸：《徐懋庸回忆录》，人民文学出版社1982年版，第79页。
③ 中国社会科学院文学研究所《"左联"回忆录》编辑组：《"左联"回忆录》（上），中国社会科学出版社1982年版，第41页。
④ 吴泰昌记述：《阿英忆"左联"》，载《新文学史料》1980年第1期，第12—28页。

的意见只是一种参考意见,能否被采纳还要看实际领导人的"脸色",在"左联"中,名义上的"盟主"没有决定权。

从组织传播学的角度看来,"左联"的组织更接近"直线-参谋"的结构。它的优点在于,直线或参谋机构的管理者有较明确的分工和权责关系,既有统一的指挥系统,又有较合理的决策和监督系统。如果内部信息流通不畅,直线-参谋结构形式的缺点也同样明显:由于包含了两种结构形式,两者间容易产生一些矛盾。一方面,如果参谋机构人员的权力过大,就会将其意图强加于直线管理者,干扰、限制直线管理者的正常工作;另一方面,如果不能对直线管理者的权力进行有效的监督,直线管理者的集权会弱化参谋机构的职能,从而使得参谋机构及其管理者处于可有可无的地位上[①]。"左联"的组织结构中,直线是中共中央宣传部(或江苏省委宣传部)→文化工作委员会→中国左翼作家联盟"党团"→各分区→党小组的上下级行政机构设置。在这条直线上,体现的是中共中央宣传部对文化工作的领导。"左联"党团是完成党的任务的下属机关,加之"左联"的大部分成员是党员,因此,"左联"党团无疑在"左联"的组织机构中发挥着领导作用。而鲁迅在"左联"当中所能起到的只能是"参谋"的作用,无论他周围的盟员认为他的角色是多么重要。

"左联"组织结构最明显的缺点,就是"左联"组织系统中存在着两个领导核心。尽管鲁迅有很大的影响力,但并无制度或机构保障他的这种影响力得以充分的发挥。实事求是地讲,鲁迅不可能把自己的大部分精力放在人事纠纷、游行示威等活动的组织上。这就使得"左联"领导人所期望的鲁迅和在现实生活中的鲁迅发生了背离。这是因为一方面,"左联"一直想把鲁迅树立为一面旗帜,最典型的就是李立三要求鲁迅成为自己游行队伍的领头人,这种想法现在看起来很是滑稽,但在当时这或许是许多人想象中的鲁迅形象———一位名副其实的旗手。另一方面,鲁迅虽然主动辞去了"委员长""主席"一类的头衔,在组织中似乎也没掌握什么实权,但由于长期树立起来的威信,使他在一定程度上成了一个具有弗罗

[①] 彭和平编著:《公共行政管理》,中国人民大学出版社1995年版,第68—69页。

姆所称的"权威人格"的人,因此在他周围聚集起一批"信徒"是必然的。这就在无形中使"左联"内部形成了两个领导核心:一是由组织保证的、直线式的领导机关,二是依靠片言只语对这个组织产生重要的影响的"权威"。

"左联"组织机构的另外一个缺点是沟通机制的缺失。鲁迅推辞掉"委员长""主席"之类的头衔之后,"左联"似乎在原则上实行的是集体领导制,但在这种集体领导下,鲁迅并不知道"左联"内部的许多活动和事务,例如任白戈就认为:"本来'左联'是在双重领导下工作:一方面要接受鲁迅先生的指导,一方面要接受党的领导。这两方面的领导要做到一致、不发生矛盾,主要是靠党的组织如何与鲁迅先生通气和协商,而且善于听取和尊重鲁迅先生的意见,同时也依靠'左联'向鲁迅先生汇报请示工作的人能够如实地反映情况,并善于领会和疏通双方的意见。"[①]但在许多人的回忆录中,一般是有重大事情的时候,才会向鲁迅汇报或者征求意见,但是什么样的事才是"重大事情"呢?很明显,不同的领导人对"重大"的界定是完全不同的,这样就完全有可能造成一种结果:在"左联"领导人眼中很重要的事,也许在鲁迅看来是无所谓的;而"左联"领导人认为是不重要、不必向鲁迅汇报或征求意见的事,在鲁迅看来却十分重要。如果双方沟通不够,鲁迅可能会认为对方是故意向他隐瞒"左联"内部的一些消息。当然,还有一种可能性是,一件事实上很重要的事,却因为各种原因而向鲁迅故意隐瞒。既然有两个"核心",组织上又没有为这两个"核心"提供充分交流的机制,那么从一定程度上来说,二者之间产生矛盾便是迟早的事。后来"左联"的发展也证明,聚集在鲁迅周围的那批人和"左联"的实际领导人之间发生了激烈的冲突,以致最后鲁迅宣称不再管"左联"的事了。

对于任何一个较大规模的组织来说,等级结构与下属部门往往是多层次、多序列的,因而信息在纵向与横向传播的过程中,特别是在"下达"和"上传"的过程中往往要经过多次的连续传播才能最终到达目的地。由于不同层次的人对于信息的理解不同,往往造成信息的"丢失"或者"添

---

① 中国社会科学院文学研究所《"左联"回忆录》编辑组:《"左联"回忆录》(上),中国社会科学出版社1982年版,第272页。

加",从而造成信息的"失真"。层次性的中间环节越多,信息失真的程度也就越严重。与此同时,在两个领导核心之间,"左联"是通过"联络人"进行信息交流的。但是,无论是如何忠诚的联络人,都会以个人的喜好对"信息"进行重新编码,他们或偏向于鲁迅,或偏向于直线管理者,在"信息"输出后附加的那一两句劝告或建议往往具有比"信息"更重要的作用。不掺杂主观愿望的"联络人"是不存在的,这就是徐懋庸和胡风不时受到来自两派的批评的主要原因。

三、"左联"组织的解体

1933年下半年,瞿秋白和冯雪峰先后被调离上海,虽然这只是中国共产党内很普通的一种人事变动,对"左联"的走向却产生了重要影响。夏衍曾有这样一段回忆:"自从秋白、雪峰离开上海之后,'左联'和鲁迅之间失去了经常的联系,加上1934年至1935年之间党组织遭到三次大破坏,白色恐怖严重,周扬和我都隐蔽了一个时期。加上就是在这一段时期,上海的反共小报散布了许多谣言,其目的就在于挑拨'左联'和鲁迅之间的关系。加上田汉在34年秋天向鲁迅提到过胡风的问题,引起了鲁迅的反感,加深了相互之间的隔阂。鲁迅对'左联'的不满,当时在文化界已经是公开的秘密。"①

周扬在1933年下半年成为"左联"的领导人,虽然长期以来饱受非议,但可以肯定的是,无论在"左联"时期,还是在中华人民共和国成立以后,周扬都充分显示了自己的组织才能和政治手腕(有许多人认为他是富有文学家气质的"政治人"),正是由于他这方面的出色才能,使得他在"左联"后期掌握了"左联"的领导权。关于鲁迅和周扬之间的矛盾,相关的学术文章很多,我们在此不再赘述。但可以肯定的是,鲁迅和直线领导者之间的矛盾在一定程度上削弱了"左联"的战斗力。1934年之后,在"文总"的下设单位中作用更大的是"社联",当时的"文委"成员也大多是"社联"的成员,这使得"文委"在决定许多重要事项时,就不像1934年以前那样

---

① 夏衍:《懒寻旧梦录》(增补本),生活·读书·新知三联书店2000年版,第205—206页。

更多地重视"左联"的作用。这也意味着,1934年以后,在一些领导者看来,鲁迅对左翼文化运动的作用没有1934年以前那样重要了。典型的例子便是1936年"左联"解散时,鲁迅的意见没有受到充分的重视。在这种不正常的政治环境中,民主生活是不可能进行的,盟员之间的联系也变得稀少而秘密。许多决定只有少部分人知道,其他盟员只有执行的分,这直接导致了直线领导者权力的集中,也导致了对鲁迅的忽视,这个盟主在实际领导者的眼中变成了不折不扣的"捐班作家"。

此后不久,胡风也被排挤出了"左联",在《答徐懋庸并关于统一战线问题》一文中,鲁迅提到周扬等人对胡风的中伤与攻讦,并表示了极大的愤慨,如果要从组织上找原因,那么,胡风被排挤出"左联"后还有谁能告诉鲁迅想知道的信息呢?在"左联"解散过程中,鲁迅不止一次地降格以求。之所以降格以求,是因为鲁迅很清楚当时"左联"的领导人是不可能重视自己的意见的。充当"联络人"的徐懋庸也多次把与鲁迅相左的意见传达给鲁迅。在鲁迅眼里,他无非是和周扬一伙的。我们没有充分的材料说明胡风当时在周扬和鲁迅之间的矛盾问题上产生了什么影响,因为我们很难弄清楚到底是胡风受鲁迅影响而对周扬极其不满,还是鲁迅受胡风影响而对周扬等人恨之又甚。就像我们前面谈到的,即使没有胡风,鲁迅和周扬等人的矛盾还是存在的。胡风作为一个"信使""联络人""把关人",他对所要传递的信息进行加工也是必然的,但这种加工,显然与鲁迅设想中的"周扬派"形象相一致。在一定意义上,是鲁迅和他的弟子们一起勾画了"周扬派"的形象,这也能说明为什么在"联络人"换成徐懋庸之后,鲁迅和周扬之间的隔阂不但没有改善,反而越来越深。胡风只是一个鲁迅"忠诚的学生",如果他对"信息"有所加工,也只是按照鲁迅的"口味"来加佐料的。事实也证明,代替胡风和鲁迅联络的徐懋庸便不再得到鲁迅的信任,在"左联"解散之前,他的确是更为靠近"周扬"一点的,在信息的传达过程中,他也会把传给鲁迅的信息根据周扬的"意思"改造的。

在特定的历史语境中,"左联"组织上的弊端完全呈现了出来。我们在前面的分析中曾提到,直线-参谋结构的缺点在于:"一方面,参谋机构人员的权力如果过于集中,会将其意图强加于直线管理者,干扰、限制直线管理者的正常工作;另一方面,直线管理者的权力如果过大,自行其是,将使参谋机构及其管理者置于可有可无的地位上,削弱组织的整体领导和统一指挥。"在"左联"后期,"参谋者"和"直线管理者"之间的矛盾从来都没有停止过,他们没有很好地沟通,无论是在胡风做"联络人"的时候还是在徐懋庸做"联络人"的时候。周扬等人认为,鲁迅在一定程度上干扰限制了他们的正常工作,便一直想排除这种影响(这在"左联"解散的时候显得尤为突出)。无可否认,鲁迅的权力并不是来自于"盟主"的幌子,而是实实在在的"精神"影响力,鲁迅周围的年轻人总是以一种敬仰的目光看待鲁迅,鲁迅对"左联"的态度,直接影响着他们是否参加"左联",以及以什么样的姿态参加"左联"。他们因鲁迅对"左联"领导者的意见会或多或少地对"左联"产生相同的看法,这在一定程度上影响了"左联"的工作。我们拿"左联"和"社联"作一个简单的比较。1934年以前,"左联"因鲁迅、茅盾这样的知名作家的加入而在左翼文化运动中发挥着至关重要的作用,对左翼文化的传播起到了很大的促进作用;相比之下,"社联"成员较"平庸",没有像鲁迅、茅盾这样的成名作家,因而影响力弱小。"左联"之所以影响巨大,前提条件是"党团"组织充分认识到了"知名作家"的价值,并与他们保持一种互动的协调关系。如果这个前提条件被破坏,那么对组织本身的破坏也同样巨大。因为在组织内,总有人会跟着"权威"走。说到直线管理者和鲁迅之间的矛盾的时候,我们并不能忽视他们为寻求合作曾进行的种种努力。我们可以在很多材料中发现"左联"领导者主动汇报工作的事实,也可以发现鲁迅是怎样一直关心着"左联"的成长,这不仅表现在他不断地培育着新的文学青年,也表现在他不断地资助"左联",当然也包括"左联"解散之后他的惋惜与愤懑。笔者一直在思考:如果"左联"后期的领导者不是"周扬派",是不是与鲁迅之间的矛盾就可以完全避免?问题确实不那么容易回答,因为从"左联"成立之初,就没有能够保证鲁迅和"左联"领导者之间沟通的机制,在"左联"后期,完全是靠"联络人"和鲁迅取得联系,这种联系是很不可靠的,双方也很难对一些不同意见进行充分沟通,加之白色恐怖时期,有时"联络人"也很难联络到双方,那么矛盾升级就成为自然的结果。

论左翼文艺作品的商业价值[*]

本文所探讨的左翼文艺作品的商业价值,主要指的是"左联"作家在进行左翼意识形态宣传时,作品因为被读者所喜爱,而在有意无意之间获得的一种"商业价值"。正因于此,左翼文艺作品才被资本家冒着政治的危险出版、发行。资本家的目的是借左翼文艺作品来创高额利润;而左翼文坛则是希望通过公开出版的读物和公开放映的电影传播左翼话语,宣传无产阶级革命。商业资本的介入,使得"左联"文学在检查制度盛行的时代得以传播,保证了共产主义意识形态传播的连续与有效,而书商和影片公司经理则相应地得到了投资所带来的丰厚利润。这存在着三方面的问题:一是这些作品必须是左翼的,同时又有商业价值;二是投资人进行了投资,把可能的商业利润变成了现实的商业利润;三是投资人总会通过各种手段让这些作品得以传播,以便赚取高额的利润。

一、左翼文艺作品的商业价值

对于20世纪30年代读者的阅读兴趣,当时便有人做了调查。今天,当我们重温这些调查结果时,可以对30年代左翼文学受欢迎的程度有一个总体的了解。30年代,一位叫大卫·威拉德·莱昂的外国人曾对中国人的读书情况做了一个调查,发现"许多人都要读新一代俄罗斯作家作品,尽管这种作品大多数被查禁,只能在朋友之间偷偷传阅一些残旧的本

---

[*] 原文载《学术月刊》2006年第12期。

子。奥格涅夫的《一本共产党学生的日记》、柯龙太夫人的《赤恋》、格拉特科夫的《士敏土》以及伊凡诺夫和皮涅克的作品流行得最为广泛。1928—1929年间，在左翼文艺运动正式开始的时候，大约有一百种俄罗斯作品被译成中文。普列汉罗夫和卢那察尔斯基是在中国最有影响的文艺批评家","在十一种借阅最多的一般书籍中，有六部是关于共产主义理论的，其中包括布哈林、恩格斯、马克思及研究俄国五年计划的著作，其他五种为：C.安德鲁《甘地传》，M.比尔《古代社会斗争》，《国际联盟李顿调查委员会报告书》，《十九人委员会关于中日纠纷调查报告》及《田中奏折》"①。新文艺读物和共产党的机关刊物《中国青年》《向导》、三民主义、建国大纲、共产主义 ABC 以及其他关于社会运动和国际运动的书籍一起畅销②。"关于翻译专号，我们当时随刊物向读者发了一个征求意见的表格，提出了九个问题。后来我们收到了六百二十份答复，从中可以看出当时的一般倾向。例如多数读者认为现在质量高的创作太少；古典文学和外国文学相比，多数喜欢读外国文学；翻译的文艺书中以喜读俄国文学的为多；多半不能直接读外文文学书；半数以上的读者读译本的兴味高于读创作；对于翻译专号中的译文，最喜欢高尔基的《二十六个和一个》(三四一人)，最不喜欢《法国象征派诗选》(二五人)。"③

在创作领域，一些出自革命作家手笔的作品，如蒋光慈继《少年漂泊者》之后的《鸭绿江上》《短裤党》和《冲出云围的月亮》在青年学生中简直风靡一时④。1928—1930年间，蒋光慈的作品一版再版，一年之内就重印了好几次。他的书被改头换面不断盗版，别人的作品也会因印上蒋光慈的大名而畅销。比如，邹枋的短篇小说集《一对爱人儿》出版不到一年，就被换上蒋光慈的名字出版；甚至茅盾出版于1929年7月的短篇小说集《野蔷薇》中的作品，1930年1月也被包装成蒋光慈的创作，以"一个女性"为名出版。蒋光慈的作品确实写出了当时青年人的苦闷，陈荒煤曾这

---

① 尼姆·威尔斯：《活的中国·附录一》《现代中国文学运动》，载《新文学史料》1978年第1期。
② 张静庐：《在出版界二十年》，上海书店1984年版，第113—114页。
③ 茅盾：《我所走过的道路》(中)，人民文学出版社1984年版，第226页。
④ 王西彦：《船儿摇出大江》，载《新文学史料》1984年第2期。

样谈到他青年时代读蒋光慈作品时的感受:"蒋光慈的《少年漂泊者》使我感动得落下泪来。"①蒋光慈作品的热销似乎持续了很长的一段时间,郁达夫在《光慈的晚年》中说:"在1928、1929年以后,普罗文坛就执了中国文坛的牛耳,光慈的读者崇拜者,也在两年里突然增加起来了。""同时他那《冲出云围的月亮》在出版的当年,就重版到了6次。""蒋光慈的小说,接连又出了五六种之多,销路的迅速,依旧和1929年末期一样。"②与蒋光慈在一段时间内热得发紫不同,鲁迅作品的销量一直很可观,这些情况我们可以从鲁迅的书信中得知一二:《准风月谈》最初是"几个小伙计私印的",但很快"一千本已将售完"③;"新出的一本,在书店的已售完,来问者尚多,未知再版何时可出"④;《二心集》"出版后,得到读者欢迎,旋即告罄。同年11月再版,又销售一空,历年一月又出第3版,8月又出第4版"⑤。鲁迅作品被广大读者喜爱,使得许多不法商贩常常通过翻印来谋取利润,对于这种情况,鲁迅不但不以为意,而且还持欢迎的态度:"《准风月谈》一定是翻印的,只要错字少,于流通上倒也好;《南腔北调集》也有翻版。"⑥"《南北集》翻本,静兄已寄我一本,是照相石印的,所以略无错字,纸虽坏,定价却廉,当此买书不易之时,对于读者也是一种功德,而且足见有些文字,是不能用强力遏制。"⑦销量一直居高不下的还有茅盾的作品:"《子夜》出版后3个月内,重版4次:初版三千部,此后重版各为五千部;此在当时,实为少见。"在《子夜》遭删后,更有进步华侨以"救国出版社"名义,"特搜求未遭删削的《子夜》原本,从新翻印"⑧。在有些读者眼中,《山雨》《子夜》"这两部作品都是足以显示30年代初期革命文艺的创作成果的",它们因"反映当时农村和城市的斗争生活"而"成为我们一些青年读

---

① 荒煤:《伟大的历程和片断的回忆》,载《人民文学》1980年第3期。
② 郁达夫:《光慈的晚年》,载《现代》1933年第1期。
③ 鲁迅:《350126致曹靖华》,见《鲁迅全集》第13卷,人民文学出版社1981年版,第32、46页。
④ 鲁迅:《350312致费慎祥》,见《鲁迅全集》第13卷,人民文学出版社1981年版,第77页。
⑤ 周国伟:《略论鲁迅与书局(店)》,载《出版史料》1987年第7期。
⑥ 鲁迅:《350126致曹靖华》,见《鲁迅全集》第13卷,人民文学出版社1981年版,第32、46页。
⑦ 鲁迅:《350126致曹靖华》,见《鲁迅全集》第13卷,人民文学出版社1981年版,第32、46页。
⑧ 茅盾:《我走过的道路》(中),人民文学出版社1984年版,第234—235页。

者议论的中心"①。

左翼文艺有如此巨大的商业潜力,使得以出售左翼文艺作品为主的小书店如雨后春笋般在上海街头出现。一位作者在谈到这些小书店兴盛的原因时说:"'后期文化运动'一定有一个伟大的发展就在最近的将来,我很希望这几家新生的书店能够在人才经济方面确定它们的基础。"②在《国民党〈文艺宣传会议录〉》中提到,"共产党所利用的书店,计有湖风、现代、光华三家";"至于国家主义派所利用之出版机构,唯一中华书局耳";"开明书局除出版教科书外","出版茅盾(沈雁冰)之著作也。计有《蚀》(包括《动摇》《幻灭》《追求》三种)、《虹》《三人行》《子夜》等,销路甚佳";"北新书局靠鲁迅发财由五百元之小资本,发展成五万元之大商店";现代书局,"其书籍一般在水平线下,唯郭沫若偶像已成,其书籍销路殊佳,而现代亦赖以维持"③。一部作品,只有具有了广大的"读者群",才能带来巨大的商业价值;只要具备了商业价值,出版商就会冒着政治风险而进行投资。在30年代,出版者经常面对的商业风险往往来自于政治的压力。为了赢取丰厚的利润,出版者往往会和左翼作家结成同盟,共同"欺骗"文艺检查机关的"把关人"。

二、投资人:利润追求与社会正义之间

在30年代,不仅左翼刊物刊登左翼作家的作品,就是后来那些被认为是"自由主义者"的刊物,也经常刊发"左联"作家的作品,这一方面反映出"自由主义者"在文艺上的"宽容"心态,另一方面也反映出左翼作家的作品对读者的强大吸引力。施蛰存就曾经谈到过发表鲁迅的《为了忘却的记念》一文时的情形:

> 当时拿到这篇文章后,要不要用?能不能用?有些踌躇,自己委决不下,给书局老板张静庐看了,他也沉吟不决,考虑了两三天,才决定发表。主要是舍不得鲁迅这篇异乎寻常的杰作被扼杀,或被别的

---

① 王西彦:《回忆王统照先生》,载《新文学史料》1979年第3期。
② 汪荫桐:《小书店的发展与后期文化运动》,载《长夜》1928年第3期。
③ 转引自唐纪如:《国民党1934年〈文艺宣传会议录〉评述》,载《南京师大学报》1986年第3期。

刊物取得发表的荣誉,经仔细研究这篇文章没有直接犯禁的语句,在租界里发表,顶不上什么大罪名。但还是担心文章发表后,国民党当局会来找麻烦,可是后来不知为什么他们倒没有来找麻烦。①

再以《申报·自由谈》为例,在改版之后,最初是向张资平约稿的,但在连载《时代与爱的歧路》的过程中,读者来信"表示倦意",使得编者最后下定了决心不再登载,这就是后来弄得沸沸扬扬的"腰斩张资平"事件。这说明,在30年代,风花雪月的东西已经不再受到大部分读者的欢迎。改版后的《自由谈》在许多人看来,是以鲁迅和茅盾为"两大台柱"的,销量甚佳,以致有人撰文在《社会新闻》上予以攻击,"自从鲁迅与沈雁冰等以《申报·自由谈》为地盘居然又能吸引群众,取得满意的收获。"②与之相仿的是《大公报》和《现代》。《大公报》为了扩大销路,开始用一些观点与官方对立的文章,虽然因此而受到官方的警告,但也带来了销售量的增加③。施蛰存、杜衡、戴望舒等人创刊的《现代》,则被国民党检查机关敏感地嗅出其背景乃是"半普罗"的④。在30年代,出版"左联"作家的书籍是要冒政治风险的,但从商业的角度来看,却实在是有利可图的事情。良友图书公司编辑赵家璧在编"一角丛书"时,约了"大批'左联''社联''剧联'的作家,陆续给丛书写稿。1932年下半年续出30种,总数销到50万册;1933年又续出30种"⑤;"因为这次的成功,于是很快便策划出版了《中篇创作新集》丛书,作者为清一色的'左联'青年作家"⑥。"许多书店为了在表面上显示自己前进起见,大概都愿意印几本这一类书;这种风气,竟也打动了一向专出碑版书画的神州国光社,肯出一种收罗新俄文艺作品的丛书了"⑦。

30年代杂志和"五四"时期的杂志的一个重要区别是,"五四"时期的

---

① 林祥主编:《世纪老人的话:施蛰存卷》,辽宁教育出版社2003年版,第30页。
② 农:《鲁迅与沈雁冰的雄图》,载《社会新闻》,1933年3月3日。
③ 萧乾:《鱼饵·论谈·阵地——记〈大众报·文艺〉1935—1939》,载《新文学史料》1979年第2期。
④ 《上海市党部宣传工作报告》,见《左翼文艺运动史料》,南京大学学报编辑部1980年版,第319页。
⑤ 赵家璧:《我编的一部成套书》,见《编辑忆旧》,上海三联书店1984年版,第27—28页。
⑥ 赵家璧:《三十年代革命新苗——专为"左联"青年作家编印的〈中篇创作新集〉》,见《编辑忆旧》,第245—250页。
⑦ 鲁迅:《〈铁流〉编校后记》,见《鲁迅全集》第1卷,第365页。

杂志多是同人性质,而30年代杂志则倾向于商业性。施蛰存说:"'五四'以后所有的新文化阵营中刊物,差不多都是同人杂志。……我和现代书局的关系,是雇佣关系。他们要办一个文艺刊物,动机完全是起于商业观点。"为了扩大销路,众多刊物在编辑上极尽翻新出奇之能事,但是由于内忧外患的社会现实,文学的商业性在当时更容易与政治和意识形态达成同盟,而不像太平盛世那样易于与娱乐、消遣结缘。这样,恰逢其时的左翼文艺作品广泛地赢得读者并在一个时期里成为畅销文化的同义语,就是十分自然的了。一些在政治倾向上靠近国民党的书店这时也开始出版有关革命文学的书籍。根据徐懋庸的回忆,当时上海的出版机构有以下三种情况:"第一,是真正同情共产党而出版进步书刊的,如生活书店、读书生活出版社、新知书店等。第二,是商人为了投机牟利而出版进步书刊的,如光华书店、光明书店之类。第三,国民党反动派企图以伪装进步,先把读者争取过去然后施以反动影响的,这是走曲线的道路。新生命书局即属此类。与此同时,出现了这样一种状况,一些刊物越是被封禁,其影响反而越大,也愈受群众的支持。那些投机商人办的书店,则采取'游击'式的办决,即在一个时期,约一些'左倾'的作家,编一个进步刊物,销行一下,大捞一笔,出几期就停刊。"①

在电影界,有关左翼意识形态的电影也受到观众的欢迎。在30年代以前,电影院上映的一些影片,如《火烧红莲寺》《呆婿祝寿》《得头彩》《猛回头》《拾遗记》等,宣扬的更多的是一种封建传统观念。但在进入30年代以后,电影公司必须去面对的现实是,当年忠孝节义、才子佳人、因果报应的那一套开始越来越不能吸引观众的眼球了;而且,这种影片也被国民党当局视为有伤风化,也在被审查的范围内。既然同样要被审查,甚至被禁演,为什么不拍摄更有社会正义感更有商业价值的影片呢? 在当时的情况下,左翼电影因为反映了底层民众的心声,成为一种社会正义和社会公平的象征。正是在这样的背景下,电影公司开始与左翼文坛进行试探性的接触。

电影界的试探性接触得到了"左联"的回应。在当时,"左联"正在走"大众化路线",而电影是最为"大众化"的文艺形式。在一次由瞿秋白主

---

① 徐懋庸:《徐懋庸回忆录》,人民文学出版社1982年版,第64页。

持的会议上,"左联""对电影界的形势进行了分析和讨论。会议决定由阿英、郑伯奇和夏衍三人一起参加明星公司,担任编辑顾问"①;"秋白同志要我们记住当时所处的环境,假如我们的剧本不卖钱,或在审查时通不过,那么资本家就不会采用我们的剧本,所以要学会和资本家合作,这在白色恐怖严重和我们的创作主动权很少的情况下,便不能不这样做的"②。从这段回忆我们可以看出,"左联"这一决定带有很强烈的意识形态传播意识。在"左联"看来,这是其意识形态合法化的必要的手段和策略,这次成功的合作因此而被当事人所津津乐道:"在当时复杂的情况下,我们的一切工作必须十分得体、恰当,稍过一点,就会适得其反。"③这是一种双向的利用,双方对于这种利用也心知肚明,始自 1932 年的这场影片合作就是如此地带有商业的味道:"我们一方面替资本家赚钱,一方面尽可能通过自己的剧本和帮助导演修改剧本在资本家拍摄的影片中加一点进步和爱国的内容。"④

这种合作马上带来了巨大的商业利润。夏衍编剧、程步高导演的《狂流》成为左翼电影的先声,正如当时的观众所指出:"《狂流》的题材和以前轰动一时的《人道》颇相类似,而作者的态度则和《人道》恰恰相反。《人道》是一部旧伦理的说教;《狂流》却是新时代动向的写照。《人道》替权力辩护,硬说荒旱是天灾;《狂流》却站在勤劳大众的立场,指明水灾是人祸。《人道》拥护封建社会,捏造出'琴瑟式'的节妇来骗大众的眼泪;《狂流》却暴露封建余孽的罪恶,描画农民斗争的苦况,指出大众应该争取的出路。"⑤接着《铁板红泪路》《盐潮》《母性之光》《香草美人》《上海二十四小时》等左翼影片相继问世。1933 年,影坛老将郑正秋也开始改变作风,他"向左转"的新片《姊妹花》获得了极大的成功:影片前后在内陆 18 个省、50 多个城市(包括香港)以及南洋群岛的 10 个城市上演,票房价值达 20 万元,创下了当时的最高纪录。"这部片子神话一般,扭转了明星公司危

---

① 夏衍:《中国新文学大系(1927—1937)·电影集·序》,上海文艺出版社 1984 年版。
② 夏衍:《从事左翼电影工作的一些回忆》,载《电影文化》1980 年第 1—2 期。
③ 夏衍:《从事左翼电影工作的一些回忆》,载《电影文化》1980 年第 1—2 期。
④ 夏衍:《中国新文学大系(1927—1937)·电影集·序》。
⑤ 席耐芳:《〈狂流〉的评价》,载《上海晨报·每日电影》,1933 年 3 月 7 日。

在旦夕的命运。"①正因如此,明星电影公司在面对国民党当局的强大压力时,表面上解除了夏衍、阿英、郑伯奇三人的编辑顾问职务,但私下里仍然保持着紧密的联系。随后拍摄的《时代儿女》《压岁钱》又为明星电影公司创造了高额的票房价值,这使得电影公司对左翼作家产生了一定程度的商业依赖。风潮所及,其他影片公司,如联华、新华等亦吸纳了不少左翼影人,大量投拍左翼影片。对投资者来说,与左翼作家合作、以各种手段躲过国民党当局的审查制度,目的无非是赚取高额利润,是一种纯粹的商业行为,但正是在这种不自觉中,中国电影完成了与"革命文学"的融合。"以这样的方式不仅解决了文艺的大众化问题,同时也以大众艺术的载体和操作方式充分地表达了现代艺术文化精神。""既有利于当代大众文化艺术品位的提高,又有利于精英艺术走出万分困窘的境地,也有利于主流意识形态的艺术表达。"②可以这样说,左翼文学的兴起固然有重要的政治原因,而发达的商业社会与大众传播媒介的兴盛同样都是不可忽略的历史背景。这种历史背景孕育出了新型的文化市场。在这个市场上,大众既是左翼文艺家"动员"的对象,也是商业投资者眼中的潜在"消费者"。

三、投资者和"把关人"③的博弈

20世纪30年代是一个政治斗争十分激烈的年代,对于左翼文艺家

---

① 何秀君:《张石川和明星电影公司》(肖风整理),载《文化史料丛刊》1980年第1期。
② 盘剑:《革命文艺与商业文化的双向选择——论夏衍三十年代的电影文学创作》,载《文学评论》2001年第3期。
③ 笔者在这里提出的"把关人"是一个传播学的范畴。最早提出这一概念的是传播学四大先驱之一的心理学家库尔特·列文。列文在1947年发表的《人际关系》一文中首创了"把关"(gatekeeping)一词。这是他从英文的守门人(gatekeeper)一词化用而来的。所以,有的论著中也称"把门人"为"守门人",任何传播活动都会受到一些个人或集团的控制。后来传播学们将这一论点发展成为传播学中的"把关人"论。施拉姆对此作了这样的阐述:"在信息网络中到处都设有把关人。其中包括记者,他们确定一场法雇审判。一件事故或者一次政治示威中,究竟有哪些事实应该报道;包括编辑,他们确定通讯社发布的新闻中有哪些类型的人物和事件值得书写,什么样的人生观值得反映;包括出版公司编辑,他们确定哪些作家的作品应该出版,他们的原稿中哪些部分应该删除;包括电视、电影制片人,他们确定摄影机应该指向哪里;包括影片剪辑,他们在剪辑室内确定影片中应剪掉和保留哪些内容;包括图书管理员,他们确定应该买些什么书籍;包括教员,他们确定应该采用什么样的教科书和教科片;包括负责汇报的官员,他们确定把哪些情况向上级汇报;甚至可以包括餐桌旁的丈夫,他们确定当天在办公室发生的事件中,有哪些应该告诉妻子。"在实际传播过程中,"把关人"往往是多层次、多环节和多因素的。在书刊编辑中,一般起码要有直接编辑(或称责任编辑)、主编人(或总编辑)、一级主管部门等几层把关。

来说,主要的"把关人"来自于这样三个方面:编辑、投资方、政府审查机构。投资者为左翼文艺作品通过"把关人"的审查发挥了重要的作用。

在1929年1月10日《宣传品审查条例》中,国民党把下列作品列为反动宣传品:"一、宣传共产主义及阶级斗争者;二、宣传国家主义、无政府主义及其他主义而攻击本党主义政纲政策及决议案者;三、反对或违背本党主义政纲政策及决议案者;四、挑拨离间,分化本党者;五、妄造谣言,以淆乱观听者。"①并且相继颁布了《出版条例原则》《检查书店发售违禁出版品办法》等。在出版物的审查上,国民党也成立了专门的委员会,用力不可谓不勤,以下表1是1933年11月至1934年12月《国民党中央宣传委员会关于改组电影检查委员会以加强影片检查的文电》②,从中我们也可以看出审查制度的进展状况。

表1 国民党电影检查意见(1933年11月—1934年12月)

片名	出品公司	修剪部分	备注
《压迫》	明星公司	大资本家做交易所压迫小资本家一段,寅生被资本家追赴茶楼卖妻一段	85公尺
《姊姊的悲剧》	明星公司	(一)地主扣押佃户 (二)豪绅鞭打黄包车夫 (三)幼麟被刺	117公尺
《挣扎》	天一公司	(一)劣绅压迫一段剪去改摄 (二)劣绅杀人,法院审判情形一段剪去后改摄	18公尺
《铁板红泪录》	明星公司	(一)团丁枪击团总一段 (二)加一字幕"国民革命军到来一切痛苦均告改除。"	6公尺
《三岔口》	天北公司	"这些高房子都是我们穷人的血汗和生命,也是吃人的老虎"一字幕	

从表1中我们可以看出,在审查过程中删去的主要是能显示出阶级差别的东西,这往往也是影片和作品中最为当时的读者所喜欢的部分,即所谓的"卖点"正是因为宣传左翼意识形态,即所谓阶级话语,同时也是资

---

① 中国第二历史档案馆编:《中华民国史档案资料汇编》第五辑,第一编,文化(一),江苏古籍出版社1994年版,第72页。
② 中国第二历史档案馆编:《中华民国史档案资料汇编》第五辑,第一编.文化(一),第351页。

本家能够借此获利的"卖点",作家、编辑和资本投资者在无形中结成了"同盟",来对付掌握最终决定权的"把关人"——政府审查官。在许多"左联"作家的回忆录当中,都无形中夸大了自己在与政府审查官员进行斗智斗勇的过程中所起的作用。事实上,资本投资者在这当中所起的作用也是很大的。这里仅举一例。

1934年2月底,国民党上海市党部宣布,奉国民党中央宣传部令,"查上海各书局出版共产党及作家之文艺作品,为数仍多。兹今调查,其内容鼓吹阶级斗争者,计一百四十九种。为此特印送该项反动刊物目录一份,即希严行查禁,并勒令缴毁各刊物底板,以绝依据"①。当时这种查禁对"左联"作家的影响很大,"因为当时我们这些人都以'卖文为生',所以乱禁一通,总还是可以使左翼文人在生活上受到折磨的"②。"对于那些没有版税收入的年轻的新进作家,辛辛苦苦写出一篇东西,却被检查老爷任意抽调了,却意味着要勒紧几天裤带!"③因为禁书多,牵涉的书店也多,各书店就联名请愿"体恤商艰"。这次请愿,由开明书店领衔。因为其他大书店如商务印书馆、中华书局,被查禁的书才三两本,对请愿并不热心;而禁书最多的现代、光华、湖风等书店,又是众所周知的"左倾"小书店,说出话去没有分量。开明书店则不同,这里引用一段当时国民党上海市党部内部工作报告中对它的"评价"便知端底:"开明书店从小说起家,今则贯注全神于教科书——尤其是中等学校用之教科书,其编辑人员,如夏丏尊、叶绍钧、丰子恺等。其学识经验较之世界、大东之三十元四十元一月请来之编辑,实不可同日语,故其出品,亦较优胜而销路亦殊不恶,在新书业中,俨然成为后起之秀,今在四马路租有月费一千两之巨厦,居然硬与商务、中华,争一日之长矣。该局由出版教科书外,其可述者,即为出版茅盾(沈雁冰)之著作也,计有《蚀》(包括《动摇》《幻灭》《追求》三种)、《虹》《三人行》《子夜》等,销路甚佳。"更为重要的是,开明书店的董事长是国民党元老邵力子。据说,正是看在邵力子的面子上,国民党政府放宽了

---

① 《三十年代反动派迫压新文学的史辩辑录》续二,载《新文学史料》1989年第1期。
② 夏衍:《懒寻旧梦录》,生活・读书・新知三联书店2000年版,第176页。
③ 茅盾:《我走过的道路》(中),第235页。

"禁书"尺度,对一部分书籍允许删改后重新出版。

一般来说,这些投资者都具有良好的社会背景,比较接近或者直接来自于社会上层。这种背景,使他们在和政府打交道时常常游刃有余。很多情况下,政府往往对他们"法外开恩",让他们得到切实的好处。比方说,明星公司的老板张石川就与国民党的关系很密切。1933年4月,他曾奉命率领摄影队去江西摄制反共的纪录片。袁殊的父亲袁晓岚是追随孙中山的老同盟会会员,与以后的国民党中央训练部部长方觉慧有同乡、老友之谊,袁殊用这层关系办起了《文艺新闻》,并且因为这一层关系,在"'左联'五烈士"的消息被封锁时,《文艺新闻》却敢刊登《在地狱或人世的作家》,将这一消息公之于众,这是新闻界、文艺界最早披露"'左联'五烈士"的消息,在社会上产生了很大影响。

可以这样说,在30年代特殊的政治文化语境中,杂志要躲过图书审查,很可能属于以下三种情况:(1)刊物与"赤化"无关;(2)投资者有权力背景支持,比如说开明书局;(3)有强大的财力作为后盾,如明星公司。在30年代的中国,"钱"与"权"足以让"把门人"打开理应紧闭着的门。这里举一个并非文艺作品的例子:1931年4月和6月,由于顾顺章和向忠发相继被捕,中共中央因此被迫转移到了江西的中央苏区。当时,一大批共产党员被捕或被杀,也有为数不少的意志不坚者向国民党的警察机关自首。尽管如此,花钱摆脱困境也并非不可能。例如,柳宁只花60元钱,就让人销毁了自己的档案,并从监狱里放了出来①。"钱"与"权"充分结合所产生的效力在袁殊身上得到了更好的体现。1935年5月发生的"怪西人"事件,使得袁殊同时被捕,但是在日本的压力和袁殊的父亲以"老同志"的资格写信请陈立夫关照的影响之下,一年之后,袁殊便被释放。在"权"与"钱"的共同作用下,一个"政治犯"可以逃脱"惩罚",一份刊物同样也不例外。判定一份刊物是否违禁是很复杂的,一旦拥有"钱"与"权"的结合便会放宽很多。

---

① 柳宁:《一个工人的供诉》,第66页,转引自费正清主编:《剑桥中华民国史》,上海文艺出版社1992年版,第242页。

以鲁迅和茅盾所办的文学期刊作一比较。鲁迅所办的系列文学期刊一般为同人刊物,其初衷之一就是摆脱商人的影响。在徐懋庸要替光华书局编辑《自由谈半月刊》时,鲁迅曾这样写信进行语重心长的劝告:"光华忽用算盘,忽用苦求,也就是忽讲买卖,忽讲友情,只要有利于己的,什么方法都肯用,这正是流氓行为的模范标本。我倒并不'动火',但劝你也不要'苦闷'了,打算一下,如果以发表为重,就明知吃亏,还是给它;否则,斩钉截铁的走开,无论如何苦求,都不理。单是苦闷,是自己更加吃亏的。"《译文》停刊,表面上是鲁迅和生活书店未能就主编问题达成一致,其深层的问题在于生活书店要求更换编辑,提高发行量,但鲁迅对他们只顾商业利益的做法显然十分不满,于是发生了拂袖而去的一幕。相比之下,茅盾的系列文学期刊则存活的时间明显比较长,这主要与茅盾主编的文学期刊一般都依托某一强大的出版书局有关。《小说月报》的后台出版商是商务印书馆,《文学》创刊所依托的生活书店就"不同于那些随时面临着被国民党查封危险的'红色'小书店,而有个可靠的背景——黄炎培的中华职业教育社"。事实证明,投资方是否有雄厚的资金、广泛而可靠的人际关系,是否有才干和魄力,对于期刊的存活来说是至关重要的。有此依托,编辑者可以不必为资金预支、联络作家、广告开支,尤其是应对发行审查而大伤脑筋。当然,在这个过程中,编辑也会受到这样那样的制约,而不得不对自己的编辑理念作出调整。

四、结语

20世纪30年代,租界的存在、军阀割据局面的刚刚结束、国民党政权的极权主义倾向越来越明显,其对政治、经济、文化等各个领域全面实行统治的呼声日趋高涨,并出台了许多的统治政策。为什么这些政策难以落到实处呢?原因在于,在社会灾难深重、贫富差距悬殊的年代,"发挥穷的现象"往往体现着一种"正义",左翼意识形态的"阶级"话语变成流行话语是在所难免的;而国民党的反动统治,对"阶级"话语的压制,则完全把自己放到了历史的反面。与此同时,国民党也忽略了这种被压抑的声音所具有的巨大的商业价值,以及由此而带来的社会资金投入。商业社会的特点在，对于具有商业卖点的产品，会聚集社会大量的物力财力，而自发地形成社会化的规模大生产。在30年代，虽然由于政府的阻挠，社会化的规模生产没有形成，但资本投入者却对左翼文化的保护和推广产生了重大的影响。这也可以说得上是政治和市场的一种奇妙的结合：一方面是市场和革命的意识形态形成同构关系，一方面则是市场对统治阶级的意识形态进行解构。市场对统治阶级意识形态的解构，不像政治对统治阶级意识形态的解构那样，政治对统治阶级意识形态的解构是从外部开始的；而市场对统治阶级意识形态的解构则从内部和外部同时开始，这也是由资本只追求利益最大化的性质所决定的。当时的资本家内心也许并不希望国民党政权的覆灭，也并不存心去宣传左翼意识形态，但在商业利润的刺激下，这一切变得那样自然而然。

特定时空里的文本与受众：
对《非诚勿扰》节目的解读*

《非诚勿扰》节目无疑是一个在大众文化市场获得了巨大成功的文本，其成功不仅表现在高收视率带来的高商业回报上，也表现在它"诱发"了一波又一波的关于爱情观的社会性讨论。之所以说是"诱发"，是因为在社会急剧变革的转型时代，传统和现代的爱情观、婚恋观在历史的此刻碰撞、交汇，碰撞和交汇的时刻也正是价值重构的时刻，而《非诚勿扰》让碰撞的观点从在隐走向在现，从个体体验走向社会话题，从家庭话题走向媒体话题。跟任何广受关注的大众文本一样，《非诚勿扰》也广受学者的青睐，学者对《非诚勿扰》取得成功的原因分析主要可以归结为以下几种。

1. 权力反转论。这种观点认为在男权占主导地位的社会，男性是选择者，女性是被选择者，男性是爱情的主导者。而《非诚勿扰》的节目形式打破了男性主导的权力模式，由 24 位女嘉宾来选择男嘉宾，并且可以比较随意地对男嘉宾提出质疑或者"灭灯"。女性成了权力方，成了舞台婚姻的主导者，而权力反转正是社会转型期男女关系发生变化的在隐现实，言下之意是《非诚勿扰》让发生了变化的男女关系从在隐转为在现，因此《非诚勿扰》必然吸引了众多的女性观看①。这种观点从受众的能动解读的角度去分析文本的社会意义，但因为对受众的解读是建立在臆测的基

---

* 原文曾以《特定时空里的文本与主动受众——以〈非诚勿扰〉节目为例》为题发表于《编辑学刊》2017 年第 3 期。
① 展宁：《〈非诚勿扰〉电视相亲节目的叙事话语分析》，载《今传媒》2010 年第 10 期。

础上,文本结构反而成了为了得出受众意义的对应物。对于现实社会中的受众来讲,很难得出权力反转和女性观众喜欢收看之间存在着必然的联系,其实,类似不存在所谓权力反转的相亲节目,也是以女性观众为主体的。其次,这种观点显然忽略了一个重要的事实:许多男性也喜欢这一节目,(看这档节目的男性有意无意之间做了一次权力的让渡?)并且有些是家庭成员一起来看这一档节目的。

2. 视觉消费论。这种观点认为 24 位女嘉宾是被节目组精心挑选出来的(甚至有文章爆料,这些漂亮的女嘉宾参加一次活动可以得到一定出场费),她们被打扮成了时尚与美丽的化身,仍然是一种"被看的"对象。在舞台上是男嘉宾观看的对象,在舞台外成为观众观看的对象,大众媒体的性别依然为"男"①。这种分析的潜台词是把《非诚勿扰》归为低俗文化的一种(常常被谈起的一个例子就是"拜金女"),其特点在于用感官刺激来吸引人,这也满足了观众在周末放松眼球和身心的需求。一言以蔽之,节目组是通过操纵美丽的躯体来达到对受众的操控。这种观点显然有法兰克福学派分析通俗文化的影子,事实上,忽略了制作者虽然对意义的产生具有重要作用,但并非是决定性的。"仅仅将通俗文化看作是为资本主义和父权制度服务、向广大受愚弄的群众兜售'错误意识'的工具,从而将其摒弃是远远不够的。"②这种观点与其说是分析《非诚勿扰》成功的原因,不如说是对《非诚勿扰》进行意识形态批判更为恰当。

3. 主持人风格论。这种观点认为《非诚勿扰》的三位节目主持人(尤其是孟非和乐嘉)是这个节目获得成功的十分重要的因素③。这种观点显然割裂了文本的整体性特点,在一档节目中,时间、空间、主持人、嘉宾、音响、灯光、节奏、现场观众等共同构成了一个文本,只有这些元素的组合和排列才能生产"延续的文本",只分析一个或几个元素,而不从整体性角

---

① 胡泳:《相亲节目的纠结,大众媒体的性别依然为"男"》,载《时代周报》2010 年 6 月 17 日。任盼盼:《〈非诚勿扰〉的表象与实质》,载《新闻世界》2010 年第 8 期。
② 劳瑞安·加曼、玛格丽特·马休门特:《女人眼光:妇女作为通俗文化的观察家》,妇女出版社 1988 年版,第 1 页。
③ 梁旭艳:《一个至关重要的角色——〈非诚勿扰〉中乐嘉符号的传播学解读》,载《青年文学家》2011 年 5 期。

度分析元素之间的关系和互动,是很难说清楚某个元素对文本的作用到底体现在何处。

4. 剩女现象论。这种观点把这一节目的成功归功于该节目准确地把握了一个社会现象,即现代社会有比例极高的一批剩女(高学历、高收入、高消费),婚姻已经成为她们生命中的苦恼,这不仅是一个个人问题,同时也是一个社会热点问题,对热点的敏感是节目成功的原因所在①。这种观点注意到了节目的成功与社会现实之间存在着内在的联系,但对这种关系的理解则显得过于笼统,因为其忽略了《非诚勿扰》和其他相亲类节目的文本差异,(无法回答同样是关注剩女现象,其他相亲类节目为什么没有取得类似的成功?)也客观上否定了受众解读文本方式的多样性和价值取向、心理状态的多样性。

在我看来,对于任何通俗文化文本的读解,应该避免三种倾向:一是简单的社会反映论,认为节目是反映了某种社会现实(比如说剩女现象),抓住了当下某一部分人的心理,因而获得了成功,这种思路的问题在于很多媒体都在关注这一社会现实,反映这一社会现实,为什么别的文本却没有获得成功?这种研究缺乏对文本差异性的有效分析。二是笼统地认为通俗文化说到底是一种文化消费,是传播者通过符号控制受众的过程。因为研究者对通俗文化的价值存在着完全相反的判断,因此对这种视觉消费的评价也差异巨大。要么是从"大众需要娱乐"的民粹主义角度进行充分的肯定,要么是从其破坏了道德价值底线的精英主义角度进行讨伐。民粹主义的问题在于夸大受众娱乐的意义,而忽略文本自身的特性;精英主义思路的问题在于忽略了受众的主动作用,这两种思路对通俗文化都有一个意识形态性质的先验视角,即"因为它是大众文化,所以它很明显是坏的"②。三是把文本的特质简单等同于某一个元素的特质,忽略了文本的整体性。任何元素(比如角色)都必须是在文本的系统中被读解的,离开了文本,角色的意义不复存在。

---

① 何映宇等:《非诚勿扰:剩女阴谋论》,载《新民周刊》2010 年第 21 期。
② 伊蕙·昂:《看〈达拉斯〉:肥皂剧与情节剧的想象力》,Methuen 出版社 1985 年版,第 95—96 页。

本文认为,一个文本之所以引起广泛关注的原因分析,应该从文本本身的结构和受众在特定时刻的期待视野①两方面去展开。如果把意义看成是一个动态的生产过程,而不仅仅是由创作者所强加的观点,那么必须要肯定的是意义只能产生在文本与受众之间,文本的结构是意义的基础,但本身并不是意义。文本是整体的,开放性是其一种特征②;受众是主动的,一个人在文本阅读(收视)中"调动哪些文化代码在很大程度上取决于以下三个因素:作品所处的位置、历史时刻以及读者所经历的文化熏陶"③。从文本和受众的互动关系中,可以发现文本被关注的内在原因。

一、《非诚勿扰》的文本结构:开放性叙事

《非诚勿扰》的文本开放性,主要体现在:台内和台外的互动(受众参与文本的创造)、多元爱情观的交融与碰撞、权威话语的被调侃和消解。

在《非诚勿扰》节目中,很多女嘉宾都体现出鲜明的性格特点,并且这些性格特点在文本的不断推演中被强化和凸显。在这种强化和凸显过程中,受众的评价起到了很关键的作用,他们在网络上发起关于某一女嘉宾的讨论,网络受众话语习惯于把女嘉宾的角色塑造为扁平的,节目组合女嘉宾不可能把受众话语置之度外,受众话语影响和强化了女嘉宾在节目中的角色性格,女嘉宾会在节目中有意无意地去凸显这种角色性格,以满足自己想象中的受众期待。在这一互动过程中,文本(《非诚勿扰》节目)和其意义生产领域(受众话语)共同塑造了女嘉宾的扁平化性格。模式化的爱情往往是以扁平的人物性格为基础的(白马王子和白雪公主就是扁平的),在扁平化性格的基础上,有关爱情模式的想象才得以实现。也就

---

① "期待视野"指接受者由现在的人生经验和审美经验转化而来的关于艺术作品形式和内容的定向性心理结构图式,是德国接受美学的代表人物之一尧斯提出的。期待视野大体上包括三个层次:文体期待、意象期待、意蕴期待。
② "按照艾柯的理论,文本可能是开放的,也可能是闭合的。一个闭合的文本只有一种解读,其倾向性明显超过其他解读;而一个开放性文本则要求若干解读同时并举,以使其全部的'丰满内涵'或'文本肌理'都得到赏识……对具有倾向性文本所做的另类解读,一般出自作者与读者或读者与读者之间社会地位与文化经验的差异。"参见约翰·费斯克等编撰《关键概念:传播与文化研究词典》,新华出版社2004年版,第219页。
③ [英]约翰·斯道雷:《文化理论与通俗文化导论》,杨竹山等译,南京大学出版社2006年版,第86页。

是说，台内和台外的互动，是《非诚勿扰》文本开放性的一个重要特点，台外的受众话语不再是一种被动意义的接受过程，而是积极参与了角色的塑造和意义的生产。

在《非诚勿扰》的舞台上，男嘉宾的自我介绍、情感经历常以第一人称叙述者的视角讲述了男嘉宾自己的爱情观念，第三人称的叙述（朋友评价）却常常与第一人称叙述存在着矛盾和故事的断裂。第一人称叙述和第三人称叙述之间存在的空白和矛盾，往往成为舞台上女嘉宾、主持人、场外观众加入自己主观意识的地方。男嘉宾和女嘉宾会就这些空白和矛盾进行"对话"，《非诚勿扰》节目的对话不以形成共识为目的，爱情观的各自呈现却成为最终的文本形式。主持人也常常以"圆场"的职业技能打破形成共识的可能性，而让多元的爱情观在舞台上交融碰撞后戛然而止。观众看到和听到的都是观念的片断，主持人用言语把这些片断"缝缀"起来，但"缝缀"后也不是一个故事，"缝缀"只是开启下一个观念的转换词，但这并不妨碍受众根据自己的人身体验去在一个断片上虚构故事。从这个意义上讲，《非诚勿扰》节目呈现出巴特尔所讲的"互文性"特点：任何文本都是互文本。前文本、文化文本、可见与不可见的文本、无意识或自动的引文，都在互文本中出现，在互文本中再分配[①]。在这一文本中，充斥着多元爱情观的各种表达和矛盾，每一个矛盾和矛盾的可能解决方式都是故事中吸引人观看和参与的地方。

在《非诚勿扰》节目中，主持人与嘉宾之间的角色关系发生了较大的转变。在传统的娱乐节目中，主持人一般都处于舞台之上，和台下形成一种隐喻性的权力关系，这种权力关系通过主持人引导话题（对话题的选择）得出共识而最终得以体现。在《非诚勿扰》中，主持人的空间位置发生了很大的变化，在三个主持人中，孟非尽管在舞台之上，但其位置略微低于女嘉宾所处的位置，而另外两个主持人（乐嘉、黄菡）则处于舞台之下，和现场的观众处于相同的位置，这种位置形成的隐喻性权力关系通过对

---

① R.Barthes, "Theory of the Text," in *Image Music Text*, trans. Stephen Heath, London: Fontana, 1977.——S/Z, trans. Richard Miller, NewYork: Hill & Wang, 1974.

话题的参与得以体现。在三个主持人中,乐嘉扮演着权威的角色,但其观点常常被其他两个主持人所质疑和调侃(调侃是《非诚勿扰》经常使用的一种叙事策略),主持人之间的质疑和调侃,消解了主持人话语的权威性,从话语的主导者开始变成话语的参与者,从"家长"变身为"兄长"。嘉宾也可以对主持人的观点质疑和表达不同的想法,因此,《非诚勿扰》没有话语的中心,既无法在某一种观念上形成共识,甚至也无法在某一个观念上做过多的停留。充斥在《非诚勿扰》中的是观念的片段(片段、片段,还是片段),这些片段之间的逻辑联系十分松散,但受众用自己的生活记忆、情感想象把这些片段串联在了一起,成为一个自己的故事。

全媒体为受众参与和创造《非诚勿扰》文本的提供了现实的途径,受众的解读不仅是《非诚勿扰》的意义生产的唯一终点,同时也会对制作者产生影响。具体来讲,受众的观看期待会通过发言(褒扬和批评)塑造文本的部分内容,不满和赞赏就充斥在《非诚勿扰》文本的周围,对于"受众的意见",节目组甚至不用通过收视率的高低进行间接的猜测,节目组和嘉宾既然无法逃离在受众读解文本(这里有反抗、妥协)中塑造文本的语境和压力,就会有意无意地按照受众的观点塑造文本中的角色性格、叙事策略[1]。基于此,我们认为《非诚勿扰》文本是由节目组、嘉宾和受众共同塑造的。

二、《非诚勿扰》的受众:原子化个体与情感诉求的内在矛盾

意义是文本和受众互动的结果,文本的开放性为解读的多样性提供了可能,但意义最终只能在受众中产生,那这又是一些什么样的受众?他们为什么如此热衷于并没有讲述浪漫故事的《非诚勿扰》节目?

开始于20世纪70年代末,并在90年代加速的中国社会转型,改变了新中国成立以来形成的"国家-单位-个人"的总体性社会关系格局和社会联结方式,社会原子化逐步呈现[2]。伴随微博兴起的草根阶层更是强

---

[1] 王刚、卫诗:《从〈非诚勿扰〉看微传播与电视传播的互动》,载《南方论坛》2011年第3期。
[2] 崔月琴、吕方:《回到社会:非政府组织研究的社会学视野》,载《江海学刊》2009年5期。

化了社会原子化的进程。个体原子化不仅是现代社会的个体生存现状的真实写照,也是社会转型期价值多元化的体现,个体的生存现状和心理变化表现在:(1)人与人的直接联系减少,社会规范和道德约束的力量减弱,人际传播逐渐让位于媒介传播;(2)个体的价值观越来越重视个人的尊严和权力,也较重视平等权,权威的规训力量式微,个人期待自由选择生活方式和参与机会;(3)人与人之间的联系更多建立于契约关系上,由于个人过于强烈的独立意识,所有政治、宗教、志愿性团体,均无法左右个人,呈现出"原子化"状态;(4)网络意见领袖往往成了社会情感的风向标。根据孔德的看法,社会分工的过分专业化导致社会解体,此时的社会组织无法适当联系个人以维持社会整合,社会上的个人缺乏共同特性,便无法相互了解,终至日渐孤立。简单地说,在社区里,他们丧失向其他人认同、肯定自己存在的能力,最后变成心理孤立的个人集合体。原子化个体相比历史的任何时期都获得更多的自由空间和自由表达的机会,但这种空间和机会的获得是以丧失人的亲身性接触为代价的,现代人的寂寞不再是鲁滨逊无人相见的寂寞(孤单),而是人群中的寂寞,即在茫茫人海中心理的孤寂,这是人的情感纽带被专业化的分工所打断的必然结果,亲身性的人际交往被虚拟性的网络交往所代替了,倍感人际交往复杂、难以驾驭的人很自然地转入到对自我价值的塑造和坚守上,"去中心化"与其说是一种生活方式,还不如说是一种抵抗外界压力的心理机制。原子化个体永远无法摆脱自己的情感诉求,"自由-情感"的二元张力是现代人生活的真实写照,他们富有多元的价值观念(传统、现代和后现代的观念很可能在一个人的身上同时具备),他们渴望异性符合自己的情感理想,情感生活符合自己的价值理念,但时间的推移让他们越来越认识到原子化的生活模式(独立自主的生活方式)与情感诉求(家庭的慰藉与相互包容)之间的内在矛盾性,但时刻感受到与自己相似处境的人大量存在的心理预期,产生了一个"原子化的情感共同体"。

对于"原子化的情感共同体"来说,《非诚勿扰》以及类似的节目不会取代生活的其他方面(社会实践、道德或政治意识、情感取向),《非诚勿扰》只是"乐趣的源泉,因为它把'现实'置于次要地位,因为它为真实的矛盾制定了想象中的解决方法"①。这种想象中的解决方法以其情感的直接表达和爱情的舞台化形式,脱离了现实爱情困境,也脱离了现实社会关系无聊沉闷的复杂性。在家这样一个情感想象的空间中,《非诚勿扰》事实上提供了一种连接现实爱情与理想爱情的平台,在娱乐中完成对爱情的再认知、再体验和再思考。因为这些爱情发生在舞台上(这是受众的一种自觉认识),因此观众可以在角色中快速地"游走",而《非诚勿扰》节目所呈现的多元爱情观,为这种角色认同和游离提供了可能性。

三、空间和时间:《非诚勿扰》文本所处的位置与时间

空间和时间既是意义的载体,同时也是构成意义的重要元素,其本身也产生意义。在现实生活中,台上或台下、有座或无座、座前有桌或无桌、圆桌或方桌都是权力和地位的象征,可以说,空间设计往往是文化心理、社会权力结构的一种潜意识再现。

在《非诚勿扰》的文本空间中,原本处于舞台中心的主持人来到了台下或者同观众坐在了一起(乐嘉、黄菡)。从空间角度来讲,主持人不再处于权力的中心位置。与此相一致,通过自我调侃和相互的诘难(比如乐嘉和孟非之间的相互调侃),主持人的权威性也被节目有意识地消解了。处于舞台略高位置的是 24 位女嘉宾,每个人面前都有一个小桌和话筒,而男性则处于舞台较低的一端,且面前不摆放任何道具,这暗喻着在爱情的选择中,女性具有较多的选择主动权。无论在动物界(人类本性)还是现实的人类社会,虽然求偶的行为"男"性更主动,但最初的选择权却掌握在女性的手中;其次,这样一种"略高"的位置,也与现代白领人群中"女士优先"的文化心理相契合。因此,舞台的空间设计不仅没有权力反转,而恰恰是现代择偶文化心理的一种潜意识再现。在一个男嘉宾被两位以上女嘉宾"留灯"(被选择)的情况下,主持人宣布进入"权力反转""男生权力",其标志是女嘉宾从原先"略高"的位置走到男嘉宾所在的位置,男嘉宾则需要走到女嘉宾面前灭掉多余的"留灯",其次走下来处于和女嘉宾同一

---

① 伊蒽·昂:《看〈达拉斯〉:肥皂剧与情节剧的想象力》,Methuen 出版社 1985 年版,第 135 页。

舞台平面的另一端,空间位置的这种微妙变化也和爱情选择权的转移是相一致的。

在文本时间上,《非诚勿扰》的每一次节目基本在一个半小时,相当于两集电视连续剧的时间。在这一个半小时里,有5个男嘉宾分别上台讲述自己的故事,演出时间首先被5个男嘉宾切割为5个"非诚勿扰爱情故事":尽管牵手可能成功,也可能失败,但参与其中的男女嘉宾总会得到"成长",这从离场时的感言中得到了集中的体现。在《非诚勿扰》的爱情故事中,结局不被认为是最重要的,重要的是体验"成长"。对受众来说,故事的真实与否不是最重要的,重要的是故事中不断呈现出的矛盾和矛盾的解决方式。

如果把主要由男嘉宾自己或男嘉宾的朋友通过VCR讲述自己的职业、爱好、情感经历、理想女生以及朋友的评价等称为讲述时间,男嘉宾与场上(主持人和女嘉宾)的互动称为互动时间,那么,在五个或成功或失败的爱情故事中,演出时间再次被切割为讲述时间和互动时间。讲述时间只是进入互动时间的引子,互动时间却最终确定故事如何展开与结束。讲述中内在矛盾和有趣的话题都有可能在互动时间中被不断"重提"、推向高潮或者引向其他话题。互动内容很可能跟讲述者(男嘉宾)的预想性解读相差甚远甚至完全相反,很多男嘉宾也把自己的失败归咎于讲述(VCR)和读解(互动)的反差,认为女嘉宾理解VCR的角度是自己没有预料到的,他们在最后总结的时候常常说起的一句话就是"其实我的意思不是女嘉宾所理解的那样的"。虽然有些讲述(VCR)也别出心裁,但终究只是引子,互动时间恰恰是矛盾的展开时间,这里有最动情的故事,也有爱情观的冲突与交汇,有难堪,更有欣喜。在演出中,我们也可以看到对互动时间"故意阻断"(相当于文本中的"空白")。在男嘉宾决定牵起哪位女嘉宾的手,即一个浪漫的故事以何种方式结束的时间、矛盾最终以何种方式解决的时间,是故事的高潮处,也正是在这个时间故事的"展示"戛然而止,约5分钟的广告时间为将要到来的故事高潮留下了充分的想象时间,在想象时间里,有痛苦也有期待。

在文本的时间和空间之外,存在着受众观看时间(一般情况下是播出时间)和观看空间。家里的客厅和卧室是观看的主要场所,观看时间一般在周末(星期五和星期六)晚上九点半到十一点之间。家是情感场所,有些人在家庭感受到情感的温暖与困惑(或许困惑有时也是温暖的一部分);有些人因为无法在家庭感受到真情的存在而痛苦。家的物质空间为观看者提供了一个介乎现实情感处境与即将放映的《非诚勿扰》的爱情故事之间的过渡空间;为观看者提供了现实爱情困境(包括自己内心的爱情观冲突)与嘉宾解决爱情方式的联想空间;为观看者提供了爱情梦想和爱情展示之间的学习空间。观众多元的理想爱情模式、多元的爱情观、多元的观看动机,在家这个情感的想象空间中,与《非诚勿扰》多元的爱情矛盾和多元的矛盾解决方式之间总能产生互动与认同。周末不是工作时间,而是现代人的情感膨胀时间、家庭生活时间。现代都市生活方式已经打破了人们传统的情感生活和家庭生活方式,工作时间不断挤压情感时间向周末聚集,挤压的情感会选择在周末集中释放。当释放的空间从咖啡馆、舞厅、电影院变成家,人群的喧闹转变为家的宁静,群体的狂欢转变为独处的寂寞,亢奋转变为沉思,此时此刻,众声喧哗理应让位于友人的对话,而《非诚勿扰》的开放式结构正好提供了一种对话的文本。

四、结语

意义只有在文本和受众相互作用时才会发生,制作者虽然对意义的产生具有重要作用,但并非是决定性的。《非诚勿扰》是一个开放性的文本,其开放性体现在:在台内和台外的互动、多元爱情观的交融与碰撞、权威话语的被调侃和消解。文本结构的开放性为文本的对话性解读提供了可能性,在文本的解读时间和空间中,《非诚勿扰》成了一个现实的"对话性"文本:在观看的"想象空间"里,文本的故事与想象的故事之间的界限被暂时遗忘;《非诚勿扰》的文本时间存在着空白和矛盾,这些空白和矛盾往往成为舞台上女嘉宾、主持人加入自己主观意识的地方。男嘉宾和女嘉宾会就这些空白和矛盾进行"对话",而观看时间选择在现代都市人独处的时间,文本的对话特质为这种独处提供了对话的可能性。《非诚勿扰》文本的开放性还体现在全媒体为受众参与和创造《非诚勿扰》文本提供了现实的途径,节目组和嘉宾既然无法逃离在受众读解文本中塑造文本的语境和压力,就会有意无意地按照受众的观点塑造文本中的角色性格、叙事策略。基于此,我们认为《非诚勿扰》文本是由节目组、嘉宾和受众共同塑造的。《非诚勿扰》的受众呈现出"原子化的情感共同体"特征,在家这样一个情感想象空间中,《非诚勿扰》事实上提供了一种连接现实爱情与理想爱情的平台,在娱乐中完成对爱情的再认知、再体验和再思考。

文本与快乐

——受众理论视野中的女性阅读*

阅读是意义的生产过程,阅读的愉悦体验来自于文本与阅读者之间的关系。文化研究学者莫利认为,意义的产生过程有赖于文本讯息(符号学)和受众的文化背景(社会学)的相互关系,这种观点显然受到了霍尔解码、编码思想和格尔茨文化阐释学的影响。在莫利看来,受众解读策略主要有三种形式:预想性(pre-ferred)、协商性(negotiated)和对抗性(oppositional);而文本主要呈现出两种特性:开放式(openning)和闭锁式(closing)。文本的闭锁式结构是相对的,开放式结构是绝对的;同样,受众的解读策略中预想性解读是相对的,协商性和对抗性解读是绝对的。能动受众理论与以前的受众理论的最大不同在于,能动受众理论认为通过不同的解码策略,受众的解读策略能抵抗文本的预想性意义。这一思想在费斯克对通俗文化的阐发中得到更大限度的阐发,以至于有人批评费斯克是空洞的民粹主义。但这一研究趋向显然对女性主义理论的范式产生了重要的影响。"巴雷特和菲利普斯对女性主义在企图'瓦解'先前稳固的男人体系方面所发生的理论嬗变,进行了引人入胜的反思。"[①]巴雷特认为,20世纪70年代的女性主义基本上赞同这样一个信念:确切地找到妇女受压迫的原因是可能的,男人统治的实质可以在社会和家庭的

---

* 原文载《新闻与传播研究》2010年第1期。
① [英]尼克·斯蒂文森:《认识媒介文化》,王文斌译,商务印书馆2001年版,第162页。

结构里找到。1990年代以来,女性主义开始从文化研究的角度关注女性问题。本文主要结合女性所喜爱的青春偶像剧以及打破传统思维定势的女明星,从受众理论的角度分析女性在文本阅读中的快乐原因。

一、解码中快乐:偶像剧和女性受众

在一个信息爆炸的时代,女性受众的周围密布着为赢得女性赞同和不断观看的众多话语,与意识形态的强制灌输不同,能引起女性最大关注度的信息,再也不可能铭刻着这些讯息发出者的"权威",甚至在表层意义上对这些"权威"进行解构、讽刺和调侃。比较中国内地、中国台湾和韩国的偶像剧,不难发现内地的偶像剧不受欢迎的内在原因。在内地偶像剧中,"权威"的声音压制了受众解读的快乐,观看成了一次并不愉快的接受"规则化"生活的过程,这些规则原本是有利于人的社会化,带有强烈的意识形态性。包括家庭在内的休闲和私人空间,存在着极富个性化的快乐,而这一切有可能随着"权威"声音的不断出现而被迫消失。

受到女性欢迎的偶像剧,有些往往充斥着对"权威"的解构和对规则的反叛。台湾偶像剧的"灰姑娘模式",通常以一个相貌平平、能力平庸、家境一般的女主角作为叙事的主角,这样的一个角色最终"俘获"一个众多女性追捧的"白马王子",这个白马王子拥有了世俗世界所规定的一切——财富、美德、才华与潇洒。这种叙事违反了"金童玉女模式"和"郎才女貌"的传统观念,尤其是对金钱、对爱情的扭曲进行了反讽与嘲笑。菲斯克认为"带有怀疑性质的笑声,这种笑声提供了疑惑的快乐和未上当受骗的快乐。这种'看穿'他们(指此时此刻手中有实权的人)本质的大众快乐,是许多世纪以来顺从的历史性结果,可民众没有让顺从发展成为屈从。"①在这些剧作中,代表世俗和传统观念的父母("权威"的声音)往往成了并不受欢迎的配角。韩国偶像剧的"野蛮女友模式",女主角甚至带有一定的概念化的倾向,把对传统和世俗的反抗甚至融化到了外形塑造、

---

① J. Fisker, "Popularity and the politics of information," in P. Dahlgren and C. Sparks(eds), *Journalism and popular culture*, London, Sage, 1992, p. 49.

举手投足等生活中非常细微的地方，更为重要的是女主角这些略带夸张的举动，最终都以女主角略显"胜利"的喜剧化收场，因此，女性在心理满足和反抗权威的快乐中收获了双重的快感。在一个男性占主导地位的社会秩序里，妇女被不断地教养（在女性主义者看来是"驯服"）成不能也不应该充分表达自己的欲望，她们在偶像剧中再次体验了找寻本我的快乐。拉德韦在一篇文章里声言，浪漫小说的研究将读者的世界呈示为"通过合作生产而成的由各色布片缝缀起来的一条被子，在这条被子上，各种各样的女裁缝在很长的时间里，将小的、分散（但也是集体）创作出来的图案缝合在一起"。在意识形态和公共空间的宏大叙事中，女性通过合作生产的"被子"虽然显得微不足道，但对每个女性的私人化空间来说却显得不可替代。

台湾偶像剧在"灰姑娘"俘获"白马王子"的"芳心"之后，往往会出现另外一个比"白马王子"更出色的男性开始对"灰姑娘"倾心，故事的结局总是出奇地一致："灰姑娘"无论面临多大的诱惑，依然保持着对最初认识的白马王子坚贞而强烈的爱，"从一而终"的男性话语再一次强势回归。在韩国偶像剧中，叛逆的女主角在其"心智成熟"之后，开始反悔自己以前的生活，也开始主动地修复自己和父母（"权威"）的关系，并开始过上"规则化"的生活。文化是性别统治的一种工具。在男性主导的话语中，尽管允许"反权威""反世俗"的女性形象和行为出现，但这一切都要在不彻底破坏男性意识形态的情况下。

在女性主义转向文化研究领域之后，许多西方女性主义研究者开始把研究领域转向对通俗文化的研究。在这当中，伊恩·昂对美国电视连续剧《达拉斯》的研究堪称经典。伊恩·昂根据看过《达拉斯》的女性的反馈，否定了菲斯克和布迪厄有关快感的论调。在菲斯克和布迪厄看来，大众阅读的快乐通常与肉体的放松联系在一起，因为只有肉体的放松才能让大众从世俗的规则里解放出来。在伊恩·昂看来，女性对《达拉斯》阅读快感的形成，并不是从世俗的、现实的世界中解放出来的快感，而是直接参与剧情而产生的快感。吸引观众收看《达拉斯》的心理原因在于剧作本身的情感现实性，即观众认为《达拉斯》中所展现的情感生活跟自己的家庭生活具有极大的相似性,或剧作中情感发展符合现实生活逻辑。处于生活中的女性,受困于家长式的统治结构,在内心深处怀着乌托邦式的爱情想象,就像帕梅拉所说的那样:男女之间能够永久地保持平等的爱。因此,在女性所喜欢阅读的浪漫小说中,我们常常可以看到这样的叙述:一个冷漠、落寞和孤立无援的男人,在故事的结尾却成为充满爱心、怜惜和被女性化的人。她们对情感空间的希翼,不仅仅是为了自己能碰到一种更具怜惜心理的男子气,而且是为了能积极地参与小说中所描述的各种不同的历史和地理的定位,以便拓宽自己的视野①。长期以来,女性把类似情节的故事看作是自身话语的表达,极具悖论的是,浪漫小说在给予女性阅读快乐的同时,也维系甚至强化了女性在男性话语社会中的地位。

二、诅咒并快乐着:对"反传统"女明星的女性阅读

思考女明星与女性观众之间的关系,必须考虑明星的多重话语构建。在笔者看来,处于信息爆炸时代的明星,是由三重话语所构建的:第一层是私人话语(自我话语),这涉及在现实生活中的明星,其所思所想、家长里短。现实中的明星是观众所无法触及的,因此"真实的"明星只有可能被极少数长期在她身边的人所熟知,观众看到和听到的只是媒介所构建的明星形象。第二层是媒介话语层次,这包括宣传片、剧作角色、媒介所拍摄的明星的生活片段、明星写真、明星演唱会、见面会等。尽管在形象传播的形式上存在着很大的差异,但任何形式的媒介话语都带有很强的目的性和控制性,"当镜头打开的时候,真实便不存在"。对于大多数观众来说,对明星的了解仅限于媒介话语层次。第三层是"迷"话语层次,粉丝对于明星的阅读往往是集体性的(这些往往称为"粉丝社群")。"通过对文本的相互讨论,粉丝们可以拓展对文本的体验,并超越它原初的含义。经由讨论后所生产的意义融入了粉丝们的日常生活中,这样的意义完全不同于与文本短暂邂逅而稍纵即逝的意义生产。"②在粉丝话语层次,明

---

① [英]尼克·斯蒂文森:《认识媒介文化》,王文斌译,商务印书馆2001年版,第169—171页。
② Henry Jenkins, *Textual Poachers: Television Fans and Participatory Culture*, Routledge, 2012, p.45.

星的媒介话语和自身话语成了粉丝意义再生产的材料,在消费的同时,粉丝也在创造着新的文化意义。下面从这三个话语层次去分析明星及其产生的意义,会让我们更加清楚阅读中快乐的来源。

菲斯克研究了麦当娜三个层面的文本特性,认为在媒介话语层面上,麦当娜用自己性感的躯体和充满魅惑的眼神颠覆了各种家长式的规则,在象征意义上玩弄由男性话语所界定的对处女和妓女的传统观念,在意识形态上破坏了对妇女的各种外形和声音表征的要求。这样一个由文化工业生产出来的明星形象,在私人空间中成为许多男性歌迷们性幻想的对象,女歌迷也在其扭动的身体曲线中获得了自由抒发自身情感的快乐。但是在社会语境中,麦当娜同样受到了传统社会的排斥,对其批评的声音从来就没有停止过,许多女性也对其一举一动表现出很大的不屑。杰森认为,通过"把粉丝一族的狂热状态确定为一种非正常行为(在个体层面上),使得一种令人放心的自我夸大的姿态能被接受。它同样支持了特定价值的胜利——理智战胜情感,有教养战胜无教养,情感克制战胜激情放纵,精英战胜流行,主流战胜边缘,现状战胜另类"①。温尼寇特(D. W. Winnicot)的"过渡性客体"可以从另一个方面来说明女性在此时快乐的来源:"所谓'过渡性客体'实际上就是自我与外在世界之间的一个'第三区域',它既不属于自我的内心世界,也不属于外在于我的客观世界,而是一个自我与外在世界相交汇、相协调的世界,是一个供人休息的地方或驿站,是个体自我与外在世界不断连接的地方。"②从这意义上说,麦当娜的媒介话语(在一定程度上由其经纪公司控制)是一种开放式的结构,在私人空间,这一文本对她的女性歌迷提供了在男性话语控制中重塑自身同一性的问题。当女性再次回到现实世界时,她们开始以社会的准则重新审视麦当娜的媒介形象,她们在与别人相近或相同的对麦当娜的道德批判中获得了认同感。

---

① Loli Jenson,"Fandom as Pathology: the Consequences of Characterization," in Lisa A. Lewis (ed.), *The Adoring Audience: Fan Culture and Popular Media*, London: Routledge, 1992, pp. 24—25.
② 陶东风主编:《大众文化教程》,广西师范大学出版社 2008 年版,第 302 页。

这种现象同样出现在中国两位饱受争议的女明星身上：李宇春和芙蓉姐姐。前者曾经被认为是民众自由选择的结果，其在超女中的胜出曾经带来了她的支持者和民众的狂欢，但因为其外表并不符合中国传统关于"美女"的标准，男性意识形态把她的成功完全归功于其"中性化"的外表，认为是女性把她推上了舞台的前沿，这种明显带有意识形态倾向的原因分析迅速地被媒体所放大，因此，在很多的歌迷见面会上，李宇春开始被主持人称为"春哥"，这是一个明显带有商业性和歧视性的称呼。在私人空间，尽管李的歌迷依然在欣赏着她的率真和歌声，但在公共空间，很少有她的支持者公开反对这一称呼。芙蓉姐姐对有关明星的传统规则进行了突破，她既没有傲人的身材、甜美的脸庞，也没有渊博的学识、出众的演技。她的出现是对娱乐业长期以来作为一种美女行业的颠覆，也是对中国传统"秀外慧中"美女品德的一种颠覆，她以滑稽的方式解构了丑女羞于出门的思维定势。在私人空间，许多女性在会心一笑的时候也对其勇气由衷地赞叹，而在公共空间中，她也成为许多女性口中的"恬不知耻"者。

女性在观阅女明星时，在私人空间和公共空间的不同行为和不同心理体验，恰恰说明了男性话语的强大，颇富争议的女明星也通过开放式的文本向她的女性崇拜者的传统理念不断提出挑战。

三、结语

伊格尔顿认为电视"与其说是一种意识形态方面的机器，倒不如说是社会控制的一种形式"[①]。按照伊格尔顿的意思，女性阅读快感的意义应该到意识形态控制、文本和读者快感体验三者之间的关系中去寻找。受众理论的最大缺陷在于缺乏对意识形态控制的敏感性，受众理论应该意识到女性在观看电视获得快感的同时（尽管在此过程中存在着对社会规则的反叛），并没有参与更加严肃的政治活动。受众理论视野中，女性在私人空间和公共空间对快乐意义的把握和放弃，同样应该从意识形态潜

---

① Eagleton, T., *Ideology: An Introduction*, London, Verso. 1991, p.35.

移默化的角度来认识。在对偶像剧和女明星的解读中,我们发现争议性女明星的媒介塑造是一种开放式的结构。在私人空间,这一文本提供了在男性话语控制中重塑自身同一性的问题;在公共空间,因其"反叛"形象,常常在观看者中产生批判之后的道德优越感。在偶像剧的分析中,我们发现在故事的结尾处男性话语总是强势回归,叛逆的女主角要么结束传奇的生活,回归现实,要么开始主动地修复自己和父母("权威")的关系,并开始过上"规则化"的生活。从这一意义上说,对女性阅读行为的研究,应该重新被整合进一个更为广阔和更具有批判性的媒介社会学,文本的关系世界在意识形态上应该与由男人界定的公共世界联系起来。

高科技文化产品竞争优势及发展模式*

核心文化产品的贸易逆差问题,早已成为悬在中国文化产业、研究界和管理者头顶的达摩克利斯之剑,近年来相关研讨会遍地开花。所有的讨论都试图解决中国文化贸易的核心问题:中国的文化资源如此丰富,为何文化产品却缺乏国际竞争力?在专家开出的各种"偏方"和"猛药"效果并不明显之际,在感叹中国的文化产业政策不如美国、日本有效之余,在深感"中国文化走出去"困难重重之时,我们仍应反思中国文化贸易研究的支点。以前的思路仅仅把文化产品的竞争看作是"文化资源"的组合拳,而作为生产要素的高科技到底在文化贸易中扮演什么角色?在国际主流高科技文化贸易模式之外,我们是否应该建立中国自己的高科技文化贸易模式?

一、新媒介环境技术是文化贸易的决定要素

从近几年文化贸易的发展趋势来看,世界文化产业大国在国际文化贸易方面的竞争中,资本的重要性在消退,技术和发展模式成了战略高地。习惯思维只认为技术是文化产业内容表现和传播的一种工具,而忽略了技术本身就是文化贸易的重要组成部分,忽略了技术对内容表现的决定作用。正如文化产业研究学者花建所言:"如果说浩瀚大洋的海权之争,决定于谁控制了关键性的海峡与通道,那么,21世纪的文化贸易竞

---

* 原文载《编辑学刊》2013年第2期,合作者为王灵丽。

争,决定于谁具有文化与科技融合的创新能力。大量事实表明,创意、经济与技术的融合创新,是推动文化贸易的有力杠杆。创新制胜,王者归来,是国际文化市场竞争的核心规律,谁的文化出口产品和服务的科技和创意含量越高,谁在国际市场上竞争的优势就越大。"[1]美国信奉技术上的"第一优势战略",认为技术差距也直接影响着一国在贸易中所拥有的比较优势和地位。最典型的例子是好莱坞技术主义在全世界文化贸易中的畅通无阻。2010年,中国内地电影票房首次突破了100亿元大关,更诞生了首部票房过10亿元的影片《阿凡达》。2011年,内地总票房达到130亿元,共计有200多部电影上映,平均每月约20部,其中国产电影占三分之二强,但是说到票房的流向,不得不承认还是外来的"和尚"会抢钱,而且抢得异常凶猛,也就是说,超过150部的国产片的票房不敌50多部进口大片,这多少让中国的电影人感到有些尴尬。《变形金刚》于2011年7月11日上映,50天内卷走了近11亿元的票房,占内地全年总票房的近一成,平均日票房超过2 000万元。

从我国文化贸易的发展实践来看,"科技+文化"模式成效显著。盛大文学把网络世界的运营规则与开发华语原创文学相结合,发展出一套汇聚网络文学作家、吸引多样化读者群体、推动版权分销的有效模式,从2008年成立以来,迅速发展成为中国内地规模最大的网络文学出版企业,2011年的注册用户达到8 600万,并且成批量地向海外出售和交换版权,被誉为与亚马逊、谷歌并列的全球三大主流版权产业模式之一[2]。2011年,中国文化企业30强之一的深圳华强文化科技集团已申请148项国内外专利、142项商标、114项著作权和29项软件品登记。它自主开发"180度环形银幕立体电影成像技术"取得了美国发明专利,自主研发的"环幕4D影院"进入海外市场,开启了中国拥有自主知识产权的环幕电影出口新渠道,率先建成世界领先的"全无纸化二维动画片生产线"。2011年,华强已有多套环幕立体电影系统出口到美国等多个国家和地

---

[1] 花建:《解放评论:如何走向文化贸易大国》,2012年2月26日。
[2] 花建:《解放评论:如何走向文化贸易大国》,2012年2月26日。

区。华强动漫以 18 512 分钟的年产量位列榜首,采取无纸化设计,使动漫生产效率提升了五六倍。

凡此种种,都表明高科技、高附加值文化产品才具有国际竞争力,国际文化贸易已形成高科技、内涵式发展的模式。尽管我国的文化资源十分丰富,但如果科技含量不足,仍然难以打开世界市场。相反,任何一个国家的文化资源都可以被他国的高科技所"征用",动画片《花木兰》和《功夫熊猫》就是典型的案例。在文化贸易中,文化资源只是基本要素,技术是文化贸易的高级要素,也是决定性的要素。

二、技术拉近受众的高科技文化产品竞争优势分析

首先,高科技可以有效地减弱"文化折扣"。"文化折扣"亦称"文化贴现",指因文化背景差异,国际市场中的文化产品不被其他地区受众认同或理解而导致其价值的降低。越是剧情性强的文化产品,输出时越容易遭到"文化折扣",反过来,越是具有相通文化背景,注重视听效果、特技和外观的文化产品,越容易避免"文化折扣"。霍斯金斯和米卢斯在 1988 年发表的论文《美国主导电视节目国际市场的原因》中首次提出此概念。即使文化产业发达如日本,在文化贸易中也受到"文化折扣"的影响,其文化影响力主要在东南亚地区。而美国技术至上的文化发展思路,让文化的价值观包裹在炫彩斑斓的技术外衣中,让人陶醉于技术创造出来的精彩之时,文化价值的差异完全让位于技术,在赞叹技术中自觉不自觉地价值观发生转变。

其次,最好的创意往往需要最好的技术来实现。"20 世纪 70 年代初期以来,美国信息技术飞速发展,其中的数字图像处理技术更是逐渐成为影视特技、电子游戏、互联网视频信息处理等技术中的一个重要组成部分,而这些技术运用到电影中,就成了全世界观众趋之若鹜的'视觉盛宴'。"[1]媒介资本化运行的逻辑结果必然是"娱乐文化"的盛行,"娱乐文化"就是视觉文化。"好"故事自然能够吸引眼球,没有故事内容的惊险刺

---

[1] 《好莱坞电影数字技术发展一瞥》,载《中国文化报》2011 年 3 月 21 日。

激的技术也同样能吸引人,《变形金刚》更是把没有故事内容的惊险刺激演化到了极致。即使内容很深刻,表达的是全人类共同的主题,如果技术掌握不好,仍然吸引不了"注意力"。这一点在游戏产业更加明显,对游戏产业而言,最新技术不仅仅带来视觉冲击,还衍生出更多的新游戏,极大地满足了玩家追求新奇刺激的心理,也极大地拓宽了玩家的年龄层次和人群规模。

最后,高科技已成为文化产业生产和传播的标准,"标准后发国"处于产业链的低端。高技术文化产业的核心是将文字、图像、视频和语言等各种信息数字化,并通过其他平台提供给用户以满足其需求。在几次文化产业技术标准化浪潮中,美国、欧盟等发达国家贡献了大量的国际标准,长期以来占据着绝对的主导地位。相反,来自发展中国家的国际标准数量非常之少,在国际标准化组织(ISO)、国际电工委员会(IEC)等国际标准化组织中,发展中国家的代表数量也极为有限。在全球 1.6 万项国际标准中,99.8%由国外机构制定,中国参与制定的不足 2%。万维网工程特别组(IEIF)是目前主导着全球通用标准发布的最具权威的技术标准组织,在得到它认可的 4 000 多项国际标准中,由中国制定的只有 3 项。在对技术标准话语权的争夺中,以美国为首的西方国家处于"准垄断"的地位。对国际技术标准的拥有量通常代表着一国在相关领域的话语权,缺乏国际标准意味着没有话语权,国际标准化中的地位不平等将直接影响一国的产业发展空间和对外贸易结构。国际标准化策略已经成为各国参与新一轮国际分工和产业转移的核心筹码,是国家参与国际文化市场竞争的突破点。

三、国际高科技文化贸易的三种主流模式

美国、日本、欧洲的文化贸易都有其特点,但共同点在于十分重视文化资源与高科技的结合,分述如下。

美国模式:第一行动者优势理论指导下"强势辐射"模式。好莱坞技术主义流派不仅对好莱坞影片的制作影响深远,而且对美国文化产业和文化贸易的发展同样影响深远。美国的文化产业公司在技术领域可以说

是独领风骚,不仅是数字制作、数字传播、信息技术的最先实践使用者,也是相关技术国际标准制定者,不仅是文化产品的最大出口国,也是文化产品设备和技术标准的最大出口国。在数字环境中,对外文化贸易首先存在着同美国信息技术标准的问题。早在1974年,诺登斯仲(Nordenstreng)和万瑞斯(Varis)就指出,美国电视节目向其他国家的单边流动是世界电视节目流动的基本模式。美国政府的文化政策对于强化美国文化贸易强势地位起到了重要作用。美国政府的文化政策体现出两个特征:为文化企业提供了宽松、平等的竞争环境和法律保障,对信息技术领域形成了产学研一体化的扶持机制,强化美国文化产业的技术优势地位,激发企业创造的积极性。对外,美国以"自由贸易"为攻势,不断打开国际市场。美国似乎不太关心中低端制造业部门的贸易逆差,而是逐渐将注意力转向高新技术产业和服务业,侧重于在这些领域实现"出口垄断"和贸易顺差。在政府干预的手段上,对产业和贸易的保护也更加"隐形化"和"国际化",这正是由美国的产业基础、技术条件和货币中心国的主导地位所决定的[1]。与其他国家相比,美国的文化资源完全处于劣势,但其依靠技术优势,把其他一些国家的文化资源作了最符合现代人需求的表达。

迈克尔·波特(Porter,1990)在《国家竞争优势》一书中认为,生产要素是指生产活动所需要的基本物质条件和投入要素,一般包括天然资源、人力资源、知识资源、资本资源、基础设施等。根据生产要素的性质与作用,可对其进行两种形式的划分:第一种划分方式是将其分为初级生产要素和高级生产要素;第二种划分方式是根据专业化程度,划分为一般性生产要素和专业性生产要素[2]。美国文化贸易的强势地位说明了在国际文化贸易中,高级生产要素比初级生产要素更加重要。

欧盟模式:"文化例外"口号下的欧洲一体化模式。因为文化需求和偏好的相似,美国的"强势辐射"模式对欧洲和加拿大的文化产业影响十

---

[1] 何桌吟:《美国数字经济》,吉林大学(博士论文),2005年。
[2] 项莹:《中国文化产业国际竞争力与文化贸易的政策选择》,浙江大学(硕士论文),2007年。

分巨大,一些欧盟成员国家曾经在关税与贸易总协定的谈判过程中成功地运用"文化例外"的概念来拒绝文化贸易的自由化。"文化例外"的主张在 GATT 第二部分第四条的决议中也得到了反映。与此同时,欧盟也充分认识到新媒体技术对文化产业的影响,以及相互开放文化市场的重要性。为了应对技术的挑战和形成统一的文化市场,欧盟对版权及相关权利进行了系统的修改和协调,这包括《欧盟理事会第 92/100/EEC 号指令——关于出租权、借阅权和某些与版权有关的权利》《欧洲经济共同体理事会第 93/83/EEC 号指令——关于版权和与版权相关权利适用于卫星广播和有线电视转播的规则协调》《关于信息社会的版权和相关权利的绿皮书》《关于版权和技术挑战的绿皮书——亟待行动的版权议题》《欧洲经济和社会委员会关于"提请发布旨在确保知识产权实施的刑法措施的欧洲议会和委员会指令"的意见》。其中,《关于信息社会的版权和相关权利的绿皮书》就重点涉及新技术服务的性质、跨境服务、新的市场结构等问题。《关于版权和技术挑战的绿皮书——亟待行动的版权议题》,不仅建构了欧盟应对技术挑战对策及内部机制,也探讨了共同体在新媒体产业问题上的多边、双边关系原则。

日本模式:包容多元的泛数字化模式。"日本在开发文化产品时,尽可能包容多元要素,加强跨文化贸易的亲和性和相融性。如日本作为全球电视动画片大国,首创大量采用西方经典交响乐,作为动画片的背景音乐、片头曲、片尾曲、插入曲、角色主题音乐等。日本动画片《无敌铁金刚》采用了蓝调旋律结合流行摇滚与爵士节奏的结合,《机动战士高达》的音乐带有古典与巴洛克音乐的特质,《银河英雄传》采用了马勒六首交响曲,而《EVA》采用巴赫的无伴奏大提琴组曲和贝多芬第九号交响曲……这些做法使得西方经典音乐与日本创意相结合,加强了动画片的美感,适应了西方受众的审美习惯,有利于日本动画片进入欧美动画消费市场。"[①]长期以来,我们对日本动画片的观感是故事情节十分有创意,故事主题主要反映人类共同关心的话题,其表现方式十分质朴,仿佛日本发达

---

① 花建:《放评论:如何走向文化贸易大国》,2012 年 2 月 26 日。

通信、电子技术没有在动画产业当中被运用,殊不知日本动画片在追求自己迥异于美国动画片的风格之外,技术也是全球领先的,只是其技术更好地服务于内容,而内容往往比美国动画片更富有哲理和创意。因此,美国动画片可以在一段时间内创造出极高的票房,日本动画片则可以影响一代及几代人。

四、结语

显而易见,无论是对外文化贸易的美国模式,还是欧盟模式和日本模式,高科技和创意是支撑文化产品对外贸易的核心力量。文化资源只是文化产业的基本要素,而高科技是文化产业的决定性要素,在文化产业的发展中,决定性高级要素"雇佣"基本要素。国际文化贸易的发展趋势是规模化、高科技、内涵式经营的对外文化贸易,是国际文化贸易的主导模式。高科技文化产品的输出,更少受到"文化折扣"规律的负面影响,也更容易占有市场,赢得高额利润。各国都有意识地为对外文化贸易相关企业提供技术支撑和政策扶持。中国对外文化贸易应改变分散性、低科技、粗放式经营的文化贸易现状,走向规模化、高科技、内涵式经营的文化贸易新模式。中国能否充分利用自身优势,扬长避短,在世界三种主流文化贸易模式之外,创造中国对外文化贸易的高科技模式,无论是对中国文化"走出去"战略,还是对中国各自为战的文化贸易企业来说,都将产生重大的引领作用。

第七辑

出版案例研究

《读者》办刊宗旨、方针与历程

——《读者》首任主编胡亚权访谈[*]

张大伟(以下简称张):胡老师,您好!《读者》是在国际上也有一定知名度的杂志,您作为创始人,能介绍一下《读者》成为国际品牌的发展历程吗?

胡亚权(以下简称胡):《读者》自1981年诞生,经过了这么五个阶段:从1981年创刊到1985年,我们叫为成长期;1986年到1989年,我们叫成熟期;1990年到1994年,我们叫作平台期;1995年到2000年,我们叫它发展期;2001年到现在,我们可叫它为拓展期。

第一阶段,即成长期,我们确立了《读者》的办刊宗旨,即十六个字:博采中外,荟萃精英,启迪思想,开拓眼界。后来把"英"字改成了"华"。任何一个报刊都有其宗旨,这是它的一面旗帜。我们的方针是:从读者中来,到读者中去。除了宗旨、方针之外,另外一个就是《读者》的定位。我们把《读者》定位为高中以上文化程度的青年读者,这是基本的《读者》群。而核心的读者群,我们定位为大学里的低中年级学生,这个定位在20世纪80年代初期也是很独特的。定位的特色可以概括为"三高",即高品位、高格调、高质量。

张:能不能详细解释一下《读者》的办刊宗旨当时是出于一种什么样的考虑?

---

[*] 原文载《国际新闻界》2007年第4期。

胡：《读者》一路走来，发生了许多变化，创业时期我们独创的东西比较多。但办刊宗旨不是独创的，当时许多刊物提出类似的概念，我们在此基础上考虑了三个层次的意思：博采中外，荟萃精英（后来叫精华），启迪思想，开阔眼界。"博采中外"就是说我们刊物的选材，古今中外都要有，范围要大；第二个层次是"荟萃精英"，就是我们选的是最好的东西；第三个层次是我们的目标："启迪思想，开阔眼界"。当时提倡"打开一扇窗户"，在那时我们首先就是想要使读者开阔眼界，然后才能启迪思想。当时许多刊物都提出了近似的概念，可能我们做得比较完善一些，一直就坚持了下来。

在第二阶段，即成熟期，确立了《读者》的"真、善、美"主线，即人文主义的路线，并突出了刊物的爱国主义情怀，具体表现是宣传仁人志士，宣传中国的历史文明。另外，就是从象牙塔的阶段脱离出来，登载社会现实的文章多了，实用性的东西多了。在这个阶段，也试着做了一些分印工作。《读者》首先在武汉分印，由一些印点开始走向全国，有了四五个印点。1989年后，全国开始报纸大整顿，由于《读者》没有多少政治色彩，所以没有受到影响。

第三阶段，即平台期，《读者》的发展没有太大的变化。前面共提到过五个阶段，若要说第四个阶段的话，也可把第二、第三阶段合并起来。实际上，这样也比较恰当，即第二阶段（1985—1995年），这一阶段《读者》成了一个品牌，在中国和国外的华人圈里它已被广泛地接受。这一阶段分印点达到7个，发行量达到300多万册。1993年7月，刊物进行了改名，美方告我们商标侵权而造成《读者》改名，最后这事被很巧妙地处理好了。之后杂志的印数不降反升。

第四个阶段，即发展期。这个阶段，我们做了很多事情，首先是对机构进行了调整。编辑部变成了杂志社，成立《读者》杂志社。下设编辑部和经营部，即"一社二部"。经营部由彭长城管理，由纯粹的一个编辑部变成了一个带有经营性质的杂志社雏形。第二个举措就是从1995年正式上广告，把《读者》杂志由纯粹的靠发行赢利变成以广告赢利为主，这是经营上的新的格局。第三，就是明确了"贴近时代，贴近社会，贴近读者"的编辑思路。在这个基础上我们增加了一些栏目,如今日话题、言论、随笔,后来证明这样做是比较受欢迎的。《读者》由原来的不接触政治,到开始研究一些社会问题,这是个大的变化。第四,就是从1999年我们把《读者》由月刊改为半月刊,就是一刊改为两刊。

第五阶段,即扩展期。2000年开始,我们创办了《读者·乡村版》。到2002年,我们创办了《读者欣赏》。与此同时,我们靠《读者》本身的影响力做了一些以教育和环保为主题的社会公益事业,形成了很大的影响:一是希望工程,二是保护母亲河工程,并且做得非常成功。这一阶段,在杂志社内,编辑部秩序井然,实现了流程管理;经营部运作更为成功,并积累了编印发广的新经验,创造了一些新思路。杂志由一份杂志发展到四份;经营由单一的靠出版利润赚钱到广告赢利。到2000年,我们的年广告收入达到2 000多万(1995年是500万)。从2001年开始,彭长城接管了我的工作,并被任命为主编。要知道,以前的几位主编都是上级领导兼任。我又创办了《读者欣赏》。《读者欣赏》是我们向豪华杂志过渡做的一个试点。2005年,他们创办了《读者·原创版》。《原创版》只是我们想圆一个梦——《读者》没有原创的梦,到现在搞得也不错,有一半是网络文学,这也是根据形式发展,有点出乎我们意料之外。《乡村版》开始占领农村市场,我们都建立了子刊,杂志从此由一刊变为四刊,这都是在《读者》的拓展期做的。

张:大家都认为,您和郑元绪、彭长城等人对杂志的发展起了很大的作用。您认为你们几个人的办刊理念有什么不同的地方?

胡:出版社内部公认的《读者》创始人有三,曹克己、郑元绪和我。我是其中一个。我们三人可以说起了奠基作用。老曹是领导,支持我们那么做。具体运作是我和老郑,所以有"两个人的编辑部"之说。我在创刊阶段负主要责任,1982年彭长城来,他是大学应届毕业生。准确地讲,1985年之后他才发挥更大作用。第二个阶段1985—1994年,这一段时间老郑和彭长城主要负责《读者》,使刊物成为品牌,内容成熟了,而且他们也巧妙地处理了版权问题。1985年我走时,和老郑有个约定:"你一定要保住这个杂志。"1994年胡亚权和彭长城搭档。2001年始,彭长城和陈泽奎搭档。另外,彭长城善于经营,发行做得好,搞了二渠道发行,发行量从600万发展到1 000万。广告方面承包给广告公司,子刊做了《原创版》。机构上也做了一些改革,经营部扩充了,人多了,规模大了。80年代有5个人,90年代13—14人,到现在有43人。

张:主编的知名度会不会为《读者》带来好处?就像明星为某个节目带来收视率一样。

胡:我不想评论,刊物发行量与杂志质量有关,跟市场有关,杂志好了,谁当社长都是一样的。明星是靠脸,我们是靠脑子在做事情,我们要培养年轻群体来贯彻我的思想。当年《编辑部的故事》里面不是有个杂志叫《人间指南》嘛,东北有个杂志还真叫了个《人间指南》,还拿葛优、吕丽萍当封面,没几期就黄了。

张:有人认为未来中国出版业的发展是集约化的,出版业会集中于北京、上海、广东这样的大城市,您怎么看?

胡:我以前就提出过这样的观点,政治中心肯定是一个,经济文化中心就不一定了。有些是属于传统问题,有些是属于一个出版集团发展成为一个文化中心,如贝鲁特是阿拉伯的出版中心,在历史上早已形成。还有德国的法兰克福、贝塔斯曼,其实最厉害的是上海,报业最强大的在广州,所谓的集约在这样的城市也是不一定的。

张:那么"从读者中来,到读者中去"这样的方针是怎样确立的呢?

胡:我们是1980年秋天开始筹办《读者》,前两期的稿子选了很长时间,大概有几个月。1981年出刊,选稿时,我们在目力所及的报刊、杂志上选,甚至我们上大学时的读书笔记也用上了。在此过程中,我们试图找一些甘肃范围内的东西来选稿,但是碰了钉子,做不下去了,就想到发动全国读者来投稿,是这么想出来的。从第一期开始,我们就有"欢迎读者投稿"这样的字样,而读者也乐于这样做。如果读者认可我们的杂志,那投稿量一定会不错,因此我们到现在都坚持这种做法,而其他杂志不是这样的。像北京某文摘杂志在出版前能看到别家刊物的清样,我们做不到这一点,只能采取这种走群众路线的办法。虽然有些稿子比《青年文摘》晚出一两个月,但从另一个方面看,这样稿子会更精准一些。

张：你感觉现在或是将来对《读者》威胁最大的期刊是什么？

胡：最大的敌人就是《读者》自己，它要考虑经常调适自己的问题。这包括《读者》的发行改版等。一定要改为彩色版，还要扩大容量，从形式和内容上改变自己。以前我做的时候往往考虑一年后的情况。在中国，大众刊物总是有它的市场，所以保持它的优势只能靠自己。我向来主张期刊界是竞争下的共同繁荣。

发行量与人文关怀

——《读者》的发行策略[*]

从期发行量十几万册到一千万册,《读者》的发展历程告诉我们一个最初并不为人重视的文化产品如何最终成长为文化品牌的故事。在《读者》的成长中,稳定的质量与独特的办刊方针,一直是深受读者喜爱的主要原因,但是我们所处的这个时代,是一个"酒香也怕巷子深"的时代。与《读者》在编辑上显示出的创造性一样,《读者》在发行上也往往能够根据市场的变化,创造性地发展与提高《读者》的发行策略。

(一)低价策略

要想刊物获得好的发行量,刊物定价十分重要。《读者》对这个问题历来十分重视,曾经在全国期刊普遍提价时,《读者》杂志的价格定为 0.98 元,而不是 1 元,《读者》杂志社对此的解释是"不多赚《读者》的一分钱"。这是一个颇能拉近产品与消费者之间距离的口号,在这个口号后面隐含的是对消费者心理的敏感把握。这种把握从以下两个方面体现出来。

1. 提价总比别的刊物慢半拍。20 世纪 80 年代以来,纸价的上涨对刊物的发展产生了重要影响。面对这种情况,许多刊物都是根据纸价上涨的情况纷纷提价。而《读者》在提价过程中,总是保持着更多的理性,更多地把关注的目光投向了读者的接受能力,总是在别的刊物已经提价半年甚至是一年以后,在读者对刊物提价已经有了充分的心理准备的时候,

---

[*] 原文载《新闻界》2007 年第 4 期。

才决定什么时候提价以及提高多少。

2. 低定价策略。《读者》在提价之前,总会提前在杂志中进行关于期刊价格的调查,让读者选择刊物什么样的定价更加容易接受。在此基础上,比较其他同类刊物的定价,决定《读者》的定价。在目前的中国期刊市场上,《读者》杂志的定价比同类刊物的价格都低。有些研究者认为,《读者》的定价几乎"封杀"了同类的新期刊的产生,因为以《读者》目前的定价去办一份新刊物,从办刊初始,就意味着赔钱。

为什么这样说呢?

因为《读者》发行量巨大,《读者》的稿费虽然比同类期刊高,但具体平分到每本杂志上很低。此外,《读者》长期以来采取和邮局合作的方式,这使得内部发行人员只有两人,而不像许多杂志社的高发行量往往是由为数众多的发行人员维持。要创办一种与《读者》类似的期刊,印价绝对不可能比《读者》低,但发行成本却要比《读者》高很多,大概达到了50%—55%,此外,稿费、编辑费、发行人员费用还不能不算到成本里面去。这样,一本四个印张,同样印刷质量的刊物(且不管内容质量),要想以3元的价格进入市场简直是不可能的。

(二)与邮局的战略伙伴关系

邮局是中国最大且唯一能够覆盖任何地方的发行机构。目前,尽管许多期刊都采取了自办发行的方式,但《读者》仍然坚持以邮局发行为主的发行方式。

《读者》与邮局之间的关系可谓源远流长。在1988年以前,《读者》杂志社的发行便由兰州邮局独家代理,但当《读者》发展壮大到一定程度的时候,由一家邮局来独家代理发行的弊端便日益显现了出来,这主要表现在:(1)外埠邮局对于发行工作不重视;(2)发行周期长。在有些地方,当月的杂志下个月才能到达读者的手中。鉴于以上的情况,《读者》杂志社立足于长远,克服种种压力,最终开始了对刊物具有决定性影响的一步——分印分发。第一个分印分发点选在了武汉,正像《读者传奇》的作者所描述的,在武汉的分印分发,带来了与邮局之间的竞争,这样的结果最终是提高了《读者》的印刷质量和发行量。武汉分印点的印数上涨十分快,在

1988年分印时只有28万,两年后上升到154万份,甚至超过了兰州邮局。在分印之后,发行量的迅速提高,给了《读者》更多的自信,在以后的发展中,只要能够分发10万份以上的地方,就会考虑是否建立分印分发点。《读者》的经验是如果某地印数太少,就不宜建分印分发点,因为这不便于管理,分印分发单位因为获取的利润有限,很可能进行违规操作。下面我们来看看《读者》杂志社在进行分印分发之后,发行量的变化情况(见表1):

表1 《读者》杂志分印发六地发行量变化(1997年—2001年)

分印点	年份	月平均销售量(份)	与上年相比增长率(%)	与分印前相比增长率(%)	《读者》杂志同期增长率(%)	分量和总量增长率之差(%)	分印点三年平均增长率(%)	《读者》杂志三年平均增长率(%)
济南	1997	185 293						
	1998	236 606	27.69	27.69	−8.55	36.24		
	1999	261 832	10.66	41.31	−6.8	17.46	58.14	10.28
	2000	508 492	94.20	174.43	53.50	40.7		
上海	1997	293 677						
	1998	278 433	−5.19	−5.19	−8.55	3.36		
	1999	360 958	29.64	22.91	−6.80	36.44	14.07	10.28
	2000	417 628	15.70	42.21	53.50	−37.8		
重庆	1998	48 953						
	1999	60 525	23.64	23.64	−6.8	30.44		
	2000	106 000	75.13	116.53	53.50	21.63	22.91	10.76
	2001	82 600	−22.08	68.73	−7.52	14.56		
贵阳	1998	140 459						
	1999	131 590	−6.31	−6.31	6.80	0.49		
	2000	373 114	183.54	165.64	53.50	130.04	40.06	10.76
	2001	309 292	−17.11	120.20	−7.52	−9.59		
成都	1998	165 074						
	1999	136 272	−17.47	−17.47	−6.80	−10.68		
	2000	237 036	43.59	68.49	53.50	−9.91	5.66	10.76
	2001	193 100	−18.54	16.98	−7.52	−11.02		

(续表)

分印点	年份	月平均销售量(份)	与上年相比增长率(%)	与分印前相比增长率(%)	《读者》杂志同期增长率(%)	分量和总量增长率之差(%)	分印点三年平均增长率(%)	《读者》杂志三年平均增长率(%)
福州	1998	51 258						
	1999	95 906	87.10	87.10	-6.80	93.9		
	2000	217 534	126.82	324.39	53.50	73.32	67.38	10.76
	2001	154 866	-28.81	202.13	-7.52	20.99		
南宁	1998	29 308						
	1999	50 890	73.64	73.64	-6.80	80.44		
	2000	97 718	92.02	233.42	53.50	38.52	92.78	10.76
	2001	110 882	13.47	278.33	-7.52	20.99		
北京	1999	181 407						
	2000	320 000	74.40	76.40	-53.50	22.9		
	2001	218 696	-31.65	20.56	-7.52	-24.13	27.37	21.88
	2002	330 366	51.06	82.11	16.70	34.36		
沈阳	2000	410 768						
	2001	367 510	-10.53	-10.53	-7.52	-3.21		
	2002	407 260	10.82	-0.85	16.70	-5.88	12.80	15.38
	2003	568 592	39.61	38.42	35.41	4.20		

从表1中我们可以看到,在建立分印分发点之后,该地的发行数量都有不同程度的上升,发行量的增长速度也大于《读者》期刊的平均增长速度。分印分发,已经成了《读者》杂志社不断扩大市场分额,覆盖市场盲点,突破发行量瓶颈的最有效手段。

为什么分印分发能够带来发行量的迅速提升?这还是要从中国邮局发行的内部体制说起。

在发行中,本埠和外埠,一级局和二级局的发行折扣是不相同的。在一般情况下,外埠的发行折扣会低于本埠的折扣5%(这5%原则上被本埠邮局留下);在本埠内,二级局的发行折扣低于一级局2.5%(这2.5%原则上被一级局留下)。这样,相比于本埠邮局,外埠邮局的积极性不高;

相比于一级局,二级局的积极性不高;尤其是外埠的二级局,积极性更不高。而在分发之后,许多外埠邮局一夜之间成了一级局,发行折扣上涨了5%,原先的外埠二级局也得到了同样的上涨。

分发分印能够刺激发行的另外一个原因是它刺激了邮局之间的竞争。以前,不管市场有多大,都属于一家邮局。而在分印分发之后,如果不主动地去接近市场,市场就会被另外一家邮局占领。为了防止邮局之间的恶性竞争,《读者》杂志社为每一个发行点都划定了发行范围,尽管如此,竞争也不能避免。分印分发的直接结果是造成了《读者》发行量的上升和发行周期的缩短。目前,《读者》杂志能够在全国做到同时上市,这在中国现有的发行体制内不能不说是一个奇迹。

(三)市场反馈与监督机制

截至目前,《读者》杂志社已经具有了 14 个分印点,17 个分发点。如何有效地管理这些分印分发点,并充分调动各个点的积极性,是一个有关《读者》能否健康发展的重大问题。在对分印和分发点的管理上,《读者》杂志社实行的是"假定每个人都是好人"的做法,即不因可能出现的违规操作,而有意识地设置许多管理的制度与规定,但与此同时,一旦发现有违规操作行为,就会采取严厉的制裁。此外,对分印分发点的管理也从模糊管理发展到了目标管理。在发行过程中,可能产生的违规行为可以分为两类:(1)某一印点不按照规定时间发货,而是提前发货抢占市场;(2)分印点和分发点相互联合,向《读者》杂志社谎报印数。对于第一种情况,相对比较容易解决,因为现在已经进入网络时代,只要同时把印版传给各印点,就不会存在某个印点先发货的现象。对于《读者》来说,在哪一天的什么时间把印版传给印点,都是完全规定好了的。第二个问题管理起来则有一定的难度。为了解决这一问题,《读者》杂志社采取了由邮局向《读者》报印数,由《读者》再把印数反馈给印厂的方式。在程序上,对两者之间串通来谎报印数的行为加以限制,但事实上,这种程序上的限制并不严格。从根本上来讲,《读者》和分印点、分发点之间是一种利益共同体,《读者》更主张以合作伙伴的关系来处理相互之间的贸易往来,其潜台词是:一旦发现分印点和分发点存在违规操作的行为,该印点和该分发点就会立即被撤销,并保留追究刑事责任的权利。与这种有限监控不同,《读者》常常对发行量增长较快的分发点、印刷质量较好的印点给予重奖,以奖励与有限监控的两种方式来维持合作伙伴关系,规范操作。

这种有限监控方式的最大弊端在于很难对市场反应作出及时反馈,因为它所针对的是大型的分印分发机构。鉴于这种情况,《读者》杂志社把它的触角伸向了县级邮局。《读者》杂志社发行部只有两个人,其中一个人主要是管理各个省每个月报上来的发行量,如果发现哪个省的发行量出现了下滑,就具体核实该省各个县的发行数量,弄清楚发行质量下降的准确原因,并对发行工作中存在的问题及时反馈。无论是从理论上,还是实践上,这种反馈机制比制定许多规章制度要管用得多。

与对印数的管理相一致,《读者》对刊物印刷质量的管理也很有借鉴意义。在全国的任何一个城市,都有《读者》聘请的质量监督员,这些监督员负责把在该市场上(一般分属于某一特定印厂)的杂志寄给《读者》一本。在年终的发行与印刷会议上,这些刊物被全部盖掉了印厂,进行编号,然后请专家分别对这些杂志打分,得分最高的,也就是印刷质量最高的,将会得到重奖。相反,连续两年印刷质量存在问题,则有可能取消印刷资格。这种评比让每一个印厂感到心服口服,谁也不愿意在印刷质量上输给别人,其结果是《读者》的印刷质量一直以来保持较高的水平。

(四)把质量作为发行量增长的前提

尽管《读者》在发行上采取了许多有力的措施,但在许多编辑看来,杂志的发行量之所以不断增长,最主要的原因是刊物的质量长期以来保持稳定。事实上,质量确实是《读者》杂志发行量长期以来保持平稳增长的主要原因。尽管今天已不再是"酒香不怕巷子深"的时代,但酒不好再吆喝也没有用。这是一个很浅显的道理,但是在商场上"精明"的生意人却往往因为眼前的利益,或者因为对广告、发行渠道过于重视而忽略了质量。《读者》在重视发行的同时,更强调刊物的质量保持稳定,今天《读者》发行量的直线上涨,也可以看作是对《读者》重视刊物质量的一种回报。

在1995年的时候,《读者》杂志出现了稿件重复使用的情况,有些稿子在前几年被杂志选摘了,过了几年又出现在杂志中。顺便要说明的是,到 1995 年,《读者》杂志已经办了 15 年,电脑的使用又不普及,查重全靠一双眼睛、两只手,出现这种情况也是在所难免的。但在《读者》杂志社看来,这是对读者极不负责任的一种行为,因为在当时,有些读者都保存有从创办以来的整套《读者》。为了解决这个问题,《读者》杂志聘请了电脑公司,在那个电脑技术并不普及的时代建起了"查重库",并把"查重"作为编辑的一项重要工作,确实避免了重复摘编稿件的现象。

通过以上的分析我们不难看出,《读者》杂志之所以成为发行量亚洲第一、世界第四的期刊,主要是因为建立在质量基础上的富有创造性的发行策略所带来的结果,这些策略包括低价策略、与发行商的伙伴关系、有限监督与及时反馈机制。1999 年,《读者》杂志开始扩版,上下半月的封面分别以黑、白为底色,以示区分,所以也被称作是黑白版,后来因为有读者反映黑色过于凝重,因此改为白绿版。相比《青年文摘》《知音》的扩版(这两个杂志的扩版都带来了发行量的增长),《读者》杂志扩版后获得了更大的成功。《青年文摘》《知音》的上半月的发行量都是大于下半月的,只有《读者》的发行量上下半月相等。在谈到为什么《读者》杂志的扩版更为成功时,胡亚权认为,《读者》主要是做好了这样几方面的工作:一是上下半月刊物的质量是保证的,所谓"加量不加水";二是始终坚持由邮局来发行,即发行工作也还是由专业的发行机构来做,与此相反,《青年文摘》和《知音》上半月以邮局发行为主,下半月则以自办发行为主;三是在扩版之前,把扩版的消息提前告诉《读者》,并且倾听读者的意见,这样,读者便有了充分的接受心理准备。《读者》分版的成功,可以看作是对其成功经验的综合运用。

集团化与市场主体的确立
——读者集团改革思路^{*}

胡亚权(以下简称胡):《读者》创始人之一,长期担任《读者》常务副主编,主持杂志工作。现为甘肃省政府参事。

张大伟(以下简称张):复旦大学新闻学院博士后。

张:胡老师,集团化是近年来出版改革的一种方向,这当中,有需要总结的经验,也有需要汲取的教训,有些问题可能需要在继续深化改革的过程中解决,您能否介绍一下读者集团改革的情况?

胡:到2006年,甘肃人民出版社成立读者集团,但并不是《读者》杂志成了集团。就我个人理解,成立一个集团,须按国际惯例来做,要有董事会、股东会、监事会等,读者集团虽然改为企业了,但所有权、体制、机制并没有多大变化,是国有制形成的带有行政色彩的管理体制。《读者》提前成为企业,我认为不是太好,因为行政运行体制仍是老的一套,没按企业化公司的运行机制运行,所以显得别扭。依我的经验,企业要有核心竞争力,就应放开手脚,有自己的财权和经营权。要是捆着不放,就不可能有太大的发展。别人以为《读者》是个奇迹,的确是。为什么在外人眼里在现有的体制下和一个闭塞的地方发展起来?这就是奇迹。咱们试想,《读者》和《知音》相比,《知音》有独立的经营体制,现在做得非常大,《读者》要

---

* 对《读者》创始人之一胡亚权的访谈,原文载《新闻记者》2007年第3期。

是有《知音》的体制,经营规模现在可能是中国第一;但《读者》不是,现在不是,以后也不会。《读者》的发行量第一,这是因为它有一套全国领先的管理程序。现在《读者》的质量好,品牌也有保证,广告也有保证,剩下的就是做大。我自1996年就提出过创建"《读者》网"一事,现在十年过去了,至今还在讨论,做不起来,就是做起来了,也不会做得很大,因为集团领导不愿较大的投资。①《读者》若是一个独立经营部门,它就完全可以做这样的决策。《读者》一年要是从利润4 000万中拿出5%—10%的资金来,就可以做很多的事,但目前不行,因为几千万完全在出版社手里,《读者》自己没有经营权。

张:也就是说,四五千万全要上缴出版社?

胡:不是上缴,是出版社全部收去,然后给你些优惠,如给你奖金高一些等,但其他待遇一样。当然,领导层有领导层的考虑和难处,他们的大局和《读者》的小局相比,当然以大局为重了,要改的话是很难的。人们多是从好的方面去歌颂《读者》,但很少有人研究《读者》的经营、发展问题,你要有不同意见就是另类。我的观点是:现行的体制是不尽合理的,因为它违背了经济规律。事实上,出版集团有广州的报业集团的模式、上海出版集团的模式,还有期刊的模式。要想研究《读者》的话,最好纵向地把握,再进行横向对比,取几个样本来比较研究。《读者》的确显得很大,但其经营权的问题确实不如别的刊物,如《时尚》系列、《中国国家地理》等。

张:那就是说,之所以赶不上,还是体制上的原因?

胡:对,体制上的原因。一方面,上级不敢放手,怕这个杂志跑了;另一方面,还要靠《读者》赚的钱养活大家,一个说法就是,百分之二十的人养活着百分之八十的人。为什么在这样一个交通闭塞、思想闭塞的甘肃兰州产生了中国发行量最大的杂志,而不是在上海、北京、广州?这是一个问题,叫《读者》现象,至今不得其解,更没有人去研究《读者》的一些困惑,或者有些人不愿意研究而回避它。你看国外的,如德国的贝塔斯曼,它有20多家期刊,它是世界性的一流图书公司。作为一种集团,它和中

---

① "《读者》网"已于2007年1月建立,据说投资在6位数左右。——作者注

国的集团不一样,真正地实行了集团化经营。它在全世界都有子公司,以经营为宗旨,如果办不下去了就立即停刊。我想,《读者》要是变成贝塔斯曼这种经营模式就好了,非常完善。

张:有一种声音认为,能否让《读者》这个品牌吞并甘肃人民出版社,还有一种认为是不是可以让出版社占有一定的股份而《读者》本身也占有一定股份?

胡:第一种说法是不能成立的,因为《读者》作为一个子公司来吞并总公司,这在纯商业或纯企业现象中就可以,但媒体是不可以的,因为媒体必须用行政来控制。第二种说法,目前有一定的可能性,据说还提出过方案后被否。此方案我不赞成,那不真叫化公为私了嘛。我的看法是,现在最可行的就是把《读者》做成一个具有独立经营权的子公司,按照国家公司法的规定,使它有自己独立自主的经营权。审稿权可以另外处理,集团可以派人来审稿,这是可行的。

张:现在《读者》在人事上有没有一定的自主权呢?

胡:《读者》的权力就是可以招聘现在的编辑,但这个权也有限,它招聘编辑是出版社统一招来之后,一起考试,在最后的具体核选上,杂志社有一定的权,除了这些,还有杂志社中层干部的选用。仅此而已。

张:其实,读者集团的有些问题在别的出版集团有时更严重,只是中国人习惯的"护短"意识,所以没有被揭示出来。比方说,现在的集团化有个怪现象,就是把很多压力都放在中层领导身上,以完成的量来衡量工作。这会不会影响集团的长期效益?

胡:会的。如果是在这样的集团化下只能这样做,这是诸多方法中最便捷的一种,我不清楚国外公司是怎样运行的,出版是三年的庄稼,第一年搞选题,第二年运作,第三年才能见市场成效。《读者》的成功花了20多年。我感觉如果现在再创办《读者》,就办不起来了,有那么多的头头管着你,你能干什么? 光应付他们就够你忙的了。我们那时候还是在自己能做主的情况下干的。最近,有人评日本索尼公司这些年效益下降,创造力严重滞后,源于绩效主义。

张:像国外的一些公司,如果经营得好,经理肯定是拿得最多的,《读者》怎样?

胡:杂志社在甘肃的现实面前已经做得足够好了,《读者》编辑的收入已经很高了,在全国是中上水平,在甘肃来说是高水平。生活在这样的环境之下就可以了,这么多年来,杂志社内部倒没听人抱怨过。过去网上倒是有一次讨论,就涉及股份制的那种思维,就是官职越高,拿得越多,这是现在企业化过程中特别奇怪的一种现象。比如说,有一家大国营公司,董事长自己给自己定工资,那就成天价了。但出版社下属的《读者》是二十五年来许多人的创造,一下子改制,把股份给私人,而且有相当一部分是八杆子都打不着的人,这合理吗?显然不可行。像国外 Google,那是两个人做起来的,一开始注册就是私人公司,所以人家这么做是没问题的。中国本质上的区别是你一开始就是行政任务,单位让你去做,你做得再好,有天大的本事,你只是雇员,所以说不可能做成那样,除非这个出版社是私人创办的。所以,积极性的调动只能在机制上调动。过去《读者》有个口号"做大做强",提了好多年了,我说先做强还是先做大,这是不一样的。有人主张要先做大,有人主张要先做强,巩固发展,至今还在讨论。

张:做大和做强有什么区别呢?

胡:先要做强,只有慢慢强了,有了坚固的基础,才能做大。现在许多集团都存在如何对待市场主体的问题,压指标很流行。我在出版社时一直提倡组稿编辑一定要选用最优秀的,让他们发挥作用,做策划,能创造新事物,调动他们的积极性,让他们好好做,这才是出版社的长远利益。是他们把一件事不断地加强加厚,做得很扎实,便强了。谁见过一锹下去就挖出一个金娃娃的?

张:主要障碍在哪些方面?

胡:听说"文革"期间某科学院发奖金,最后发不下去了。为什么呢?做饭的大师傅说了:"我不做饭你们能搞研究?你们还不饿死了,所以我也应该得奖金。"后来还真是发了。现在西部的人才观就是这个样子,平均主义盛行。良才和庸才放在一个水平上。时间一久,良才冒尖了,就压;庸才落后了,就拔。所以有了"孔雀东南飞,麻雀也要东南飞"的说法。

张:在谈到集约化问题时我就思考,《读者》子刊的发展并不平衡,但很多人对此寄予很大的希望,这与现实还有一段距离,您怎么看?

胡:子刊虽然是一种延伸,但它仍要坚持自己的独立发展,我一贯认为离开主刊越远越好,不能占领主刊的阵地。但目前人家不同意我的观点,于是几个刊物都挤成一堆。我认为子刊的发展:(1)只能被主刊带一下,但发展还得靠自己;(2)子刊的发展也是一个长期的过程,不能急功近利。《读者》的发展历程应该能说明这个问题。

张:有没有想过把《故事作文》和《妈妈画刊》作为子刊来发展?

胡:我很久以前说过,在出版社成立期刊部,把各个刊整合起来做。《故事作文》和《妈妈画刊》是我创办和改版的,当时还是赚钱的,都做到十万这个水平,但后来下降了,换人换得太勤。《妈妈画刊》如果再简练一点,像《幼儿画刊》《娃娃画报》那样干,也许就会成功。

张:很多刊物模仿《读者》,您怎么看这个问题?

胡:事实上,模仿的很多,而且也不错。现在有个现象,利用《读者》的栏目做杂志,如《意林》《语丝》《格言》等。但前几年,纯粹模仿《读者》的,没有多大成功;还有现在《意林》的栏目做得也很不错。我想这是《读者》应该思考的一个课题,一个亟待研究的问题:别人把你丢了或忽略了的内容捡起来就可以办一个相当可以的刊物,《读者》是否也太大方了一些?

张:在您看来,《读者》在哪些方面还可以加强?

胡:第一,《读者》现在还是在上世纪 80 年代成形的中国第二代杂志,接下来《读者》的任务就是向现代杂志过渡。意思就是在内容上要研究如何对爆炸式的信息及信息载体的多样化进行应对处理,形式上最先应考虑的就是怎么样尽快地做到彩色化。第二,《读者》的出书问题,必须做原创性的、有存留价值的、中国化的。第三,网络配合问题,我认为可以采取一种文艺搜索引擎的方式,包括网上的《读者》书库。麻烦的是著作权问题,但以《读者》处理这个问题的经验,可以逐步解决。第四,如何把现有的三个子刊很好地扶持起来。因为我们的子刊都是有方向性的,一个是高端,一个是农村,一个是网络青年。第五,《读者》的体制和机制问题。我认为现在层次太复杂,管理人员太多,是个问题。第六,创造力的问题。杂志一但失去创造力,将面临危险,丧失竞争力,最后失去市场。这也是我最最担心的。《读者》表面上的名气和辉煌掩盖了它的很多内部问题，这会束缚《读者》的发展。一个是我刚谈的体制问题，再就是出版集团现在指望《读者》一家，这是很严肃的问题。《读者》万一有个三长两短你怎么办？你不会另外做出几个来？哪怕一两个也行。原先是课本教辅、《读者》、敦煌书三条腿，现在敦煌书盈利很少，教辅利润下降，将来会不会变成《读者》一个足了，原先出版社是个凳子，后来变成跛子了，将来搞不好只剩一条腿，金鸡独立。

张：能否谈一谈你理想的《读者》杂志社和读者出版集团？

胡：我喜欢引用黑格尔的那句话："存在的就是合理的。"《读者》发展到今天，证明了它存在的合理性。于是大家纷纷解读它如何正确，如何完美，可是人们并不去探究它合理存在的深层次理由。更可怕的是，人们忘记了黑格尔还有一句话："合理的就是存在的。"意思是只有合理的才可以存在下去。《读者》的存在只能证明过去二十五年是合理的，未来是否仍合理，就大成问题了。我说过杂志是有生命的，诞生，长大，直至消亡，也有生存法规。在优胜劣汰的市场经济下，不合理的必遭淘汰。目前《读者》要研究怎样留下合理的，去掉不合理的，并创造未来合理的，这才是杂志要做的事。我注意到《读者》这几年似乎没有大的变化，少有举措，甚至有以不变应万变的倾向，这是很危险的。《读者》杂志必须适应社会的飞速发展带来的读者层面的变化，必须有创新动作，必须有新的拓展方向，不然就会落伍。满足于现状，缺少长远目标，是不是一个问题？应当有人研究《读者》自身，研究中国乃至全世界期刊的动向，找出差距，并提出对策和明确的项目目标；《读者》应当有完成这类项目目标的可支配基金，如果杂志社仍无财权，那么起码集团应当有《读者》创新的专项基金；《读者》应当引入现代管理体制和机制，逐步改造目前的小作坊状况和帽大头小的奇怪形象；《读者》还应当有良好的人才培养和引用机制，保持人才的领先，等等。至于出版集团，我这一生，有许多人评价是不懂政治，所以更高层次的管理规则，说不出什么。但仍能感受到，现在的管理模式，距离真正的规范集团模式，还有很长的路要走。祝他们一路走好，带领大家稳步前进。

美国《读者文摘》：从保守的创新到创新的保守*

美国明尼苏达州圣保罗的年轻人华莱士，在把自己的办刊理念向韦伯出版公司推销未果后，无法割舍自己的理想，倔强地决定和妻子利拉·艾奇逊一起出版他们称为《读者文摘》的一种袖珍杂志。他们仅以五千美元的资本在纽约格林威治村的一家非法酒店楼下开设了一个办公室。1922年2月5日，这个曾经创造了世界发行量第一的杂志就这样传奇般地诞生了。2009年8月17日，即《读者文摘》度过她的八十七岁华诞不久，已经长眠于地下的华莱士夫妇也许无论如何也想不到："曾经是全美发行量最大的杂志《读者文摘》，静悄悄地宣布申请破产保护。此后一周时间，除了最初的新闻之外，甚少有媒体跟进报道，人们似乎已经忘记，在过去八十年里，《读者文摘》曾是他们生活中多么重要的部分。"从潮头到潮尾，从保守的创新到创新的保守，我们该如何丈量这八十七年的历程？

一、保守的创新：人、地点与理念

华莱士不是办杂志的专业人士，但却是办杂志的天才。很多人办杂志，理念靠后天习得，但终是纸上谈兵，原因在于理论上应有的读者和实际读者之间的距离远非理论所能穷尽，而又有几个理论家深入地了解了刊物发行的对象呢？华莱士不仅不是办杂志的专业人士，甚至还不是一

---

* 原文载《编辑学刊》2012年第5期，合作者程美华。

个好学生,自幼对读书不感兴趣,大学时辍学。1917年,美国对德宣战,华莱士参军,但上帝并没有让他成为一名将军,而是选择了他的另一种才华。在战场上,华莱士被弹片击中,在医院住了近半年,疗伤的日子里,他编辑了专门给士兵阅读的杂志。通过大量的实践,华莱士探索出了一套做文摘的方法,因此后来人称华莱士是世界上第一个做"浓缩文章"的人。

中国人愿意给成功的人找出很多"第一",其实美国人也一样。对"第一"的寻找和膜拜仿佛是人类的天性。也许是与传奇之伟人华莱士素未谋面,我总觉得华莱士"浓缩文章"的天赋后来者还是易于借鉴的,(中国的《读者》不就青出于蓝了吗?)因此,华莱士的成功其实还有其他因素。

在众多的期刊都纷纷挤进繁华都市意图"得风气之先",华莱士却没有急匆匆地把《读者文摘》的总部搬到繁华的都市。一个参观过《读者文摘》总部的人曾经这样评价:"《读者文摘》的总部位于纽约州小城普莱森特维尔,距离纽约市只有一个小时车程。但是,这里风景秀丽、古朴安宁,与繁华喧闹的纽约市仿佛距离整整一光年。到了这里,你才会明白八十多年前《读者文摘》创始人华莱士夫妇将总部搬到这里的良苦用心。只有在这样一个时间仿佛停滞的世外桃源,《读者文摘》的编辑们才有可能静下心来,对全世界的美文雅句进行欣赏、挑选和浓缩。所以,普莱森特维尔(Pleasantville)更应该按照其字面的意思译为欢乐谷,白先勇先生曾称这里为'安乐乡'。"

从经济角度考虑,远离繁华都市大大降低了期刊的成本,但更为重要的是,战后的美国传统价值观受到了广泛的怀疑,及时行乐的思潮甚嚣尘上,用今天最时髦的话来讲就是处于"社会转型期""价值重构期"。在价值危机面前,作为个体,华莱士选择了以真善美抵抗外界的驳杂与诱惑;作为社会成员,华莱士选择传统的坚守来作为解救社会的良药;作为创业者,他看到了在解构传统中坚守传统的商业价值,喧哗中宁静的商业价值,"假、恶、丑"中"真、善、美"的商业价值。此刻,华莱士、"安乐乡"、《读者文摘》的办刊理念得以完美融合,也只有如此,世界上第一个做"浓缩文章"的人才会被后来人津津乐道。

作为出版家的华莱士,最值得向外人称道的特质是:一个善于理解别人需求的人。美国资深媒体人John Heidenry曾这样介绍成功了的华莱士:"他始终神秘难测。他可以为喜爱的餐馆一掷千金以维持它生存,却又经常下班后在公司留连不去,只为保证能亲手将所有的灯关掉以节约电费;他喜爱动物,然而用铁链将两只狗活活打死的也是他;他极善于识人,却常常买赝品并被巫医所骗;他极端保守,鼓吹世界大同,却又好赌、爱说黄段子和看色情书籍……大部分时间里,华莱士是一个善于理解别人需求的人。"在创业初期,华莱士敏感地捕捉住了当时的美国人需求,在物质需求之外的精神提升需求,在没有时间阅读的生存处境中的"快读"需求。《读者文摘》杂志董事长托马斯·瑞德说:"《读者文摘》受欢迎,大概因为它是一本梦一样的杂志,鼓励人们更好地生活。"这些简短精悍的缩写摘编文章,大都以温情和人性见长,他们"用持久的、人性的东西打败了时尚的、热点的东西",营造了一种乐观、天真、向上的气氛,始终认同并鼓励人们恪守传统的美国价值观。事实证明,无论人类社会怎样发展变化,包括遭遇挫折、车轮倒转,包括处在物欲横流、世风日下的环境下,真善美始终都是人们向往和追求的至高境界,"心灵鸡汤"的温暖与营养是人类不可或缺的。在最时髦的传播学理论和期刊研究中,普遍认为对受众准确定位是杂志成功的必然条件,分众化、小众化是杂志成功的必然路径,《读者杂志》的办刊理念完全颠覆了这种理论:在准确定位的同时应该不忘模糊定位存在的价值,在小众化的趋势中,仍然存在着普遍的一种大众需求:情感、人性。华莱士在对传统的坚守中做到了,很多人认为他是一个保守的人,但准确地说,他使用保守实现了创新:办刊理念的创新。

如果说杂志的定位是寻找金矿,很显然华莱士找到了,但寻找到金矿的人最终不一定能把金矿挖出来。如何把金矿挖出来呢?管理。管理的核心是什么?是让您的员工从内心认同你的价值观。在编辑管理上,华莱士让编辑必须回答三个问题:

它可以被引述吗?会不会是读者思索和讨论的东西。
它实用吗?是不是大多数人感兴趣的谈论话题。
它有恒久的趣味吗?是否一两年后仍然有意思。

三个问题其实聚焦在一点：必须时时刻刻想着杂志的读者。这是华莱士的成功秘方，他也通过三个问题把自己的这种意识传递到编辑身上。这一过程也是习惯上所讲的企业文化认同过程，一旦核心价值得到普遍认同，接下来就是要在制度上让编辑发挥创造性，好的期刊编辑部应该是"和而不同"的。在编辑流程上，华莱士形成了终审编辑负责制与激励机制，具体管理流程如下：

1. 负责阅读的编辑们每个月要研读多达500份的杂志，然后将其中的文章分成无用、有用、可能有用三类。必要时还要在文章空白处加上评论；

2. 负责阅读的编辑不仅要选择、标示文章，也要删减文章。通常是将原来的文章，浓缩成原文四分之一的程度，然后再由部门主编审查一遍，送到终审编辑手里；

3. 每月由终审编辑负责选出30篇文章以及所有的补白资料和书摘；在浓缩文章的过程中，每个编辑使用不同颜色的笔，终审编辑对什么人做了什么删改一目了然；

4. 华莱士看到的最后校对样，通常是即将付印的那一份。如果他这时候做了修改，通常是提出另一篇更合乎编辑主题的文章。华莱士鼓励编辑们彼此竞争，并曾经一度将终审编辑增加到5—6位。评价终审编辑的标准是他们负责的那几期杂志在报纸摊位上的销售量。变成终审编辑是《读者文摘》编辑们的奋斗目标。①

在走近《读者文摘》成功之道的时候，我们可以发现人、地点和办刊理念的完美融合，我们也会惊叹保守有时候也会爆发出创新的力量。但是，人们更应该谨记的是：成功有时候也是一种沉重的负担。

二、创新的保守：辉煌常常是一种负担

2009年4月，美国《读者文摘》历史上第一个加大新装版在中国市场

---

① 陶丹：《美国读者文摘的创新理念》，载《中国记者》2004年第9期。

率先上市,此为美国《读者文摘》八十七年历史中,全球50个版本、21种语言、79个国家和地区中第一个加大新装版。当人们还在谈论《读者文摘》是否对《读者》的销售形成影响的时候,同年8月17日,便传来了其破产的消息。著名的媒介评论人展江在谈到《读者》为何畅销而《读者文摘》破产时谈到:"美国《读者文摘》都快关张了,中国的《读者》还活着。这是因为美国没有文盲了,喜欢文摘的人已经很少了。现在大家都喜欢在互联网上阅读,包括老人,但是中国还有很多人喜欢纸质刊物,等这一代人过去,他们也要关门了。"此话虽然略显偏激,但也切中要害。在价值观和技术急剧变革的时代,曾经的辉煌成了《读者文摘》的重负,从一个创新者、弄潮者,最后变成了一个随波逐流的保守者。情感和真善美尽管是人类内心的渴望,但这并不标志着情感的表达方式不会发生变化,《读者文摘》的衰亡史其实也是逐渐远离读者需求的历程。任何从数据统计从得来的读者需求都没有亲身的体会来得真切,那些见证《读者文摘》衰亡的编辑,恐怕也很难用自己的切身体会回答华莱士的"编辑三问"了吧!

没有对读者需求的感同身受,事实上也就不可能存在商业上的文化创新,《读者文摘》的后期因为在理念上不再创新,只能寻求在经营和融资上的突破:

一是从不登广告开始登广告进而到什么广告都登。1954年当《读者文摘》决定接受广告时,两周就收到1 107页的广告,在第一则广告问世前,《读者文摘》接的订单额度达1 100万美元。1978年《读者文摘》对酒类广告开禁,仅这一项杂志收益就猛增16%。但按照《读者文摘》中国区负责人史永强的说法,"在《读者文摘》的收入构成中,广告一直没能成为主要盈利源,发行一直是其最大的收入来源。在发行收入中,直接邮购又是重中之重。"一本被认为"比《纽约时报》和《时代周刊》更能影响美国大人物"的刊物,最后被迫对酒类广告开禁,没落的迹象逐渐显现。

二是规模的扩张。1997年,七十五岁的《读者文摘》已成为一家年收入超过20亿美元的跨国企业,在全球127个国家拥有杂志、书籍、行销和投资营运的广阔市场。它以19种语言出版48个版本,每期发行2 700多万册,拥有1亿多名读者,堪称媒体世界的一大奇观。2007年初,Mary

Berner 成为《读者文摘》的 CEO，其时《读者文摘》已经被纽约私人投资公司 Ripplewood Holdings 以 24 亿美元收购，从上市公司变为私人公司，发行量也已跌至全美第 6 位。被大家寄予深切希望的 Mary Berner 上任时甚至也说："我以前没有怎么看过《读者文摘》……它似乎像是老奶奶的杂志。"尽管也做了版式设计等方面的改革，但 Mary Berner 和她的前任们似乎一样，都坚持《读者文摘》不能报道政治人物、明星以及有争议的事件，并认为转型后的《读者文摘》也应该依然是一本"能供整个家庭一起阅读"的刊物。Mary Berner 说："我们关注善和幸福。在某种意义上，我们确实在走一条没有人走过的孤独道路，但这也正是我们的独特之处。"事实上，编辑部内部也曾经对《读者文摘》的定位试图做过调整，甚至上市公司不打算用《读者文摘》的品牌，但在强大的历史惯性面前，这些零敲碎打的改革意图均无疾而终。

三是融资。1999 年，《读者文摘》集团（RDA）以 3 800 万美元收购了 Books Are Fun 公司。这家公司主要是在学校、企业零售书籍和礼品。2002 年，《读者文摘》集团（RDA）以 7 600 万美元的高价收购了雷曼出版公司，这家公司被称为北美最好的出版公司，在食品、园艺领域出版的图书和杂志居于领先地位，它出版的 12 种杂志年发行量达到 160 万册，*Taste of Home* 在全美杂志位于百强之列，在食品类杂志中位于第一。《读者文摘》集团（RDA）非常看好这家出版公司给企业带来的前景，为了收购这家公司，不惜动用了创建于 1937 年的读者文摘基金，这项基金本是用于各种慈善事业的。不仅如此，集团还用其资产作抵押贷款，分期还贷的时间从 2003 年一季度开始到 2008 年结束。集团希望通过每股 20 美元发行 9 500 万的股票以渡过难关。可当时就有分析家评论这不是股权而是债权。这一预言不幸言中，股市没有给《读者文摘》带来预先的期望，对雷曼公司的收购使《读者文摘》集团（RDA）背上了沉重的债务。到 2008 年，《读者文摘》的财政亏损达 3.37 亿美元，其债务高达 21 亿美元，仅利息就高达 1.2 亿。在收购 Books Are Fun 时，公司使用的是内部资金，仅仅贷款 1 200 万美元，而且在 2000 年的第二个季度就还清了贷款。收购雷曼公司不仅贷款额度巨大，且还款周期长达 5 年，这实在是一次冒险。集团本希望从收购公司带来的收益上平衡收支,但是,2003年,Books Are Fun 公司的总经理另外开了一家公司,并且挖走了很多《读者文摘》集团(RDA)的高级销售代表,造成了 3 300 万美元的损失,使公司由本来应该赢利 1 560 万美元变为损失 450 万美元[①]。这事实上是压倒这个"媒介巨象"的最后一根稻草。

《读者文摘》的历史,颇像一个中国的民间故事,大有一点时间循环、盛极必衰的味道。当一个杂志的办刊理念不再与时俱进时,谁又能保证这本杂志能活多久呢?当不去仔细体味读者的需求时,这种创新又从何而来呢?

我有时想,华莱士本人可能是一位先知吧,因为《读者文摘》创刊号的第一篇文章标题就是:如何在精神上保持年轻?

---

① 梅红:《美国〈读者文摘〉品牌衰落的原因初探》,载《编辑之友》2009 年第 10 期。

图书在版编目(CIP)数据

出版业的核心与边缘/张大伟著. —上海:复旦大学出版社,2019.10
(复旦大学新闻学院教授学术丛书)
ISBN 978-7-309-14580-9

Ⅰ.①出… Ⅱ.①张… Ⅲ.①电子出版物-出版工作-研究-中国 Ⅳ.①G239.2

中国版本图书馆 CIP 数据核字(2019)第 181336 号

出版业的核心与边缘
张大伟　著
责任编辑/邬红伟　王益鸿

复旦大学出版社有限公司出版发行
上海市国权路 579 号　邮编:200433
网址:fupnet@fudanpress.com　http://www.fudanpress.com
门市零售:86-21-65642857　团体订购:86-21-65118853
外埠邮购:86-21-65109143
上海盛通时代印刷有限公司

开本 787×960　1/16　印张 19.25　字数 263 千
2019 年 10 月第 1 版第 1 次印刷

ISBN 978-7-309-14580-9/G·2023
定价:58.00 元

如有印装质量问题,请向复旦大学出版社有限公司发行部调换。
版权所有　侵权必究